高等职业教育大数据与人工智能专业群系列教材

MySQL 数据库应用项目化教程

主　编　代　恒　王明超

副主编　陈静漪　彭旭令　李春梅　丁宇洁

中国水利水电出版社
www.waterpub.com.cn
·北京·

内 容 提 要

本书基于 MySQL 介绍数据库的基本概念、基本原理和基本设计方法，以面向工作过程的教学方法为导向，合理安排各项目的内容。本书突出实用性，简述理论知识，并设计大量的项目实训和课外拓展内容，符合高等技术教育的特点。

本书包括 3 篇，由 10 个项目组成。第 1 篇知识储备（项目 1 和项目 2）介绍从理论层次设计数据库的方法；第 2 篇基础应用（项目 3～项目 6）介绍基于 MySQL 创建数据库的方法和数据库的基本应用；第 3 篇高级应用（项目 7～项目 10）介绍数据库的高级应用和维护 MySQL 数据库安全性的方法。

本书可作为职业院校、成人教育类院校"数据库原理及应用"课程的参考书，也可供参加自学考试的人员、数据库应用系统开发设计人员、工程技术人员及其他相关人员参阅。

图书在版编目（CIP）数据

MySQL数据库应用项目化教程 / 代恒, 王明超主编
. -- 北京 : 中国水利水电出版社, 2024.4
高等职业教育大数据与人工智能专业群系列教材
ISBN 978-7-5226-2364-1

Ⅰ. ①M… Ⅱ. ①代… ②王… Ⅲ. ①SQL语言－数据库管理系统－高等职业教育－教材 Ⅳ. ①TP311.132.3

中国国家版本馆CIP数据核字(2024)第039923号

策划编辑：杜雨佳　责任编辑：张玉玲　加工编辑：刘 瑜　封面设计：苏 敏

书　名	高等职业教育大数据与人工智能专业群系列教材 MySQL 数据库应用项目化教程 MySQL SHUJUKU YINGYONG XIANGMUHUA JIAOCHENG
作　者	主　编　代　恒　王明超 副主编　陈静漪　彭旭令　李春梅　丁宇洁
出版发行	中国水利水电出版社 （北京市海淀区玉渊潭南路 1 号 D 座　100038） 网址：www.waterpub.com.cn E-mail: mchannel@263.net（答疑） 　　　　sales@mwr.gov.cn 电话：（010）68545888（营销中心）、82562819（组稿）
经　售	北京科水图书销售有限公司 电话：（010）68545874、63202643 全国各地新华书店和相关出版物销售网点
排　版	北京万水电子信息有限公司
印　刷	三河市鑫金马印装有限公司
规　格	184mm×260mm　16 开本　16.5 印张　401 千字
版　次	2024 年 4 月第 1 版　2024 年 4 月第 1 次印刷
印　数	0001—2000 册
定　价	48.00 元

凡购买我社图书，如有缺页、倒页、脱页的，本社营销中心负责调换
版权所有·侵权必究

高等职业教育大数据与人工智能专业群系列教材

编 委 会

主 任：仵 博

副主任：郭 伟

成 员：

王明超　王亚红　王 浩　刘 珍　张 莉

李 洋　李志芳　李新萍　李春梅　陈静漪

陈中蕾　陈 挺　芦娅云　宋晓丽　庞鹤东

胡 筝　胡兴铭　宫静娜　钱栩磊　章红燕

彭旭令　熊 军

联合企业：腾讯云计算（北京）有限责任公司

前　言

MySQL 说课

为贯彻落实党的二十大精神和党中央、国务院有关决策部署，按照《关于深化现代职业教育体系建设改革的意见》《国家职业教育改革实施方案》有关要求，坚持以教促产、以产助教，不断延伸教育链、服务产业链、支撑供应链、打造人才链、提升价值链，加快形成产教良性互动、校企优势互补的产教深度融合发展格局，持续优化人力资源供给结构，为全面建设社会主义现代化国家提供强大人力资源支撑，国家发展和改革委员会同有关部门研究制定的《职业教育产教融合赋能提升行动实施方案（2023—2025 年）》指出"夯实职业院校发展基础"，为职业院校的教材开发指引了方向。本书主要针对职业院校计算机类相关专业学生及希望学习 MySQL 数据库技术的人员而编写。

本书是以"做中学"为特征的教学用书，体现"以学生为中心，以学习成果为导向"。本书对具体工作任务的实现进行了系统介绍，并给出工作任务实现的具体步骤和验证的整个工作流程。全书围绕"学生信息管理系统"这个项目，分为数据与数据库、设计学生信息管理数据库、MySQL 的安装与运行、创建与维护 MySQL 数据库、创建与维护学生信息管理数据表、数据更新及完整性、查询与维护学生信息管理数据、优化查询学生信息管理数据库、以程序的方式处理学生信息管理数据表、维护学生信息管理数据库的安全性等项目。

本书的主要特色有以下几个。

（1）立德树人，润物无声。本书坚持立德树人的教学理念，深刻挖掘专业知识，体现本身所蕴含的思政元素。培养学生树立良好的交流、沟通、合作的能力，树立规范意识，立足学科与行业领域，学会学习，学会思考，具有追求真理、实事求是、勇于探索与实践的科学精神，养成良好的自主学习和信息辨别、获取能力，提升创新设计能力。这样才能让学生对工匠精神有充分理解，才能深入体会党的二十大精神，为国家的建设而努力奋斗。

（2）图文并茂，循序渐进。本书采用了大量的操作过程截图，有助于提升阅读体验，内容由浅入深，循序渐进，符合中职中专学生的认知规律。

（3）实践为主，理论够用。本书注重培养使用者的实践能力，适当拓展，力求让学生读起来清楚、易懂。

（4）校企合作，案例驱动。本书作者多次到企业调研，承接企业信息化管理项目，深刻了解企业所需要的数据管理新技术、新规范。本书案例全部来源于实际应用，注重学生的数据管理效率和学习质量提高的培养。

本书由代恒和王明超任主编，陈静漪、彭旭令、李春梅、丁宇洁任副主编，并组织校企团队合作。

由于作者水平有限，书中难免有所疏漏或错误，恳请同行专家、广大读者批评指正，并提出宝贵意见。

编　者

2023 年 10 月

目　录

前言

第1篇　知识储备

项目1　数据与数据库 …………………… 2
　任务1.1　理解数据处理 ………………… 3
　　1.1.1　信息与数据 …………………… 3
　　1.1.2　数据处理 ……………………… 3
　任务1.2　理解数据描述 ………………… 5
　　1.2.1　现实世界 ……………………… 5
　　1.2.2　概念世界 ……………………… 5
　　1.2.3　数据世界 ……………………… 5
　任务1.3　掌握数据模型 ………………… 5
　　1.3.1　数据模型的分类 ……………… 5
　　1.3.2　数据模型的组成要素和种类 … 6
　　1.3.3　概念模型 ……………………… 8
　　1.3.4　关系数据模型 ………………… 9
　　1.3.5　关系数据模型的完整性 ……… 11
　任务1.4　掌握关系代数 ………………… 12
　　1.4.1　传统的集合运算 ……………… 12
　　1.4.2　专门的关系运算 ……………… 14
　任务1.5　明确数据库系统的组成和结构 … 19
　　1.5.1　数据库相关概念 ……………… 19
　　1.5.2　数据库系统的体系结构 ……… 22
　项目小结 ………………………………… 25
　项目实训：图书管理系统的概念模型 … 25
　课外拓展：了解数据管理技术的发展历程 … 25
　思考题 …………………………………… 25

项目2　设计学生信息管理数据库 ……… 26
　任务2.1　了解数据库设计 ……………… 27
　任务2.2　需求分析 ……………………… 29
　　2.2.1　需求分析的任务和目标 ……… 30
　　2.2.2　需求分析的方法 ……………… 31
　任务2.3　概念结构设计 ………………… 34
　　2.3.1　概念结构设计的方法和步骤 … 34
　　2.3.2　局部E-R图设计 ……………… 35
　　2.3.3　全局E-R图设计 ……………… 38
　任务2.4　逻辑结构设计 ………………… 39
　　2.4.1　初始关系模式设计 …………… 39
　　2.4.2　关系模式的规范化 …………… 41
　任务2.5　数据库的物理结构设计 ……… 41
　　2.5.1　关系模式存取方法的选择 …… 42
　　2.5.2　确定数据库的存储结构 ……… 43
　任务2.6　数据库的实施、运行与维护 … 44
　　2.6.1　数据库的实施 ………………… 44
　　2.6.2　数据库的运行与维护 ………… 45
　项目小结 ………………………………… 45
　项目实训：设计学生信息管理系统 …… 45
　课外拓展：设计图书管理系统 ………… 45
　思考题 …………………………………… 46

第2篇　基础应用

项目3　MySQL的安装与运行 …………… 48
　任务3.1　了解MySQL …………………… 48
　　3.1.1　MySQL数据库的概念 ………… 49
　　3.1.2　MySQL的优势 ………………… 49
　　3.1.3　MySQL的发展历程 …………… 49
　　3.1.4　MySQL 8.0的特性 …………… 49
　　3.1.5　MySQL的应用环境 …………… 51
　任务3.2　MySQL服务器的安装和配置 … 51
　　3.2.1　MySQL服务器安装包的下载 … 51
　　3.2.2　MySQL服务器的安装 ………… 52

3.2.3 启动和停止 MySQL 服务器·········57	5.2.2 使用 MySQL Workbench 工具
任务 3.3　MySQL 管理工具················58	创建数据表·····························96
3.3.1 MySQL 命令行式工具············59	任务 5.3　维护数据表··························99
3.3.2 MySQL 图形管理工具············62	5.3.1 查看数据表的结构·················99
项目小结··65	5.3.2 修改数据表的结构···············101
项目实训：MySQL 管理工具的使用·······65	5.3.3 删除数据表··························104
课外拓展：Linux 环境下 MySQL 的	5.3.4 复制数据表··························104
安装与配置·······················65	项目小结······································106
思考题··65	项目实训：创建与维护数据表············107
项目 4　创建与维护 MySQL 数据库·······67	课外拓展：创建和维护图书管理系统的
任务 4.1　创建数据库··························68	数据表·····························107
4.1.1 认识 SQL····························68	思考题··107
4.1.2 了解 MySQL 数据库···············69	**项目 6　数据更新及完整性·················108**
4.1.3 创建学生信息管理数据库········70	任务 6.1　插入数据····························108
任务 4.2　维护数据库··························76	6.1.1 使用 SQL 语句插入数据·······109
4.2.1 查看数据库··························76	6.1.2 使用 MySQL Workbench 工具
4.2.2 选择当前数据库····················78	向数据表中插入数据·······113
4.2.3 修改数据库··························78	6.1.3 使用 load 子句批量录入数据·····113
4.2.4 删除数据库··························79	任务 6.2　修改和删除数据···················115
任务 4.3　理解 MySQL 数据库的存储引擎·····80	6.2.1 修改数据····························115
4.3.1 MySQL 服务器的存储引擎·······80	6.2.2 删除数据····························116
4.3.2 MySQL 常用的存储引擎·········82	6.2.3 清空数据····························118
项目小结··84	任务 6.3　表的数据完整性···················119
项目实训：数据库的创建与维护············84	6.3.1 非空约束····························119
课外拓展：建立图书管理系统···············84	6.3.2 主键约束····························119
思考题··85	6.3.3 外键约束····························120
项目 5　创建与维护学生信息管理数据表·····86	6.3.4 唯一性约束·························122
任务 5.1　设计表结构··························86	6.3.5 检查约束····························122
5.1.1 理解数据表的概念·················87	项目小结······································122
5.1.2 了解 MySQL 的数据类型········89	项目实训：更新数据及维护数据一致性·····123
5.1.3 掌握列的其他属性·················93	课外拓展：更新图书管理系统的数据·····123
任务 5.2　创建数据表··························94	思考题··123
5.2.1 使用 create table 语句创建数据表·····94	

第 3 篇　高　级　应　用

项目 7　查询与维护学生信息管理数据·····125	7.1.2 无条件查询数据···················127
任务 7.1　简单查询····························126	7.1.3 where 子句·························131
7.1.1 select 语句·························126	7.1.4 order by 子句······················136

7.1.5	group by 子句	137
7.1.6	having 子句	139
任务 7.2	多表连接查询	140
7.2.1	交叉连接	140
7.2.2	内连接	141
7.2.3	外连接	142
7.2.4	自连接	143
7.2.5	多表查询	143
任务 7.3	嵌套查询	144
7.3.1	单值嵌套查询	144
7.3.2	单列多值嵌套查询	145
7.3.3	多列多值嵌套查询	147
7.3.4	exists 嵌套查询	148
任务 7.4	集合查询	149
7.4.1	集合的并运算	149
7.4.2	集合的交运算	150
7.4.3	集合的差运算	150
项目小结		150
项目实训：实现综合查询		151
课外拓展：对图书管理系统进行数据查询		151
思考题		151
项目 8	**优化查询学生信息管理数据库**	**152**
任务 8.1	使用视图优化查询性能	153
8.1.1	视图概述	153
8.1.2	视图的特点	153
8.1.3	创建视图	154
8.1.4	查看视图	156
8.1.5	修改视图	157
8.1.6	删除视图	158
8.1.7	视图的使用	159
任务 8.2	使用索引优化查询性能	160
8.2.1	索引的作用	160
8.2.2	索引的类型	161
8.2.3	索引设计的原则	161
8.2.4	创建索引	162
8.2.5	查看索引	164
8.2.6	删除索引	164
项目小结		166
项目实训：索引和视图的创建与管理		166

课外拓展：在图书管理系统中使用索引和视图		166
思考题		167
项目 9	**以程序的方式处理学生信息管理数据表**	**168**
任务 9.1	MySQL 的编程基础	169
9.1.1	MySQL 编程的基础概念	169
9.1.2	MySQL 程序的流程控制	174
9.1.3	MySQL 的常用函数	179
任务 9.2	创建与使用存储过程和存储函数	180
9.2.1	存储过程和存储函数概述	180
9.2.2	创建存储过程	181
9.2.3	管理和使用存储过程	183
9.2.4	创建存储函数	187
9.2.5	管理和使用存储函数	189
9.2.6	管理和使用游标	190
任务 9.3	创建与使用触发器和事件	194
9.3.1	触发器和事件概述	194
9.3.2	创建触发器	196
9.3.3	管理和使用触发器	197
9.3.4	创建事件	199
9.3.5	管理事件	200
任务 9.4	创建与使用事务和锁	201
9.4.1	事务概述	202
9.4.2	事务的 ACID 特性	202
9.4.3	事务的分类	202
9.4.4	事务的控制	203
9.4.5	事务并发操作引起的问题	205
9.4.6	事务的隔离级别	205
9.4.7	MySQL 的锁机制	206
9.4.8	活锁和死锁	208
项目小结		209
项目实训：以程序方式处理 MySQL 数据表的数据		209
课外拓展：在图书管理系统中设置存储过程和触发器		209
思考题		210
项目 10	**维护学生信息管理数据库的安全性**	**211**

任务 10.1 了解 MySQL 的权限系统 ………… 212	任务 10.4 使用 MySQL 日志系统 ………… 241
10.1.1 权限表 ………………………………… 212	10.4.1 MySQL 日志简介 ………………… 241
10.1.2 权限的工作原理 ………………… 213	10.4.2 二进制日志 ……………………… 242
任务 10.2 管理数据库的用户权限 ………… 214	10.4.3 错误日志 ………………………… 249
10.2.1 用户管理 ………………………… 214	10.4.4 通用查询日志 …………………… 250
10.2.2 权限管理 ………………………… 218	10.4.5 慢查询日志 ……………………… 251
10.2.3 角色的创建和管理 ……………… 224	项目小结 …………………………………… 253
任务 10.3 备份与恢复数据库 ……………… 227	项目实训：维护 MySQL 数据库的安全性 …… 253
10.3.1 数据备份与恢复概述 …………… 227	课外拓展：备份和还原图书管理系统 ……… 254
10.3.2 数据备份的方法 ………………… 229	思考题 ……………………………………… 254
10.3.3 数据恢复的方法 ………………… 234	**参考文献** …………………………………… 255
10.3.4 数据以文本格式导入与导出 …… 236	

知识储备

第1篇
知 识 储 备

数据与数据库

项目 1　数据与数据库

人类社会已经进入海量信息时代，信息资源已成为重要战略资源，建立有效管理信息资源的信息系统已经成为企事业单位生产和发展的重要基础。数据库是信息管理的有效技术，能够帮助用户更好地管理数据。面对不断产生的庞大数据流，数据库技术可以有效地进行数据存储、数据加工处理和信息搜索。数据库技术已成为现代信息系统的核心和基础，为越来越重要的信息资源共享和高效使用提供技术保障。数据库无处不在，已成为每个人工作、学习、生活中不可缺少的重要组成部分。

学习目标：

- 了解数据管理技术的发展历程
- 了解多样化的数据库管理系统
- 掌握数据库的相关概念
- 掌握概念模型、关系数据模型
- 了解关系运算
- 了解数据库系统的体系结构

知识架构：

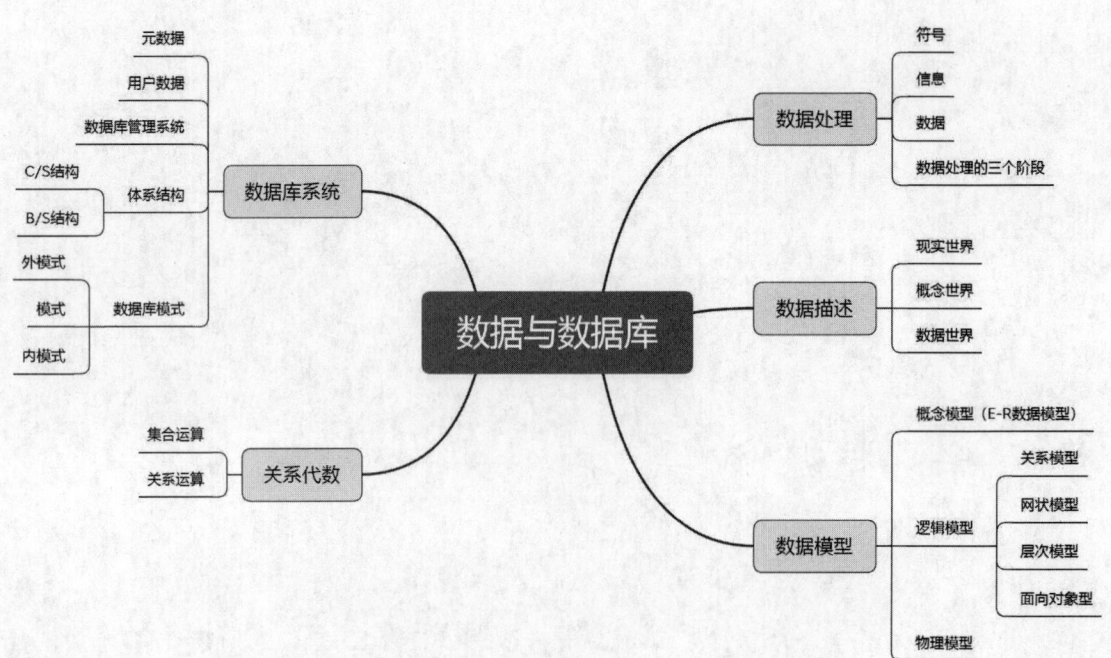

任务 1.1　理解数据处理

1.1.1　信息与数据

很多情况下，人们不加区别地使用信息和数据这两个术语。究竟什么是数据？什么是信息？这两个术语有什么区别和联系？

简而言之，信息是消息，人们通过获得、识别自然界和社会中的不同信息来区别不同的事物。在一切通信和控制系统中，信息是一种普遍联系的形式。1948 年，美国信息奠基人克劳德•艾尔伍德•香农（Claude Elwood Shannon）指出："信息是用来消除随机不定性的东西"。控制论创始人诺伯特•维纳（Norbert Wiener）认为"信息是人们在适应外部世界，并使这种适应反作用于外部世界的过程中，同外部世界进行互相交换的内容和名称"。信息是对客观世界中各种事物的运动状态和变化的反映，它是客观事物之间相互联系和相互作用的表征，表现的是客观事物运动状态和变化的实质内容。现代科学中，信息是指事物发出的消息、指令、数据、符号、语言、文字等一切含有内容的信号。

从传统意义上来说，大多数人认为数据就是数字，如 12、3.1415926、3.6×10^8 等，其实这是对数据狭义的理解。可以将数据定义为：数据是描述事物的符号记录，不仅有整数、实数等数值型数字，还有符号、文字、图形、图像、音频、视频等很多非数值型数据。

数据是信息的表现形式和载体。数据和信息是不可分离的，数据是信息的表达，信息是数据的内涵。数据本身没有意义，它只有对实体行为产生影响时才成为信息。例如整数 60，它可以解释为年龄 60 岁、椅子的高度为 60 厘米、房子的面积为 60 平方米等。因此，仅仅知道数据的意义并不大，还需要了解数据的含义，即数据的语义。

1.1.2　数据处理

在计算机应用需求的驱动下，在操作系统和存储技术等计算机软、硬件发展的基础上，数据管理的技术分为人工管理、文件系统、数据库系统三个阶段。

1. 人工管理阶段

20 世纪 50 年代中期以前，计算机主要用于科学计算，数据量较少，一般不需要长期保存数据。硬件方面，外部存储器只有卡片、磁带和纸带，还没有磁盘等直接存取的存储设备；软件方面，没有专门管理数据的软件，数据处理方式基本是批处理。因此，数据面向具体应用并不共享、数据不单独保存、没有软件系统对数据进行管理，影响了数据的使用。

2. 文件系统阶段

20 世纪 50 年代后期至 60 年代中后期，计算机不仅用于科学计算，还用于信息管理。硬件方面，外存储器（简称外存）有了磁盘、磁鼓等直接存取的存储设备；软件方面，操作系统中已经有了专门的管理外存的数据模块，一般称为文件系统。数据处理方式不仅有批处理，还有联机实时处理。

文件系统阶段，程序与数据分开存储，数据以"文件"形式可长期保存在外存上，并可对文件进行多次查询、修改、插入和删除等操作；有了专门的文件系统进行数据管理，程序和数据之间通过文件系统提供存取方法进行转换；数据不只对应某个应用程序，还可以被重复使用。虽然这一阶段较人工管理阶段有了很大的改进，但仍显露出很多缺点：数据冗余度大、数据独立性差。因此，文件系统是一个不具有弹性的、无结构的数据集合，即文件之间是独立的，不能反映现实世界事物之间的内在联系。

3. 数据库系统阶段

20世纪60年代后期以来，计算机管理数据的范围越来越广泛，规模越来越大。硬件技术方面，开始出现了大容量、价格低廉的磁盘；软件技术方面，操作系统更加成熟，程序设计语言的功能更加强大。在数据处理方式上，联机实时处理要求更多，另外提出了分布式数据处理方式，用于解决多用户、多应用共享数据的要求。在这种背景下，数据库技术应运而生，它主要解决数据的独立性，实现数据的统一管理，达到数据共享的目的。也因此出现了统一管理数据的专门软件，即数据库管理系统（Database Management System，DBMS），如图1.1所示。

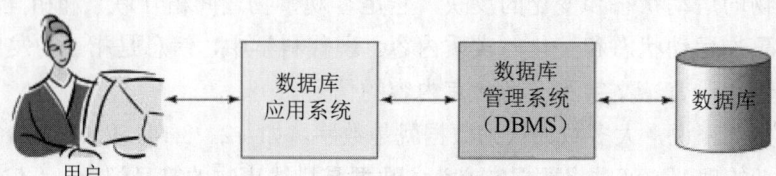

图 1.1 数据库系统的组成

数据库系统阶段的数据管理具有以下特点。

（1）数据结构化。数据结构化是数据库与文件系统的根本区别，是数据库系统的主要特征之一。传统文件的最简单形式是等长、同格式的记录集合。在文件系统中，相互独立的文件的记录内部是有结构的，类似于属性之间的联系，而记录之间是没有结构的、孤立的。

（2）数据的冗余度低、共享性高、易扩充。数据库系统从整体角度看待和描述数据，数据不再面向某个应用而是面向整个系统，因此一个数据可以被多个用户、多个应用共享使用。这样可以大大减少数据冗余，提高共享性，节约存储空间。数据共享还能够避免数据之间的不相容性与不一致性。

（3）数据独立性高。数据独立性包括数据的物理独立性和数据的逻辑独立性。数据的物理独立性是指用户的应用程序与存储在磁盘上的数据库中的数据是相互独立的。也就是说，数据在磁盘上的数据库中怎样存储是由数据库管理系统负责管理的，应用程序不需要了解，应用程序要处理的只是数据的逻辑结构。这样当数据的物理结构改变时，可以不影响数据的逻辑结构和应用程序，这就保证了数据的物理独立性。逻辑独立性是指当数据的总体逻辑结构改变时，通过对映象的相应改变可以保持数据的局部逻辑结构不变，应用程序是依据数据的局部逻辑结构编写的，所以应用程序不必修改。

（4）数据由数据库管理系统统一管理和控制。数据库系统的共享是并发的（Concurrency）共享，即多个用户可以同时存取数据库中的数据，这个阶段的程序和数据的联系通过数据库管理系统来实现。数据库管理系统必须为用户提供存储、检索、更新数据的手段；实现数据库的并发控制、实现数据库的恢复、保证数据完整性和保障数据安全性控制。

任务 1.2　理解数据描述

计算机信息处理的对象是现实生活中的客观事物，在对客观事物实施处理的过程中，首先要经历了解、熟悉的过程，从观测中抽象出大量描述客观事物的信息，再对这些信息进行整理、分类和规范，进而将规范化的信息数据化，最终由数据库系统存放、处理。在这一过程中涉及三个世界，即现实世界、概念世界和数据世界，经历了两次抽象和转换。

1.2.1　现实世界

现实世界就是人们所能看到的、接触到的世界，是存在于人脑之外的客观世界。现实世界当中的事物是客观存在的，事物与事物之间的关系也是客观存在的。

客观事物及其相互联系就处于现实世界中，客观事物可以用对象和性质来描述。

1.2.2　概念世界

概念世界就是现实世界在人脑中的反映，又称信息世界。客观事物在概念世界中称为实体，反映事物间联系的是实体模型（又称"概念模型"）。现实世界是物质的，相对而言概念世界是抽象的。

1.2.3　数据世界

数据世界又称机器世界，就是概念世界中的信息经过数据化后对应的产物。现实世界中的客观事物及其联系在机器世界中以数据模型描述。相对于抽象的概念世界，机器世界是量化的、物化的。

任务 1.3　掌握数据模型

数据模型（Data Model）是对现实世界数据特征的抽象，用来描述数据、组织数据和对数据进行操作。只有通过数据模型才能把现实世界的具体事务转换到计算机世界中，才能为计算机存储和处理，所以数据模型是数据库系统的核心和基础。在数据库技术中，数据模型是指现实世界数据和信息的模拟和抽象。

1.3.1　数据模型的分类

用计算机模拟现实世界人们的各种事务管理活动，一般需要经历三个阶段：一是人们必须对现实世界的事物进行分析、抽象成概念模型；二是将概念模型转换为便于计算机处理的数据模型；三是将数据模型转换为计算机能实现的存储模型。

从现实世界到计算机世界的抽象过程中，必须具备以下要求。

（1）真实性。要求能够真实地模拟现实世界，也只有真实地反映出现实世界所对应的要求才是有意义的，否则是空洞的、虚假的、无意义的。

（2）理解性。对现实世界模拟以后，可以抽象出概念模型，对于概念模型所描述的内容是否正确，需要和现实世界的用户进行交流，如果用户对概念模型不理解，就无法沟通，因此要求概念模型应具备易理解性。同时概念模型还要向数据模型转换，如果其不具备易理解性，设计者也将会出现困惑。

（3）易实现性。易实现性主要针对概念模型和数据模型，即如何能够使概念模型便于转换为数据模型，数据模型又方便在计算机上实现。

数据模型的种类有很多，目前被广泛使用的数据模型分为两类：一类是独立于计算机系统的数据模型，完全不涉及信息在计算机中的表示，这类模型称为概念数据模型，简称概念模型。概念模型是一种面向客观世界、面向用户的模型，主要用于数据库设计。例如 E-R 模型、扩充的 E-R 模型等属于概念模型。另一类是直接面向数据库的逻辑结构，称为逻辑数据模型，又称结构数据模型，常简称为数据模型。逻辑数据模型是一种与数据库管理系统相关的模型，主要用于数据库管理系统的实现，如层次模型、网状模型、关系模型、面向对象模型均属于这类模型。

1.3.2 数据模型的组成要素和种类

1. 数据模型的组成要素

数据库专家埃德加·弗兰克·科德（E.F.Codd）认为：一个基本数据模型是一组向用户提供的规则，这些规则规定数据结构如何组织及允许进行何种操作。通常，一个数据库的数据模型应包含数据结构、数据操作和数据的完整性约束三个部分。

（1）数据结构。数据结构是对数据静态特征的描述，包括数据的基本结构、数据间的联系和对数据取值范围的约束。因此，数据结构是所研究对象类型的集合。

在数据库系统中，通常按数据结构的类型来命名数据模型，如层次结构的数据模型是层次模型，网状结构的数据模型是网状模型，关系结构的数据模型是关系模型。

（2）数据操作。数据操作是对数据动态特征的描述，包括对数据进行的操作及相关操作规则。数据库的操作主要有检索和更新（具体为插入、删除、修改）两大类。数据模型要定义这些操作的确切含义、操作符号、操作规则（如优先级别）及实现操作的语言。因此，数据操作完全可以看作对数据库中各种对象操作的集合。

（3）数据的完整性约束。数据的完整性约束是对数据静态和动态特征的限定，用来描述数据模型中数据及其联系应该具有的制约和依存规则，以保证数据的正确、有效和相容。数据模型规定符合本数据模型必须遵守的基本的、通用的完整性约束条件。例如，在关系模型中，任何关系必须满足实体完整性和参照完整性两个条件。

数据模型提供定义完整性约束条件的机制，用以反映特定的数据必须遵守特定的语义约束条件。例如，学生信息中必须要求学生的性别只能是男或女，选课信息中成绩应该在数据0～100之间等。

2. 数据模型的种类

数据模型是信息模型在数据世界中的表示形式，根据具体数据存储需要的不同，可以将数据模型分为三类：层次模型、网状（网格）模型和关系模型。使用对应模型的数据库分别称为层次型数据库、网状（网格）型数据库和关系数据库。

（1）层次模型。用层次（树形）结构表示实体类型及实体间联系的数据模型称为层次模型（Hierarchical Model）。使用层次模型可以使层次分明、结构清晰，不同层次间的数据关联直接简单，且提供了良好的完整性支持。这种模型需要满足两个条件：有且只有一个根节点和根节点以外的其他节点有且只有一个父节点。例如院系、教研室、教师、班级、学生的层次模型如图1.2所示。

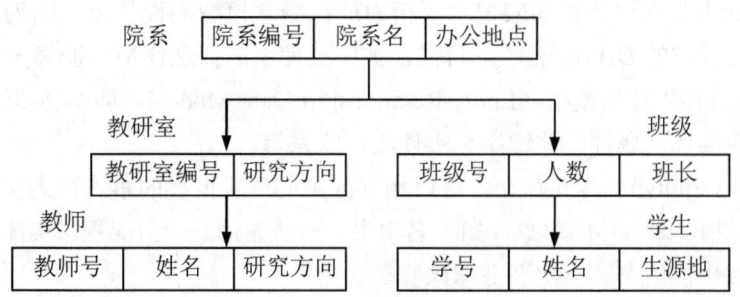

图1.2 层次模型示例

层次模型反映实体间的一对多的联系。层次模型的优点是层次分明、结构清晰，适于描述客观事物中有主目、细目之分的结构关系；缺点是不能直接反映事物间多对多的联系，查询效率低。

（2）网状模型。用有向图结构表示实体类型及实体间联系的数据模型称为网状模型（Network Model）。网状模型能够更加直接地描述现实世界，而且存取效率比较高。但是这种模型的结构关系错综复杂，难以维护。网状模型需要满足两个条件：允许一个以上的节点没有父节点和一个节点可以有多个父节点。现实世界中事物之间的联系更多的是非层次关系的，用层次模型表示这种关系很不直观，网状模型克服了这一弊病，可以清晰地表示这种非层次关系。例如，学生、课程、教室和教师间的关系。一名学生可以选修多门课程，一门课程可以由多名学生选修。如图1.3所示为网状模型示例。

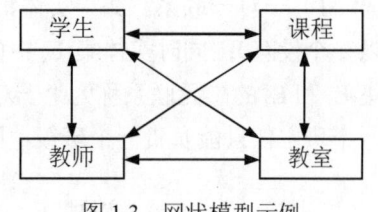

图1.3 网状模型示例

网状模型的优点是表达能力强，能更为直接地反映现实世界事物间多对多的联系；缺点是在概念、结构和使用上都比较复杂，数据独立性较差。

（3）关系模型。关系数据模型是由IBM公司的E.F.Codd于1970年首次提出，以关系数据模型为基础的数据库管理系统，称为关系数据库管理系统（Relational Database Management System，RDBMS），目前被广泛使用。关系模型中，无论是实体还是实体之间的联系都用关系来表示，而关系都对应一张二维表，数据结构简单、清晰。构成关系的基本规范要求关系中的每个属性不可再分割，同时关系建立在具有坚实的理论基础的严格数学概念的基础上。关系模型最大的优点就是简单，用户容易理解和掌握，一个关系就是一张二维表，用户只需用简单的查询语言就能对数据库进行操作。

1.3.3 概念模型

概念模型是现实世界到机器世界的一个中间层，它不依赖数据的组织结构，而是反映现实世界中的信息及其关系。它是现实世界到信息世界的第一层抽象，也是用户和数据库设计人员之间进行交流的工具。这类模型不但具有较强的语义表达能力，能够方便、直接地表述应用中的各种语义知识，而且概念简单、清晰、便于用户理解。

数据库设计人员在设计初期应把主要精力放在概念模型的设计上，因为概念模型是面向现实世界的，与具体的 DBMS 无关。目前，被广泛使用的概念模型是彼德·钱（Peter Chen）于 1976 年提出的 E-R 数据模型（Entity-Relationship Data Model），即实体-联系数据模型，涉及的主要概念有实体、属性、关键字、实体集、联系等。

（1）实体（Entity）。客观存在，可以相互区别的现实世界的事物称为实体。实体可以是具体的人、事、物，即具体的对象，如一名学生、一名教师、一门课程。实体也可以是抽象的概念和联系，如一次借书、一次羽毛球比赛等。

（2）属性（Attribute）。实体所具有的某一特性或性质称为属性。实体有很多属性，可以通过实体的属性来刻画实体，认识实体，认识客观世界。每个实体的每个属性值都是确定的数据类型，可以是简单数据类型，如整型、实数型、字符串型、布尔类型；也可以是复杂数据类型，如表示人的图像数据类型、富文本格式类型等。

（3）关键字（Key）。唯一标识实体的属性或属性集合称为关键字，也称为码或键。

（4）实体集（Entity Set）。相同实体的集合称为实体集。

（5）联系（Relationship）。在现实世界中，事物之间以及事物内部是有联系的，这种联系在信息世界中反映为实体（集）之间或实体（集）内部的联系。通常的联系为实体之间的联系，根据与一个联系有关的实体集的个数，联系可以分为一元联系、二元联系、三元联系等。常用的二元联系又分为一对一联系、一对多联系和多对多联系三种，其定义如下。

1）一对一联系。如果实体集 E_1 中的每个实体至多和实体集 E_2 中的一个实体有联系（可以一个没有）；同时实体集 E_2 中的每个实体至多和实体集 E_1 中的一个实体有联系，那么实体集 E_1 和 E_2 的二元联系称为"一对一联系"，简记为"1:1"。例如，一个班级只有一个班主任，一个班主任只能负责一个班级，则班级与班主任之间是一对一联系，如图 1.4 所示。

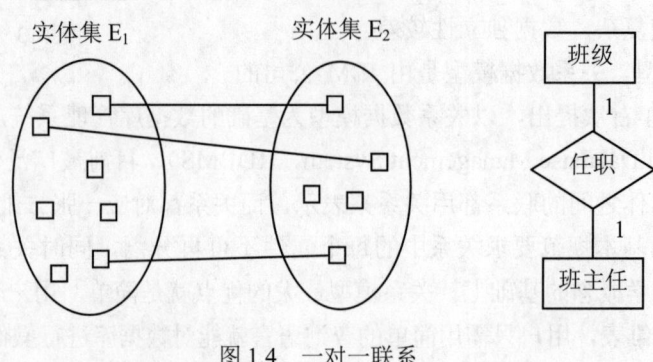

图 1.4　一对一联系

2）一对多联系。如果实体集 E_1 中的每个实体可以与实体集 E_2 中的任意多个实体有联系；同时实体集 E_2 中的每个实体至多和实体集 E_1 中的一个实体有联系，那么实体集 E_1 和 E_2 的二元联系称为"一对多联系"，简记为"1:n"。这类联系比较普遍，如图 1.5 所示，教研室与教师之间为一对多联系，一个教研室可以有多名教师，一名教师只在一个教研室就职。

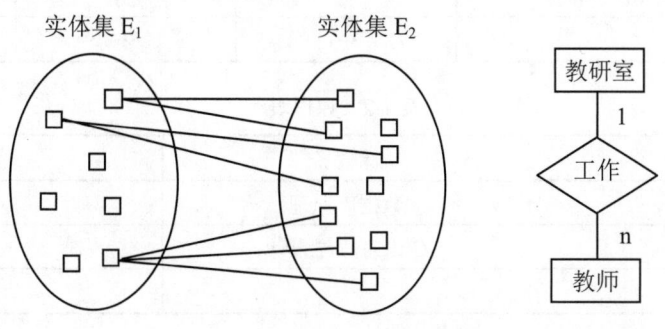

图 1.5　一对多联系

3）多对多联系。如果实体集 E_1 中的每个实体可以与实体集 E_2 中的任意多个实体有联系；反之亦然，那么实体集 E_1 和 E_2 的二元联系称为"多对多联系"，简记为"m:n"。如图 1.6 所示，一名学生可以选修多门课程，一门课程由多名学生选修，学生和课程之间存在多对多联系。

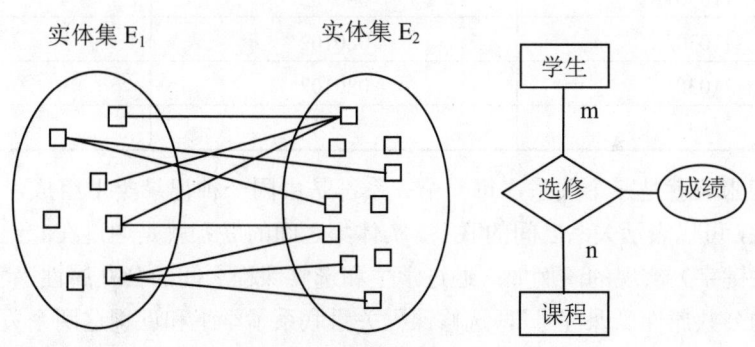

图 1.6　多对多联系

需要注意的是，有时联系也可以有自己的属性，这类属性不属于任一实体。例如，在图 1.6 中，选修联系的成绩属性，它既不属于学生实体，也不属于课程实体。

1.3.4　关系数据模型

在关系数据模型中把二维表称为关系，表中的列称为属性或字段，列中的值取自相应的域（Domain），域是属性所有可能取值的集合。表中的一行称为一个元组（Tuple），元组用关键字标识。对二维表框架的描述称为关系模式。例如，设有三个关系即学生、课程、选修课程，分别描述了三个不同的实体集，如表 1.1 至表 1.3 所示。

表 1.1　学生表

学号	姓名	性别	年龄	所在院系
110301	张弛	男	19	计算机
110302	王丽	女	18	计算机
210301	郭皖	男	20	机电
…	…	…	…	…

表 1.2　课程表

课程号	课程名	学时
080101	数据库原理	64
080102	C 语言程序设计	70
…	…	…

表 1.3　选修课程表

学号	课程号	成绩
110301	080101	90
110302	080101	68
210301	080101	72
110301	080102	76
110302	080102	82
210301	080102	93
…	…	…

上述三张表就是三个关系，每一个关系都是由同一种记录类型组成，不同的关系可以有相同的属性，可以表示关系之间的联系。实体集之间的联系就是通过在二维表中存放两个实体集的键（关键字）实现的。例如：通过学生和选修课程之间的公共属性"学号"，课程与选修课程之间的公共属性"课程号"，选修课程关系联系了学生和课程这两个关系，并且在选修课程表中可以多次出现同一个学号，表示一名学生可以选修多门课程，同样可以在选修课程表中多次出现同一个课程号，表示一门课程可以被多名学生选修。因此，学生和课程之间是多对多关系，通过两个一对多关系来表示。

关系数据模型的描述功能表明：无论是对现实世界实体集的描述，还是对实体集之间联系的描述，都可以采用统一的数据结构——二维表。这种数据表示的一致性给关系数据库的数据定义和数据操纵带来了极大方便。关系中的每一个属性都是不可分解的，即所有域都应是原子数据的集合；没有完全相同的行，行、列的排列顺序是无关紧要的。

在关系数据模型中有一个比较重要的概念就是关系模式。关系模式是关系中信息内容结构的描述。它包括关系名、属性名、每个属性列的取值集合、数据完整性约束条件及各属性间固有的数据依赖关系等。因此，关系模式可表示为

R(U,D,DOM,I,Σ)

其中：R 是关系名；U 是组成关系 R 的全部属性的集合；D 是 U 中属性取值的值域；DOM 是属性列到域的映射，即 DOM 为 U→D，且每个属性 A_i 所有可能的取值集合构成 D_i（i=1,2,…,n），并允许 $D_i=D_j$，i≠j；I 是一组数据完整性约束条件；Σ 是属性集间的一组数据依赖。

通常可用 R(U)简化表示关系模式。例如，学生关系模式可表示为

　　　　S(学号,姓名,性别,年龄,所在院系)

在层次和网状模型中，联系是用指针来实现的，而在关系数据模型中，联系是通过关系模式中的关键字来体现的。例如：要查询哪些学生学习了"操作系统"课程？系统首先在课程关系中查询"操作系统"的课程号，然后在学习关系中查询课程号与"操作系统"课程号的值相等记录的学号，最后，再在学生关系中找到与查询的学号相等的记录。在这三个关系模式中，关键字起到了导航数据的作用。

在关系数据库中，对数据库的查询和更新操作都归结为对关系的运算，即以一个或多个关系为运算对象，对它们进行某些运算形成一个新关系，提供用户所需数据。关系运算按其表达查询方式的不同，可以分为两大类：关系代数和关系演算。关系代数是由一组以关系作为运算对象的特定的关系运算组成的，用户通过这组运算对一个或多个关系进行"组合"与"分割"，从而得到所需的新关系。关系代数运算又可分为两类：传统的集合运算和专门的关系运算。传统的集合运算包括并运算、差运算，交运算和笛卡儿运算等。专门的关系运算是根据数据库操作需要而定义的一组运算，包括选择运算、投影运算、连接运算、自然连接运算、半连接运算、自然半连接运算和除运算等。关系演算是以数理逻辑中的谓词演算来表达关系的操作。

关系数据模型中去掉了用户接口中有关存储结构和存取方法的描述，即关系数据模型的存取路径对用户透明，数据库中数据的存取方法具有按内容定址的性质，有较高的数据独立性。这为关系数据库的建立、扩充、调整和重构提供方便。

尽管关系数据模型有很多优点，但也有不足之处，主要是查询效率常常不如非关系数据模型，这是由于存取路径对用户透明，查询优化处理依靠系统完成，加重了系统的负担。

目前，关系数据模型是事务管理的 DBMS 的主流数据模型，并且今后相当长的时间内仍将继续被大量使用。

1.3.5　关系数据模型的完整性

关系模型的数据约束通常由以下三类完整性约束提供支持，以保证对关系数据库进行操作时不破坏数据的一致性。

（1）实体完整性约束：指任一关系中标识属性（关键字）的值，不能为 NULL，否则，无法识别关系中的元组。

（2）参照完整性约束：不同关系间的一种约束，当存在关系间的引用时，要求不能引用不存在的元组。若属性组 F 是关系 R(U)的外关键字，并且是关系 S(U)的关键字（即 F 不是 R(U)的关键字，而是 S(U)的关键字，称 F 是 R(U)的外关键字），则对于 R(U)中的每个元组在属性组 F 上的值必须为：或取空值(null)；或等于 S(U)中某个元组的关键字值。

（3）用户定义完整性约束：如值的类型、宽度等。

任务 1.4　掌握关系代数

关系模型的数据结构非常简单，只包含单一的数据结构——关系。也就是说，现实世界中的实体及实体间的各种联系都可以用单一的结构类型即关系（二维表）来表示。在任务 1.3 中已经非形式化地介绍了关系模型及其有关基本概念。而关系模型是建立在严格的数学理论基础之上的，关系的运算是以关系代数为基础的。

关系代数是一种抽象的查询语言，是关系数据库操纵语言的一种传统表达方式，它是由关系的运算来表达查询的。它是处理关系数据库的重要数学基础之一，许多著名的关系数据库语言（如 SQL 等）都是基于关系代数开发的。

在关系代数中，其运算对象和结果都是关系，用户对关系数据的操作都是通过关系代数表达式描述的，任何一个关系代数表达式都由运算符和作为运算分量的关系构成。关系代数用到的运算符主要包括四类。

（1）传统的集合运算符：并（∪）、差（-）、交（∩）、笛卡儿积（×）。

（2）专门的关系运算符：选择（σ）、投影（Π）、连接（∞）、除（÷）运算。

（3）逻辑运算符：与（∧）、或（∨）、非（¬）。

（4）算术比较运算符：大于（>）、大于或等于（>=）、小于（<）、小于或等于（<=）、等于（=）、不等于（≠）。

其中，算术比较运算符和逻辑运算符是用来辅助专门的关系运算符进行操作的，所以，关系代数的运算按照运算符的不同可分为传统的集合运算和专门的关系运算，前者是将关系看成元组（记录）的集合，其运算是从"行"的角度进行的，包括并、差、交和广义的笛卡儿积等运算；而后者不仅涉及"行"，还涉及"列"，这种运算是为数据库的应用而引进的特殊运算，它包括选择、投影、连接和除法等运算。

1.4.1　传统的集合运算

传统的集合运算包括关系的并、差、交和广义笛卡儿积；这四种运算都需要两个关系来运算。但并非任意的两个关系都可以进行这种运算。对于任意两个关系 R 和 S，除广义笛卡儿积运算外，并、差、交等集合运算需要满足以下两个条件才可以进行相应的运算。

（1）具有相同的目 n（或度，即两个关系都有 n 个属性）。

（2）R 中的第 i 个属性和 S 中的第 i 个属性必须来自同一个域，即相应的属性取自同一个域。

一般来说，称满足这两个条件的关系 R 和 S 是相容（或同构）的。也就是说，关系 R 和 S 相容性是对其进行并、差、交集合运算的前提条件。

假设给定两个关系 R 和 S，分别表示参加学校课外活动社团的英语角和舞蹈室的学生信息，如表 1.4 所示表示关系 R，表 1.5 所示表示关系 S。

表 1.4　关系 R（英语角）

姓名	院系	性别
陈燕飞	计算机	男
翟灵	艺术	女
赵思	外语	女

表 1.5　关系 S（舞蹈室）

姓名	院系	性别
王铭	计算科学	男
翟灵	艺术	女
孙森茂	数学	男
陈燕飞	计算机	男

1. 并运算（Union）

并运算是指将 R 与 S 合并为一个关系，并且删去重复元组。关系 R 和 S 的并记为 R∪S：

$$R \cup S = \{t \mid t \in R \vee t \in S\}$$

其中：t 是元组变量，t∈R 表示 t 是 R 的一个元组。R∪S 的结果仍然是一个 n 个属性的关系，由分别属于 R 或 S 的元组组成。

那么 R∪S 的结果为：参加了英语角或舞蹈室的学生的集合，如表 1.6 所示。

表 1.6　R∪S

姓名	院系	性别
陈燕飞	计算机	男
翟灵	艺术	女
赵思	外语	女
王铭	计算科学	男
孙森茂	数学	男

2. 差运算（Difference）

差运算是指从 R 中删去与 S 中相同的元组，组成一个新的关系。关系 R 和 S 的差记为 R-S：

$$R-S = \{t \mid t \in R \wedge t \notin S\}$$

R-S 的结果为：参加了英语角而没有参加舞蹈室的学生集合，如表 1.7 所示。

表 1.7　R-S

姓名	院系	性别
赵思	外语	女

3. 交运算（Intersection）

交运算是由既属于 R 又属于 S 的元组组成的一个新关系。关系 R 和 S 的交记为 R∩S：

$$R \cap S = \{t \mid t \in R \land t \in S\}$$

R∩S 的结果为：既参加了英语角又参加了舞蹈室的学生集合，如表 1.8 所示。

表 1.8 R∩S

姓名	院系	性别
陈燕飞	计算机	男
翟灵	艺术	女

两个关系的交运算可以用差来表示，即 R∩S=R-(R-S)。

4. 广义笛卡儿积运算（Extended Cartesian Product）

R 与 S 的广义笛卡儿积是将 R 中的每个元组与 S 中的每个元组两两结合组成一个新的元组的集合，所有这些元组的集合再组成一个新的关系。新关系的度为 R 与 S 的度之和，元组数为 R 与 S 元组数的乘积。

设有关系 R 和 S，它们分别是 r 目和 s 目关系，并且分别有 p 和 q 个元组。关系 R、S 经笛卡儿积运算的结果 T 是一个（r+s）目关系，共有 p×q 个元组。每个元组的前 r 列是关系 R 的一个元组，后 s 列是关系 S 的一个元组。关系 R 与 S 的广义笛卡儿积运算用 R×S 表示：

$$R \times S = \{t_r\, t_s \mid t_r \in R \land t_s \in S\}$$

R×S 的结果为：R 中的每个元组都与 S 中的每个元组组成一个新的元组的集合，其结果共有 3×4=12 个元组，如表 1.9 所示。

表 1.9 R×S

姓名	院系	性别	姓名	院系	性别
陈燕飞	计算机	男	王铭	计算科学	男
陈燕飞	计算机	男	翟灵	艺术	女
陈燕飞	计算机	男	孙淼茂	数学	男
陈燕飞	计算机	男	陈燕飞	计算机	男
翟灵	艺术	女	王铭	计算科学	男
翟灵	艺术	女	翟灵	艺术	女
翟灵	艺术	女	孙淼茂	数学	男
翟灵	艺术	女	陈燕飞	计算机	男
赵思	外语	女	王铭	计算科学	男
赵思	外语	女	翟灵	艺术	女
赵思	外语	女	孙淼茂	数学	男
赵思	外语	女	陈燕飞	计算机	男

广义笛卡儿积运算可用于两个关系的连接操作。

1.4.2 专门的关系运算

由于传统的集合操作，只是从行（元组、记录）的角度进行的，而要实现关系数据库更加灵活多样的检索操作，还要从列（属性）的角度进行操纵，故而必须引入专门的关系运算，主要为选择、投影、连接、自然连接、除等运算。

为了对这些操作进行说明，假设有学生信息管理数据库，该数据库包括学生关系 Student、课程关系 Course 和选课关系 SC（此处仅涉及用到的关系）。

（1）学生关系：Student(<u>Sno</u>, Sname, Ssex, Sage, Smajor, Shometown)，其中 Sno 表示学号，Sname 表示学生姓名，Ssex 表示性别，Sage 表示年龄，Smajor 表示专业，Shometown 表示籍贯。

（2）课程关系：Course(<u>Cno</u>, Cname, Cpno, Ccredit)，其中 Cno 表示课程号，Cname 表示课程名，Cpno 表示先修课程号，Ccredit 表示学分。

（3）成绩关系：SC(<u>Sno</u>, <u>Cno</u>, Grade)，其中 Sno 表示学号，Cno 表示课程号，Grade 表示成绩。

三个关系所对应的实例，如表 1.10、表 1.11 和表 1.12 所示。

表 1.10　Student 表

Sno	Sname	Ssex	Sage	Smajor	Shometown
20230101	李晓波	男	20	计算机科学与技术	广东广州
20230102	黄晓君	女	18	计算机科学与技术	湖南衡阳
20230103	林宇珊	女	19	计算机科学与技术	河南新乡
20230104	张茜	女	18	计算机科学与技术	广东中山
20230201	黄晓君	男	21	软件工程	河北保定
20230202	陈金燕	女	19	软件工程	江苏徐州
20230203	张顺峰	男	22	软件工程	河南洛阳
20230204	洪铭勇	男	20	软件工程	河北邯郸
20230301	朱伟东	男	19	网络工程	山东青岛
20230302	叶剑峰	男	20	网络工程	陕西西安
20230303	林宇珊	女	21	网络工程	湖北襄阳
20230304	吴妍娴	女	20	网络工程	浙江诸暨

表 1.11　Course 表

Cno	Cname	Cpno	Ccredit
1001	高等数学		9.0
1002	C 语言程序设计		3.5
1003	数据结构	1002	4.0
1004	操作系统	1003	4.0
1005	数据库原理及应用	1003	3.5
1006	信息管理系统	1005	3.0
1007	面向对象与程序设计	1002	3.5
1008	数据挖掘	1006	3.0

表 1.12 选课 SC 表

Sno	Cno	Grade
20230101	1001	92
20230101	1002	98
20230101	1003	88
20230101	1004	98
20230101	1005	76
20230101	1006	89
20230101	1007	86
20230101	1008	90
20230102	1005	80
20230201	1005	90
20230203	1003	89
20230204	1005	96
20230303	1001	88
20230303	1002	86
20230303	1003	68
20230303	1004	98
20230303	1005	84
20230303	1006	73

1. 选择（Selection）

选择运算是从关系 R 中选择出满足给定条件 F 的元组组成一个新的关系，其中 F 表示选择条件，其基本形式是 XθY。F 中的运算对象是常量、元组分量（属性名或列的序号）或简单函数，运算符有算术比较运算符（<，<=，>，>=，=，≠，这些符号也称为 θ 符）和逻辑运算符（∧，∨，¬）。选择运算的结果也是一个关系，具有和 R 相同的目，它的主体由那些令 F 为真（true）的元组构成。

选择运算是单目运算，是从行的角度出发进行的运算，提供了一种从水平方向构造一个新关系的手段，如图 1.7 所示。

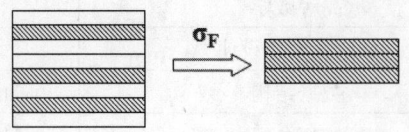

图 1.7 选择运算示意

关系 R 关于选择条件 F 的选择运算用 $\sigma_F(R)$ 表示，形式定义如下：

$$\sigma_F(R)=\{t\ |\ t\in R \wedge F(t)= \text{'true'}\}$$

其中：σ 为选择运算符，$\sigma_F(R)$ 表示从 R 中挑选出满足选择条件 F 的元组所构成的关系。

【例 1.1】从 Student 中查询女同学的学生情况。

分析：该操作的操作对象为 Student 表，选择的条件是 Ssex="女"，用关系代数表示为

$$\sigma_{Ssex="女"}(Student) \quad 或 \quad \sigma_{3="女"}(Student)$$

其中：Ssex 的属性列的序号是 3，故两种方法均可表达查询的要求。操作结果如表 1.13 所示。

表 1.13 Student 表的选择结果 1

Sno	Sname	Ssex	Sage	Smajor	Shometown
20230102	黄晓君	女	18	计算机科学与技术	湖南衡阳
20230103	林宇珊	女	19	计算机科学与技术	河南新乡
20230104	张茜	女	18	计算机科学与技术	广东中山
20230202	陈金燕	女	19	软件工程	江苏徐州
20160303	林宇珊	女	21	网络工程	湖北襄阳
20230304	吴妍娴	女	20	网络工程	浙江诸暨

【例 1.2】从 Student 中选择年龄在 19 岁及其以下的软件工程专业的学生。

分析：该操作的操作对象是 Student 表，选择的条件是 Sage<=19，且 Smajor="软件工程"，用关系代数表示为

$$\sigma_{Sage<=19 \land Sdept="软件工程"}(Student)$$

操作结果如表 1.14 所示。

表 1.14 Student 表的选择结果 2

Sno	Sname	Ssex	Sage	Smajor	Shometown
20230202	陈金燕	女	19	软件工程	江苏徐州

2. 投影（Projection）

设关系模式为 $R(A_1,A_2,\cdots,A_n)$，它的一个关系设为 R，t∈R 表示 t 是 R 的一个元组，$t[A_i]$ 表示元组 t 中属性 A_i 的一个分量。选取 R 关系的若干属性构成一个新的属性列集合 A，则 A 称为属性列或属性组。t[A]表示元组 t 在属性列 A 上诸分量构成的一个新元组。

选择运算是从行的角度出发进行的运算，而投影运算则是从列的角度进行的运算，如图 1.8 所示。

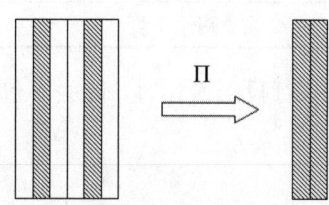

图 1.8 投影运算示意

关系 R 上的投影运算是从 R 中选择若干属性列组成新的关系：

$$\Pi_A(R) = \{ t[A] | t \in R \}$$

其中：A 为 R 中的属性列集合，t[A]表示元组 t 在属性列 A 上诸分量构成的一个新元组。

投影运算能有效地产生给定关系的垂直子集，该子集是由除去不包含在指定列的属性，且消除由此产生的重复（子）元组而得到的。投影运算提供了一种从垂直方向构造一个新关系的手段。

【例 1.3】查询全部课程的课程名和学分。

分析：该操作的操作对象为 Course 表，所关心的属性只有 Cname、Ccredit，用关系代数表示为

$$\Pi_{Cname,Ccredit}(Course) \quad 或 \quad \Pi_{2,4}(Course)$$

操作结果如表 1.15 所示。

表 1.15　Course 表的投影结果

Cname	Ccredit
高等数学	9.0
C 语言程序设计	3.5
数据结构	4.0
操作系统	4.0
数据库原理及应用	3.5
信息管理系统	3.0
面向对象与程序设计	3.5
数据挖掘	3.0

【例 1.4】查询学校现有的专业。

分析：该操作的操作对象为 Student 表，所关心的属性只有 Smajor，用关系代数表示为

$$\Pi_{Smajor}(Student)$$

操作结果如表 1.16 所示。

表 1.16　Student 表的投影结果

Smajor
计算机科学与技术
软件工程
网络工程

通过例 1.4 的结果可以发现，执行投影操作时，除去不包含在指定列的属性外，还要删除由此所产生的重复行（元组）。

3. 连接（Join）

连接运算是一个双目运算，它是从两个关系的笛卡儿积中再选取属性组满足一定条件的元组组成一个新的关系。对于给定两个关系 R 和 S，R 为 n 目关系，S 为 m 目关系，$t_r \in R$，$t_s \in S$，$<t_r, t_s>$ 称为元组的连接或连串。它是一个 n+m 列的元组，前 n 个分量为 R 中的一个 n 元组，后 m 个分量为 S 中的一个 m 元组。

假设有两个关系 R 和 S，R 和 S 的连接是指在 R 与 S 的笛卡儿积中，选取 R 中的属性组 A 的值与 S 中的属性组 B 的值满足比较关系θ的元组，组成一个新的关系，称为θ连接。

一般来说，连接操作可分为θ连接、等值连接和自然连接。对于θ连接而言，当θ为"="的连接运算称为等值连接（Equijion），等值连接 AθB 是要从 R 和 S 的广义笛卡儿积中选取 A、B 属性值相等的那些元组。

而自然连接又是一种特殊的等值连接，它要求两个关系中进行比较的分量必须是相同的属性组，并且要去掉重复的属性列。

一般的连接运算是从行的角度进行的运算，但自然连接还需要去掉重复的属性列，所以是同时从行和列的角度进行的运算，如图 1.9 所示。

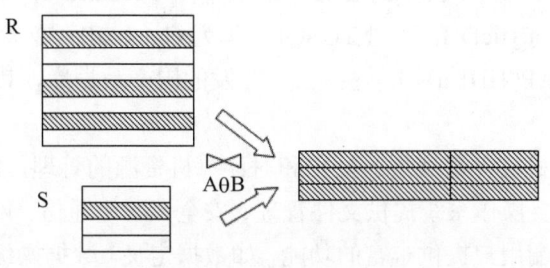

图 1.9　连接运算示意

并、差、广义笛卡儿积、选择和投影运算是关系代数的五种基本运算，除选择和投影运算为单目运算外，其他均为双目运算，并且参加运算的两个关系 R、S 必须满足相容可并的条件。

任务 1.5　明确数据库系统的组成和结构

数据库是计算机存储设备中存放数据集合的仓库。数据是数据库中存储的基本对象，数据需要组织、编码数字化后再存入计算机。

1.5.1　数据库相关概念

描述数据库结构的数据称为数据字典，也称为元数据。在关系数据库中的元数据为表名、列名和列所属的表、完整性约束等。为了提升数据库的性能，数据库中还包含索引和其他改进数据库性能的结构，如图 1.10 所示。

图 1.10　数据库内容

从而可以将数据库定义为：数据库是长期存储在计算机内的、有组织的、可共享的大量数据的集合。数据库中的数据按一定的数据模型进行组织、描述和存储，具有较小的数据冗余、较高的数据独立性和易扩展性，并可以为各种用户共享。

1. 数据库管理系统

数据库管理系统（DBMS）是用于创建、处理和管理数据库的系统软件，它处于数据库应用程序和数据库之间，接收数据库应用的程序逻辑处理和商业处理的命令请求，转换为数据库的操作作用于数据库，再把数据库命令处理结果返回给数据库应用程序。DBMS 是由软件供应商授权的一个庞大而且复杂的程序，普通软件公司几乎无法编写自己的 DBMS 程序。最为典型的 DBMS 商业软件：甲骨文（Oracle）公司的 Oracle 和 MySQL、微软（Microsoft）公司的 SQL Server 和 Access、IBM 公司的 DB2；蚂蚁集团 OceanBase，阿里巴巴的 PolarDB，阿里云云原生数据仓库 AnalyticDB，腾讯 TDSQL，华为 GaussDB，南大通用 GBase，人大金仓，武汉达梦 TiDB，PingCAP(TiDBit)等，这些公司开发的国产数据库，其性能在某些指标上已经与国外同等产品持平。

操作系统是对计算机硬件最底层的抽象和对计算机资源的管理，DBMS 则是运行在操作系统之上的程序，它需要操作系统提供文件管理、安全、网络通信、网络服务等功能。DBMS 为数据库应用程序和终端用户提供丰富的功能，如数据定义，数据操纵，基于逻辑模型和物理模型的数据组织、存储和管理，数据库的事务管理和运行控制，数据库建立、初始化和维护等。

（1）数据定义功能。数据库不仅要存储数据，还要存储元数据。DBMS 提供数据定义语言（Data Definition Language，DDL），可以方便地定义面向某个应用的数据对象及数据结构，例如关系数据库中的数据库创建、表创建、索引创建等，通过数据定义功能，把数据字典保存到数据库中，为整个系统提供数据结构信息。另外，DBMS 通过 DDL 来维护所有的数据库结构，例如关系数据库中有时要改变表或其他支持结构的格式。

（2）数据操纵功能。DBMS 提供读取和修改数据库中的数据的基本功能，为此 DBMS 提供数据操作语言（Data Multiplication Language，DML），用户使用 DML 操纵数据，完成按条件查询、插入、修改和删除等功能。在关系数据库中，DBMS 接收用户或应用程序发来的 SQL 语句或其他请求，并将这些请求转化为对数据库文件的实际操作。

（3）基于逻辑模型和物理模型的数据组织、存储和管理功能。按照数据之间不同的联系类别划分，逻辑模型有层次模型、网状模型、关系模型、面向对象数据模型（Object Oriented Data Model）等，DBMS 选择不同的逻辑模型对数据进行组织和管理，据此展开 DBMS 软件的设计与实现。DBMS 也是根据逻辑模型进行基本分类的，分别为层次型 DBMS、网状型 DBMS、关系型 DBMS、面向对象 DBMS。

物理模型是对数据底层的抽象，描述数据在计算机存储系统中的表示方法和存取方法，实现非易失性存储器上数据的存储和管理，提高存储空间利用率和存取效率。

（4）数据库的事务管理和运行管理功能。只有通过事务管理，数据库操纵才能正确进行，才能保障数据库中的数据能够反映现实世界的真实情况。为此 DBMS 提供统一事务管理和并发控制，实现数据库的正确建立、正确运用和维护，使多用户同时访问数据库时，提供一个安全系统，用于保证只有授权用户才可以对数据库执行授权活动；提供一个防止错误数据、无效数据进入数据库的完整性保障。为了应对各种错误、软/硬件问题或自然灾难，DBMS 提供备份数据库和恢复数据库功能，确保没有数据丢失，保护高价值数据资源。

另外，DBMS 还提供数据库维护功能，通过性能监视、分析等功能，判断当前数据库的运行状况，根据实际情况进行数据库参数修改、数据库重新组织从而达到数据库的维护。当前 DBMS 还提供网络通信功能，让数据库应用程序或用户终端通过企业内部网、互联网访问 DBMS 管理的数据库；也提供不同 DBMS 数据转换、异构数据库互操作等丰富的功能。

2．数据库应用系统

数据库应用系统（Database Application System，DBAS）是在 DBMS 的支持下建立的计算机应用系统，通常为使用数据库的各类信息系统。例如现代企业中，以数据库为基础的生产管理系统、财务管理系统、办公自动化管理系统、人力资源管理系统、客户关系管理系统、销售管理系统、仓库管理系统等各类信息系统。无论是面向企业内部业务和管理的管理信息系统，还是面向外部、提供信息服务的开放式信息系统，从实现技术角度而言，都是以数据库为基础和核心的计算机应用系统，它们接收用户界面的用户操作，按照信息系统的应用逻辑处理要求，向 DBMS 发出数据操纵请求，以实现用户的查询、增加、删除、修改、统计报表等操作，DBMS 完成数据库操作之后，再向应用程序返回操作结果，格式化显示到程序界面。

例如，关系数据库应用程序具有以下五个主要功能：

（1）创建并处理表单。

（2）处理用户查询。

（3）创建并处理报表。

（4）执行应用逻辑。

（5）控制应用。

3．数据库用户

数据库系统不仅有数据库、DBMS、DBAS，还有 DBMS 和 DBAS 运行的计算机、通信网络等硬件，以及操作系统、编译开发工具等系统软件的支撑；此外还有一个重要的部分——数据库用户，这样才是一个完整的数据库系统。数据库用户是开发、管理和使用数据库系统的用户，主要包括数据库管理员、系统分析和数据库设计人员、应用程序开发人员和最终用户。

（1）数据库管理员。为保证数据库系统的正常运行，需要有专门人员来负责全面管理和控制数据库系统，承担此任务的人员就称为数据库管理员（Database Administrator，DBA）。数据库管理员具体职责包括以下几个。

1）规划数据库的结构及存取策略。DBA 要了解、分析用户的应用需求，创建数据模式，并根据此数据模式决定数据库的内容和结构；同时要和数据库设计人员共同决定数据的存储结构和存取策略，以求获得较高的存取效率和存储空间利用率。此外，DBA 还要负责确定各个用户对数据库的存取权限、数据的保密级别和完整性约束条件。

2）监督和控制数据库的使用。DBA 的一个重要职责就是监视数据库系统的运行情况，及时处理运行过程中出现的问题。例如当系统发生各种故障时，数据库会遭到不同程度的破坏，DBA 必须在最短时间内将数据库恢复到正确状态，并尽可能不影响或少影响系统其他部分的正常运行。

3）负责数据库的日常维护。DBA 还负责在系统运行期间的日常维护工作，对运行情况进行记录、统计分析，并可以根据实际情况对数据库加以改进和重组重构。

DBA 的工作十分复杂，尤其是大型数据库的 DBA，一般是由几个人组成的小组协同工作。DBA 的职责十分重要，直接关系到数据库系统的顺利运行。因此，DBA 必须由专业知识和经验较丰富的专业人员来担任。

（2）系统分析和数据库设计人员。系统分析员负责应用系统的需求分析和规范说明，要和用户及 DBA 合作以确定系统的硬、软件配置，并参与数据库系统的概要设计。

数据库设计人员负责数据库中数据的确定及数据库各级模式的设计。数据库设计人员必须参加用户的需求调查和系统分析，然后进行数据库设计。

（3）应用程序开发人员。应用程序开发人员是设计数据库应用系统的人员，他们主要负责根据系统的需求分析，使用某种高级语言设计和编写应用程序，即数据库应用系统。应用程序可以对数据库进行访问、修改和存取等操作，并能够将数据库返回的结果按一定的形式显示给用户。

（4）最终用户。最终用户是从计算机终端与系统交互的用户。最终用户可以通过已经开发好的、具有友好界面的应用程序（DBAS）访问数据库，还可以使用数据库系统提供的接口进行联机访问数据库。

1.5.2　数据库系统的体系结构

数据库系统的结构根据不同的角度，有不同的结构。从数据库应用程序开发人员的角度来看，数据库系统通常采用三级模式结构，这是数据库系统的内部系统结构。按照 DBMS 与应用程序的关系来划分，数据库系统的结构有：DBMS 与应用程序在一起的单用户结构，DBMS 与应用程序分开的客户端/服务器（Client/Server，C/S）结构，应用程序的用户操作与商业逻辑分开的客户端/应用服务器/数据库服务器（Client/Application Server/Database Server）多层级结构，以及现在常用的浏览器/应用服务器/数据库服务器（Browser/Application Server/Database Server，B/S）结构。

1. 数据库系统的三级模式结构

构建数据库系统的模式结构就是为了保证数据的独立性，以达到数据统一管理和共享的目的。数据的独立性包括物理独立性和逻辑独立性。其中物理独立性是指用户的应用程序与存储在磁盘上的数据库中数据的相互独立性。也就是说，在磁盘上数据库中数据的存储是由 DBMS 管理的，用户的应用程序一般不需要了解。应用程序要处理的只是数据的逻辑结构，也就是数据库中的数据，这样当计算机存储设备上的物理存储改变时，应用程序可以不必改变，而由 DBMS 来处理这种改变，这就称为"物理独立性"。

数据库体系结构是数据库的一个总体框架，是数据库内部的系统结构。1978 年，美国国家标准学会（American National Standard Institute，ANSI）的数据库管理研究小组提出标准化建议，从数据库管理系统角度出发，将数据库系统的结构分成三级模式和两级映像。

数据库系统的三级模式结构是指数据库系统由外模式、模式和内模式三级构成，它们之间的关系如图 1.11 所示。

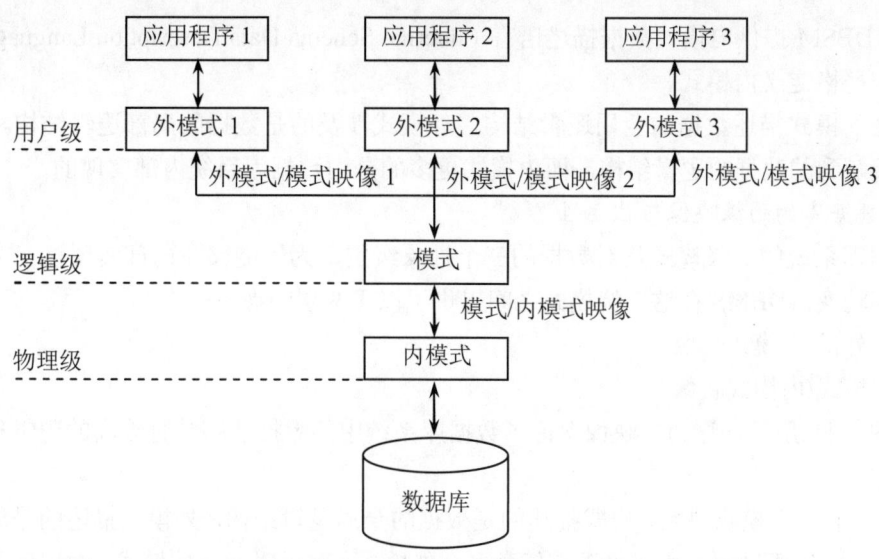

图 1.11 数据库系统的三级模式结构

(1) 外模式。外模式也称子模式或用户模式，属于视图层抽象，它是数据库用户（包括应用程序开发人员和最终用户）能够看见和使用的局部数据的逻辑结构和特征的描述，是数据库用户的数据视图，是与某一应用有关的数据的逻辑表示。

外模式通常是模式的子集。一个数据库可以有多个外模式。由于它是各个用户的数据视图，如果用户在应用需求、提取数据的方式、对数据保密的要求等方面存在差异，则其外模式的描述是不同的。即使对模式中的同一数据，在外模式中的结构、类型、长度、保密级别等都可以不同。可见，不同数据库用户的外模式可以不同。

每个用户只能看见和访问所对应的外模式中的数据，数据库中的其余数据是不可见的，对于用户来说，外模式就是数据库。这样既能实现数据共享，又能保证数据库的安全性。DBMS 提供外模式数据描述语言（External Schema Data Description Language，外模式 DDL）来严格定义外模式。

(2) 模式。模式也称逻辑模式或概念模式，是数据库中全体数据的逻辑结构和特征的描述，是所有用户的公共数据视图，是 DBA 看到的数据库，属于逻辑层抽象。它介于外模式与内模式之间，既不涉及数据的物理存储细节和硬件环境，也与具体的应用程序、所使用的应用程序无关。

模式实际上是数据库数据在逻辑级上的视图。一个数据库只有一个模式。数据库模式以某一种数据模型为基础，统一考虑所有用户的需求，并将这些需求有机地结合成一个逻辑整体。定义模式时不仅要定义数据的逻辑结构，例如数据记录由哪些数据项构成，数据项的名称、类型、取值范围等，而且要定义数据之间的联系，以及与数据有关的安全性、完整性要求。模式可以减小系统的数据冗余，实现数据共享。DBSM 提供模式数据描述语言（Schema Data Description Language，模式 DDL）来严格定义概念模式。

(3) 内模式。内模式也称存储模式，是数据在数据库中的内部表示，属于物理层抽象。内模式是数据物理结构和存储方式的描述，一个数据库只有一个内模式，它是 DBMS 管理的最底层。DBSM 提供内模式数据描述语言（Internal Schema Data Description Language，内模式 DDL）来严格定义内模式。

总之，模式描述数据的全局逻辑结构，外模式涉及的是数据的局部逻辑结构，即用户可以直接接触到的数据的逻辑结构，而内模式更多的是由数据库系统内部实现的。

2. 数据库的两级映像与独立性

数据库系统的三级模式是对数据的三个抽象级别，为了能够在内部实现这三个抽象层次的联系和转换，DBMS 在这三级模式之间提供了以下两层映像：

- 外模式/模式映像。
- 模式/内模式映像。

如图 1.11 所示，这两层映像保证了数据库系统中的数据能够具有较高的逻辑独立性和物理独立性。

（1）外模式/模式映像。模式描述的是数据的全局逻辑结构，外模式描述的是数据的局部逻辑结构。对应于同一个模式可以有任意多个外模式。对于每一个外模式，数据库系统都提供了一个外模式/模式映像，它定义了该外模式与模式之间的对应关系。这些映像的定义通常包含在各自外模式的描述中。

当模式改变时，可由 DBA 对各个外模式/模式的映像做相应的改变，从而保持外模式不变。应用程序是依据数据的外模式编写的，因此应用程序不用修改，这保证了数据与应用程序的逻辑独立性，简称数据的逻辑独立性。

（2）模式/内模式映像。数据库中只有一个模式，也只有一个内模式，所以模式/内模式映像是唯一的，它定义了数据的全局逻辑结构与存储结构之间的对应关系。当数据库的存储结构改变（例如选用了另一种存储结构）时，为了保持模式不变，也就是应用程序不变，可由 DBA 对模式/内模式映像做相应改变就可以了。这样就保证了数据与应用程序的物理独立性，简称数据的物理独立性。

在数据库的三级模式结构中，数据库的模式即全局逻辑结构是数据库的中心与关键，它独立于数据库的其他层次。因此，设计数据库的模式结构时应首先确定数据库的逻辑模式。

数据库的内模式依赖于它的全局逻辑结构，但独立于数据库的用户视图即外模式，也独立于具体的存储设备。它是将全局逻辑结构中所定义的数据结构及其联系按照一定的物理存储策略进行组织，以达到较好的时间与空间效率。

数据库的外模式面向具体的应用程序，它定义在逻辑模式之上，但独立于存储模式和存储设备。当用户需求发生较大变化，相应外模式不能满足其视图要求时，该外模式就要做相应的改动，所以设计外模式时应充分考虑到应用的扩充性。

特定的应用程序是在外模式描述的数据结构上编制的，它依赖特定的外模式，与数据库的模式和存储结构独立。不同的应用程序有时可以共用同一个外模式。数据库的两级映像保证了数据库外模式的稳定性，从而从底层保证了应用程序的稳定性，除非应用需求本身发生变化，否则应用程序一般不需要修改。

数据库的三级模式和两级映像保证了数据与应用程序之间的独立性，使数据的定义和描述可以从应用程序中分离出去。另外，由于数据的存取由 DBMS 管理，用户不必考虑存取路径等细节，从而简化了应用程序的编制，大大减少了应用程序的维护和修改。

项 目 小 结

本项目以知识储备为核心，通过项目的方式来掌握数据库的相关概念，并通过对数据管理技术的发展历程的介绍，说明了数据库技术出现的必然性和必须性。数据模型是数据特征的抽象，为数据库系统的信息表示与操作提供一个抽象的框架。之后，对数据库系统结构做了整体介绍，讨论了数据库系统的三级模式结构和数据独立性的概念，并对数据库、数据库管理系统和数据库系统进行了概念性的介绍。

通过本项目的练习，应该理解有关数据库的基本概念和基本方法，并初步了解数据库系统的三级模式结构和数据独立性。

项目实训：图书管理系统的概念模型

某学校图书馆的业务需求：图书馆有若干个部门，每个部门有专属的业务，核心是图书的管理，实现全校师生的借书、还书工作，还有图书本身的购买、编目、入库、出库等业务。

（1）根据上述需求分析抽象实体，给出实体的属性。

（2）画出实体之间的关系。

课外拓展：了解数据管理技术的发展历程

1. 熟悉 Microsoft 的 Office 套件中 Access 桌面数据库软件的简单应用。
2. 熟悉常用的国产数据库的产品及其性能。
3. 熟悉开源数据库 MySQL、PostgreSQL 的发展历程。
4. 调研并分析 NoSQL 类型数据库 MongoDB、Redis、Neo4j、Cassandra 的特点及应用场景。
5. 调研并分析大数据技术的 Hypertable、Hadoop HBase、OceanBase 的特点及应用场景。

思 考 题

1. 简述数据管理技术的发展历程，并分析各自阶段的特点。
2. 什么是数据库管理系统？它有哪些组成部分，分别具有什么功能？
3. 简述数据库的三级模式，并说明其优点。
4. 现实世界、信息世界和机器世界之间有什么联系？
5. 简述数据库系统的用户类型，各自负责什么事务？
6. 相比于层次模型和网络模型，关系模型有什么优势和不足？
7. 什么是元数据？什么是记录？它们之间有什么关系？
8. 关系模型简化为关系，如何在应用场景中区分这两个概念？

设计学生信息
管理数据库

项目 2　设计学生信息管理数据库

　　数据库的设计是指基于现有的数据库管理系统，针对具体应用对象构建适合的数据库逻辑模式和物理结构，并据此建立数据库及其应用系统，使之能有效地存储和管理数据，满足各类用户的应用需求。本项目将介绍数据库设计的主要内容、特点、设计方法和全过程，从需求分析、概念结构设计、逻辑结构设计、物理结构设计到实施、运行与维护。

学习目标：

- 了解信息管理系统设计的基本过程
- 了解需求分析过程
- 掌握基于 E-R 图的概念结构设计
- 掌握基于依赖函数的逻辑结构设计
- 了解数据库的物理结构设计

知识架构：

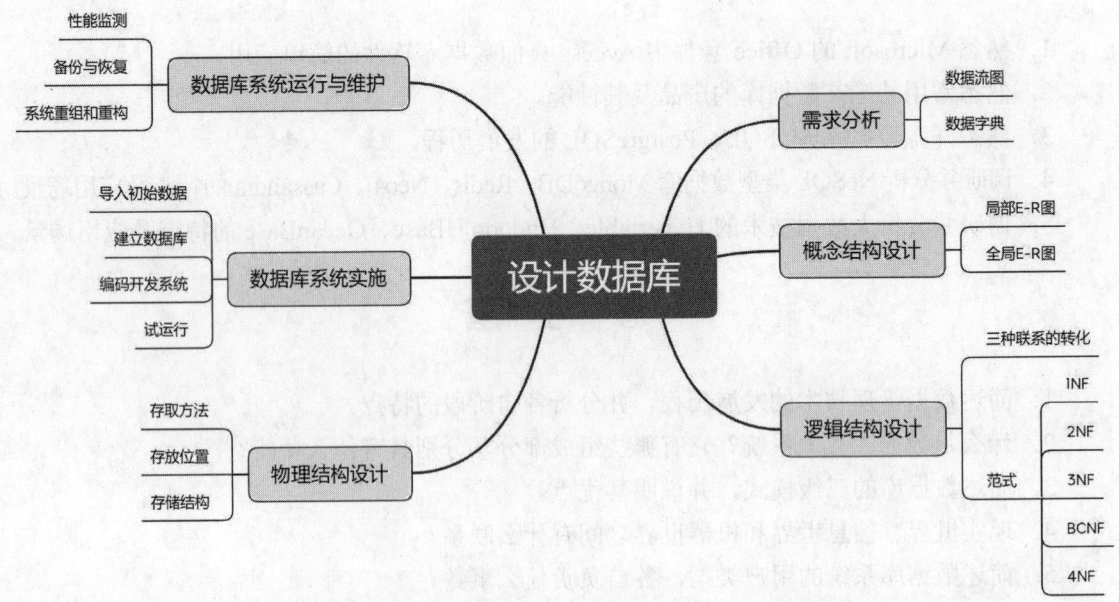

任务 2.1　了解数据库设计

数据库设计包括数据库的结构设计和数据库的行为设计两部分，需要在整个设计过程中把两者密切结合起来。

（1）数据库的结构设计：指设计数据库模式或子模式，它是静态的，一经形成是不容易改变的，所以结构设计又常常称为静态模型设计。它包括数据库的概念设计、逻辑设计和物理设计。

（2）数据库的行为设计：指确定数据库用户的行为和动作，即设计应用程序完成事务处理，它是动态的。用户的行为和动作是通过应用程序对数据库进行的操作，使数据库的内容发生改变，所以行为设计又常常称为动态模型设计。

结构设计一旦确定，该数据库的结构就是稳定的、永久的。结构设计是否合理，直接影响系统中各个处理过程的质量，所以数据库的结构设计至关重要，它是数据库设计方法与设计理论关注的焦点。数据库设计的主要精力应放在结构设计上，汇总各个用户视图，尽量减少数据冗余，实现数据共享，从而设计出一个包含各个用户视图的统一的数据模型。在此基础上，才能最后完成用户应用程序的设计。

数据库设计的特点有以下两个。

（1）结构设计和行为设计相结合。现代数据库的设计强调结构设计和行为设计相结合，这是一个"反复探寻，逐步求精"的过程。如图 2.1 所示，结构设计和行为设计是分开而又并行进行的。

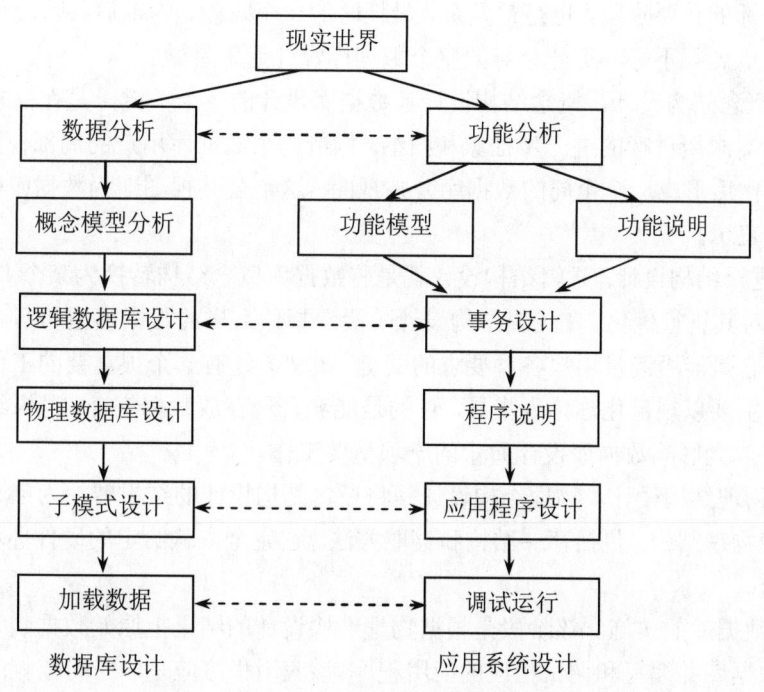

图 2.1　结构和行为分离和并行的设计

（2）数据库建设侧重于基础数据建设。"三分技术，七分管理，十二分基础数据"是数据库建设的基本规律，也是数据库设计的另一个特点。这句话揭示了技术、管理和基础数据三者在数据库建设中的权重关系，即管理创新的任务和工作量比技术的任务和工作量重，而基础数据工作不仅工作量非常大，其工作质量的好坏还决定着信息化建设的成败。在数据库系统中技术只是基础；管理是支架，重要的是人的参与、人的管理工作；而一个数据库系统所具有的生命力就要看是否有一个完善的中央数据库，可以说数据是系统的标志和灵魂。数据库的设计和开发是一个庞大且复杂的工程，是涉及硬件、软件和管理的综合技术。

和其他软件设计一样，可以采用传统软件工程的思想来指导数据库的设计实现。类似软件工程中生命周期的概念，把数据库系统从分析、设计、实现、投入运行后的维护到最后为新系统取代而停止使用的整个期间称为"数据库设计的生存期"。对数据库设计的生存期的划分至今没有统一的标准。遵循"新奥尔良法"设计思想，考虑数据库及其应用系统开发全过程，一般将数据库设计分为六个阶段：需求分析、概念结构设计、逻辑结构设计、物理结构设计、数据库的实施、数据库的运行与维护。

在数据库设计过程中，需求分析和概念结构设计是独立于任何具体 DBMS 的，它们面向用户的应用要求和具体问题；逻辑结构和物理结构设计与所选用的 DBMS 密切相关，面向的是 DBMS；而数据库的实施、数据库的运行与维护是面向具体的实现方法。前四个阶段可统称为"分析和设计阶段"，后两个阶段统称为"实施和运行阶段"。

数据库设计各阶段的主要工作如下。

（1）需求分析。需求分析主要是系统分析员对具体应用环境的业务流程和用户提出的各种要求加以调查研究和分析，并和用户一起对各种原始数据加以综合、整理的过程。它是形成最终设计目标的首要阶段，也是最复杂、最耗时的一个阶段，为以后各阶段任务打下坚实的基础。需求分析做得不好，可能会导致整个数据库设计返工重做。

（2）概念结构设计。概念结构设计是数据库设计的一个关键，是在需求分析的基础上，对用户信息需求所进行的进一步抽象和归纳，构造每个数据库用户的局部视图，然后合并局部视图，经优化后形成一个全局的数据库公共视图。这个公共视图即为数据库概念结构，通常用 E-R 模型来表示。

（3）逻辑结构设计。逻辑结构设计就是将数据库概念结构转换为某个 DBMS 所支持的数据模型，并对其进行优化。在逻辑结构设计阶段选择什么样的数据模型和哪一个具体的 DBMS 尤为重要，它是能否满足用户各种要求的关键。此外，还有一个很重要的工作就是模式优化工作，该工作主要以规范化理论为指导，目的是能够合理存放数据集合。逻辑结构设计阶段的优化工作，已成为影响数据库设计质量的一项重要工作。

（4）物理结构设计。物理结构设计是将逻辑结构设计的结果转换为某一计算机系统所支持的数据库物理结构，包括存储结构和存取方法。它完全依赖给定的硬件环境、具体的 DBMS 和操作系统。

（5）数据库的实施。该阶段是根据物理结构设计的结果把原始数据装入数据库，建立一个具体的数据库并编写和调试相应的应用程序。该应用程序应是一个可依赖的有效的数据库存取程序，从而满足用户的处理要求。

（6）数据库的运行与维护。数据库的实施阶段结束，标志着数据库系统投入正常运行工作的开始。严格地说，数据库的运行和维护不属于数据库设计的范畴，早期的新奥尔良法明确规定数据库设计的四个阶段，不包括运行和维护内容。随着人们对数据库设计的深刻了解和设计水平的不断提高，已经充分认识到数据库的运行和维护工作与数据库设计的紧密联系。数据库是一种动态和不断完善的运行过程，在运行和维护阶段，可能要对数据库结构进行修改或扩充。要充分认识到，在数据库系统的运行过程中，必须不断地对其进行评价、调整与修改，甚至完全重新设计。

设计一个完善的数据库应用系统不可能一蹴而就，往往是这六个阶段不断反复，直到成功为止。可以看出，这个设计步骤既是数据库也是应用系统的设计过程。在设计过程中，力求让数据库设计与系统其他部分的设计紧密结合，各个阶段把数据和处理的需求收集、分析、抽象、设计和实现同时进行、相互参照、相互补充，不断完善两方面的设计。表2.1给出了数据库设计过程中各个阶段关于数据特性的设计描述。其中有关处理特性的描述中，采用的设计方法和工具属于软件工程和信息系统设计等课程中的内容，故本书不再讨论，这里重点介绍数据特性的设计描述，以及在数据特性中参照处理特性设计以完善数据模型设计的问题。

表2.1 数据库设计过程中各个阶段关于数据特征的设计描述

设计阶段	设计描述	
	数据	处理
需求分析	数据字典，全系统中数据项、数据流、数据存储的描述	（1）数据流图和判定表（判定树） （2）数据字典中处理过程的描述
概念结构设计	（1）概念模型（E-R模型） （2）数据字典	系统说明书，包括： （1）新系统要求、方案和概图 （2）反映新系统信息的数据流图
逻辑结构设计	（1）某种数据模型 （2）关系模型	（1）系统结构图 （2）非关系模型（模块结构图）
物理结构设计	（1）存储安排 （2）存取方法选择 （3）存取路径建立	（1）模块设计 （2）IPO表
数据库的实施	（1）编写模式 （2）装入数据 （3）数据库试运行	（1）程序编码 （2）编译连接 （3）测试
数据库的运行与维护	（1）性能测试、转储/恢复 （2）重组和重构	新旧系统的转换、运行、维护

任务2.2 需求分析

需求分析，简单来说就是分析用户的实际要求。它是数据库设计的起点，其结果将直接影响后续各阶段的设计，并影响最终设计结果。

2.2.1 需求分析的任务和目标

数据库需求分析的任务是：对现实世界中要处理的对象（组织、部门、企业等）进行详细调查，在了解现行系统的概况、确定新系统功能的过程中，收集支持系统目标的基础数据及其处理方法。

具体来说，需求分析阶段的任务包括以下三方面。

1. 调查分析用户活动

这个过程通过对新系统运行目标的研究，对现行系统所存在的主要问题及制约因素的分析，明确用户总的需求目标，确定这个目标的功能域和数据域，主要包括以下两个方面。

（1）调查组织机构情况，包括该组织的部门组成情况，各部门的职责和任务等。

（2）调查各部门的业务活动情况，包括各部门输入和输出的数据与格式、所需的表格与卡片、加工处理这些数据的步骤、输入什么信息、输出到哪些部门、输出结果的格式等，这些都是调查的重点。

2. 收集和分析需求数据，确定系统边界

在熟悉各个部门业务活动的基础上，协助用户明确对新系统的各种需求，包括用户的信息需求、处理需求、安全性和完整性需求等。

（1）信息需求。信息需求指用户需要从数据库中获得信息的内容与性质，包含定义未来数据库系统用到的所有信息，明确用户将向数据库中输入什么数据，对这些数据将做哪些处理，以及描述数据间的联系等。

（2）处理需求。处理需求指用户要求完成什么处理功能，对处理的响应时间有什么要求，处理方式是批处理还是联机处理等。

（3）安全性和完整性需求。安全性和完整性需求指防范非法用户、非法操作及防止不合语义的数据存在的要求。

3. 编写系统分析报告

需求分析阶段的最后是编写需求分析报告，通常称为需求规范说明书。需求规范说明书是对需求分析阶段的一个总结，它是一个不断反复、逐步深入和逐步完善的过程，需求分析报告包括以下内容：

- 系统概况、目标、范围、背景、历史和现状。
- 系统的原理和技术，对原系统的改善。
- 系统总体结构与子系统结构说明。
- 系统功能说明。
- 数据处理概要、工程体制和设计阶段划分。
- 系统方案及技术、经济、功能和操作上的可行性。

完成系统的需求分析报告后，在项目单位的领导下要组织有关技术专家评审需求分析报告，这是对需求分析结果的再审查。审查通过后，再由项目方和开发方领导签字认可，以此为基础进入下一阶段。

随需求分析报告提供下列附件：

（1）系统的硬件、软件支持环境的选择及规格要求（所选择的数据库管理系统、数据库操作系统、计算机型号及其网络环境等）。

（2）组织机构图、组织之间联系图和各机构功能业务一览图。

（3）数据流图、功能模块图和数据字典等图表。

确定用户的最终需求其实是一件很困难的事，这是因为：一方面，用户缺少计算机系统知识，开始时无法确定计算机究竟能为自己做什么，不能做什么，因此，无法立刻准确地表达自己的需求，他们所提出的需求往往会不断变化；另一方面，数据库设计人员缺少用户的行业知识，不易理解用户的真正需求，甚至误解用户的需求。此外，新的硬件、软件技术的出现也会使用户需求发生变化。因此，数据库设计人员必须和用户不断深入地进行交流，这样才能逐步得以确定用户的实际需求。

2.2.2 需求分析的方法

需求分析首先就是要调查清楚用户的实际需求，目的是了解企业的业务情况、信息流程、经营方式、处理要求以及组织机构等，为当前系统建立模型。需求分析的方法包括数据流图和数据字典。

1. 数据流图

数据流图（Data Flow Diagram，DFD）是描述系统的重要工具，它从数据传递和处理角度以图形的方式描绘数据在软件中流动和被处理的逻辑过程。数据流图是系统逻辑功能的图形表示，即使不是专业的计算机技术人员也容易理解它，因此它是系统分析员与用户之间极好的通信工具。

数据流图通常由如图 2.2 所示的四种基本符号组成，即用箭线、圆形、双线和矩形分别表示数据流、数据处理、数据存储文件和数据源点或终点。

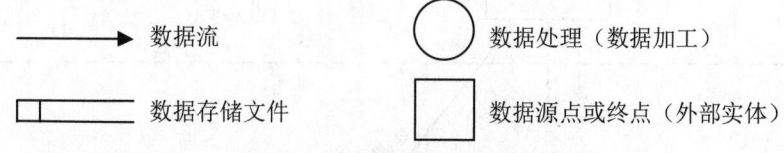

图 2.2 数据流图的基本符号

（1）数据流，即流动中的数据，代表信息流过的通道。数据流一般用单向箭头表示，箭头也指明了数据流动的方向。数据流由一组固定成分的数据组成，代表独立传递的数据单位。它可以从数据处理流向文件或由文件流向数据处理，也可以从外部实体流向处理流或从处理流向外部实体。

（2）数据处理，又称数据加工，即对进入的数据流进行特定的加工的过程，处理后将产生新的数据流。每个处理都应有一个唯一的名称，以表示处理的作用与功能。如果数据流图是一张层次图，每个处理还应该加一个编号，用以说明这个处理在层次分解中的位置。

（3）数据存储文件，代表一种数据的暂存场所，可对其进行存取操作。

（4）外部实体，表示数据的源点或终点。

层级数据流图可以分为顶层数据流图、中层数据流图和底层数据流图。除顶层数据流图外，其他数据流图从 0 开始编号。以教学管理信息系统为例，如图 2.3 和图 2.4 所示。顶层数据流图被分解为第 0 层数据流图，再进一步细分为第 1 层数据流图，直到把系统的工作过程表达清楚为止。在处理功能逐步分解的同时，数据也逐级分解，形成若干层次的数据流图。

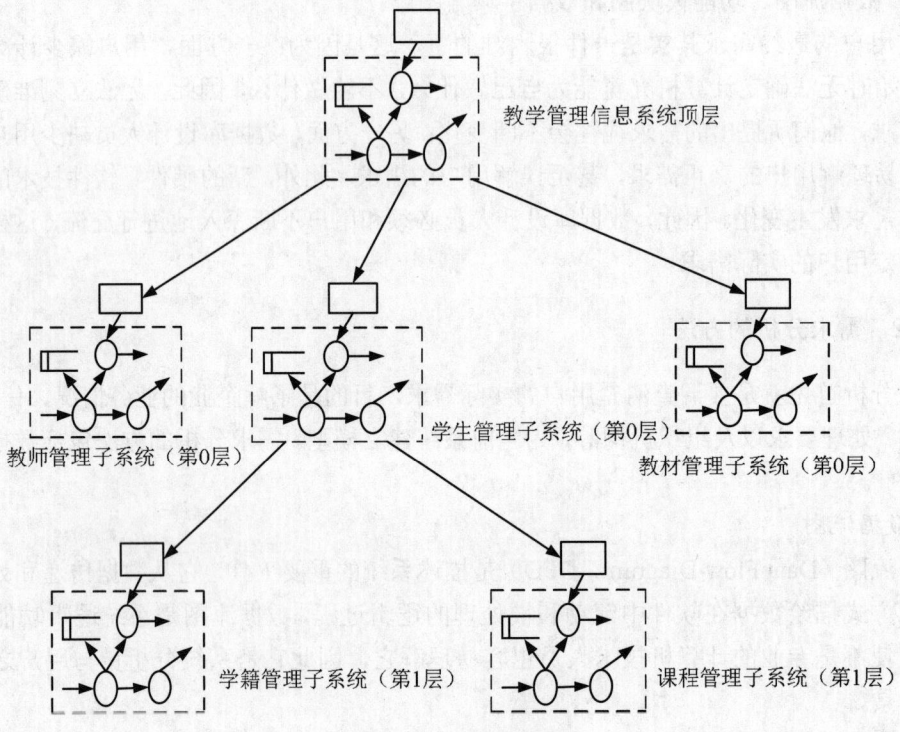

图 2.3 多层的数据流图

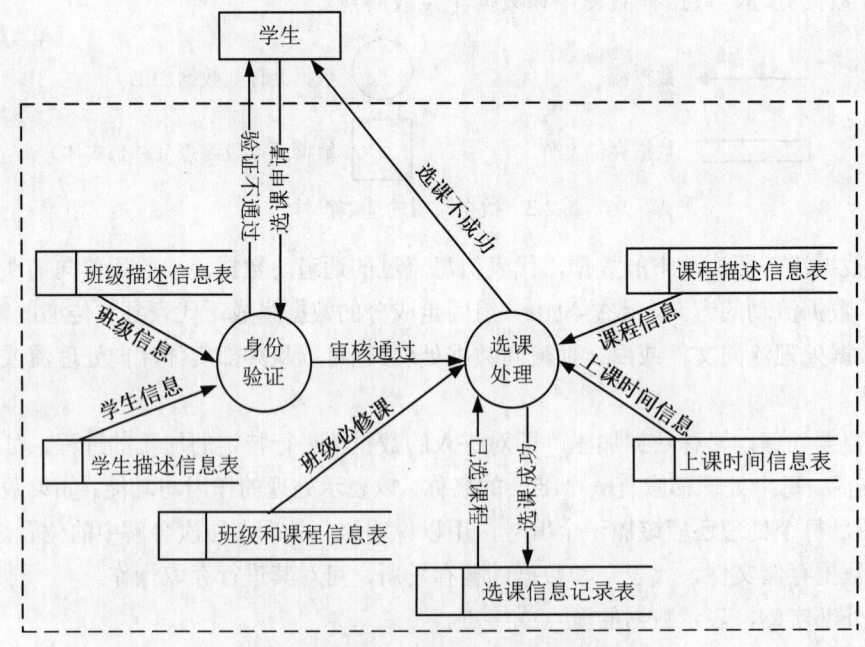

图 2.4 课程管理子系统（第 1 层）数据流图

数据流图表达了数据与其处理过程之间的关系，仅有数据流图不能构成需求说明，只能描述系统的概貌，无法表达每个数据和处理的具体含义。系统中的数据则要借助数据字典来描述。

2. 数据字典

数据字典（Data Dictionary，DD）用于定义数据流图中出现的所有数据元素，即给出确切的内涵解释。同日常使用的字典一样，数据字典的主要用途也是供人查阅，为软件分析和设计人员提供关于数据的具体描述信息。

数据流图和数据字典共同构成系统的逻辑模型，没有数据字典，数据流图就不严格，然而没有数据流图，数据字典也难于发挥作用。只有将数据流图和对数据流图中每个元素的精确定义放在一起，才能共同构成系统的规格说明。

数据字典通常包括数据项、数据流、数据存储和处理过程四种元素。

（1）数据项。数据项是不可再分的数据单位。对数据项的描述通常包括以下内容：

数据项描述={数据项名，别名，数据项含义，取值定义（数据类型、长度、取值范围、取值含义），与其他数据项的逻辑关系}

其中，"取值定义""与其他数据项的逻辑关系"定义了数据的完整性约束条件，是设计数据检验功能的依据。例如：

- 数据项名：学生编号。
- 别名：学号。
- 数据项含义：唯一标识学生身份的号码。
- 数据类型：char。
- 长度：8。
- 取值范围：20230101～20230530。

（2）数据流。数据流可以是数据项，也可以是数据结构，表示某一加工处理过程的输入或输出数据。对数据流的描述应该包括以下内容：

数据流描述={数据流名称，别名，说明，数据流来源、数据流去向，平均流量，高峰期流量，数据组成}

其中"数据流来源"说明该数据流来自哪个过程；"数据流去向"说明该数据流将到哪个过程去；"平均流量"是指在单位时间里面传输的数据次数。例如：

- 数据流名称：选课申请。
- 别名：选课。
- 说明：由学生个人信息和预选课程信息组成选课申请。
- 数据流来源：无。
- 数据流去向：身份验证。
- 平均流量：150 次/天。
- 高峰流量：210 次/天。
- 数据期组成：账号、密码。

（3）数据存储。数据存储是数据保留或保存的地方，也是数据流的来源和去向之一。它可以是手工文档或手工凭单，也可以是计算机文档。对数据存储的描述通常包括以下内容：

数据存储描述={数据存储名,别名,编号,说明,输出数据流,数据描述,数据量,存取方式}

其中每个数据存储都有唯一的编号;"存取方式"包括批处理、联机处理、索引、更新。例如:
- 数据存储名:上课时间信息。
- 别名:授课时间。
- 编号:S_1。
- 说明:每门课程的上课时间,一门课程可以有多个上课时间,同一时间可有多门课程正在进行。
- 输出数据流:课程上课时间。
- 数据描述:课程编号、上课时间。
- 数据量:每学期200~300个。
- 存取方式:随机存取。

(4)处理过程。处理过程说明某个具体的加工处理工作。对处理过程的描述应该包括以下内容:

处理过程={处理过程名,说明,编号,触发条件,输入数据流,输出数据流,处理}

其中每个处理过程都有唯一的编号,并且按照处理过程所在的数据流图的层次来命名,例如处理过程在数据流图第2层,编号可以为1.1.1、1.1.2、1.2.1等;"处理"描述处理的算法、加工逻辑流程、校验规则和默认情况。例如:
- 处理过程名:身份验证。
- 说明:对学生输入的账号、密码进行验证,验证通过则得到相应的学生编号。
- 编号:每个处理过程都有唯一的编号。
- 触发条件:该处理过程执行的前提条件,只有该条件满足才能执行该过程,例如选课时正确输入学生信息及满足课程要求,才能进行选课。
- 输入数据流:学生账号、密码、选课的课程编号。
- 输出数据流:学生编号、选课的课程编号。
- 处理:对输入的学生个人信息,检查学号和密码是否正确;对身份正确的学生,检查要选修的课程是否允许;检查是否正确返回信息。

任务2.3 概念结构设计

概念结构设计是将需求分析得到的用户需求抽象为信息结构,即概念层数据模型。它是整个数据库设计阶段的关键,独立于逻辑结构设计和数据库管理系统。它常用 E-R 模型即(E-R 图)进行描述。概念结构独立于数据库逻辑结构,也独立于其所支持数据库的 DBMS。概念模型是数据模型的前身,它比数据模型更独立于机器、更抽象,也更加稳定。

2.3.1 概念结构设计的方法和步骤

E-R 模型是设计数据库概念结构的最著名、最常用方法。因此,采用自底向上方法分步设计产生每一局部的 E-R 模型，然后综合各局部 E-R 模型，逐层向上回到顶部，最终产生全局 E-R 模型。

（1）局部视图。抽象数据，并设计局部 E-R 模型，即局部视图。

（2）全局视图。集成各局部 E-R 模型，形成全局 E-R 模型，即视图集成。

2.3.2 局部 E-R 图设计

概念结构是对现实世界的一种抽象。所谓抽象，是抽取现实世界中实体的共同特性，忽略非本质细节，并把这些特性用各种概念精确地加以描述，形成某种模型。概念结构设计首先要根据需求分析得到的结果（如数据流图、数据字典）对现实世界进行抽象，设计各个局部 E-R 模型。

1. 三种数据抽象方法

数据抽象主要有三种基本方法：分类、聚集和概括。

（1）分类（Classification）。分类就是定义某一类概念作为现实世界中的一组对象的类型。这些对象具有某些共同的特性和行为。它抽象了对象值和型之间的 "is a member of"（是……的成员）的语义。在 E-R 模型中，实体就是这种抽象。

例如，在学生信息管理系统中，"刘洁"是"学生"（实体）中的一个成员，她具有其他学生共有的特性和行为，即具有学生编号、学生姓名、年龄、性别、所属系别等特性。与"刘洁"一样属同一特性的学生还有"张佳""韩梅""陆毅"等，如图 2.5 所示。

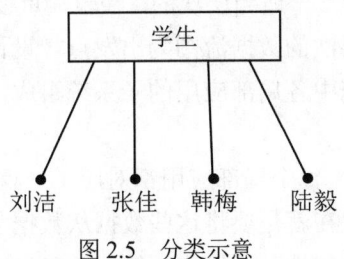

图 2.5　分类示意

（2）聚集（Aggregation）。聚集是定义某一类型的组成部分，它抽象了对象内部类型成分之间的 "is a part of"（是……的一部分）的语义。在 E-R 模型中，若干属性的聚集组成了实体型，如图 2.6 所示。

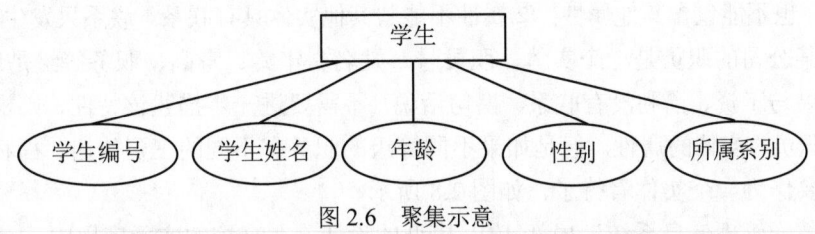

图 2.6　聚集示意

（3）概括（Generalization）。概括定义了实体之间的一种子集联系，它抽象了实体之间的 "is a subset of"（是……的子集）的语义。例如"学生"是实体集，"中学生""本科生""研究生"也是实体集，但均是"学生"实体的子集。把"学生"称为超类，"中学生""本科生""研究生"称为"学生"的子类。在 E-R 模型里面用双竖线的矩形框表示子类，用直线加小圆圈表示超类—子类的联系，如图 2.7 所示。

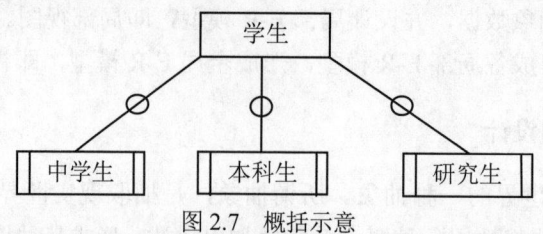

图 2.7　概括示意

概括有一个很重要的性质即继承性。继承性指子类继承超类中定义的所有抽象。但是子类也可以具有自己的特性，即"中学生""本科生""研究生"除继承了"学生"的所有属性和方法之外，还具有自己学生类型的特性，例如"本科生"有所学专业、所属院系等高校学生的属性。

2．局部 E-R 模型设计

（1）局部 E-R 模型设计的步骤。概念结构设计是利用抽象机制对需求分析阶段收集到的数据进行分类、组织，形成实体集、属性和码，确定实体之间的联系类型（1:1、1:n、n:m）进而设计局部 E-R 模型。

以下是设计局部 E-R 模型的具体步骤。

1）选择局部应用。在需求分析阶段，通过对应用环境和要求进行详尽地调查分析，用多层数据流图和数据字典描述整个系统。设计局部 E-R 模型的第一步，就是要根据系统的具体情况，在多层的数据流图中选择一个适当层次的（经验很重要）数据流图，使图中每一部分对应一个局部应用，可以就这一层次的数据流图为出发点，设计局部 E-R 模型。一般而言，中层的数据流图能较好地反映系统中各局部应用的子系统组成，因此人们往往以中层的数据流图作为设计局部 E-R 模型的依据。

2）逐一设计局部 E-R 模型。每个局部应用都对应了一组数据流图，局部应用涉及的数据都已经收集在数据字典中了。现在就是要将这些数据从数据字典中抽取出来，参照数据流图，标定局部应用中的实体、实体的属性、标识实体的码，确定实体之间的联系及其类型。

数据抽象后得到实体和属性，实际上实体与属性是相对而言的。同一事物，在一种应用环境中作为"属性"，在另一种应用环境中就必须作为"实体"。往往要根据实际情况进行必要的调整。一般来说，在给定的应用环境中：①属性不能再具有需要描述的性质，即属性必须是不可分的数据项，也不能包含其他属性；②属性不能与其他实体具有联系。联系只发生在实体之间。

例如，某公司的职员是一个实体，职员号、姓名、年龄、身高、职务等级是职员的属性，职务等级如果与工资、福利没有联系，换句话说，不需要进一步描述该特性，则根据①，它们可以作为"职员"实体的属性。但是如果不同等级的职务有不同的工资待遇、福利等，那么职务等级就需要作为一个实体看待了，如图 2.8 所示。

（2）"教学管理信息系统"局部 E-R 模型的设计。在高校的实际应用中，一名学生可以选修多门课程，一门课程可以被多名学生选修；一名教师可以讲授多门课程，一门课程也可以被多名教师讲授；一个系可以有多名学生，一名学生只能属于一个系；一个系可以有多名教师，一名教师只能属于一个系；一个系可以开设多门课程，一门课程只能由一个系开设。因此，各子系统的局部 E-R 模型如图 2.9、图 2.10 所示，它们分别由 2 名数据库设计人员完成。

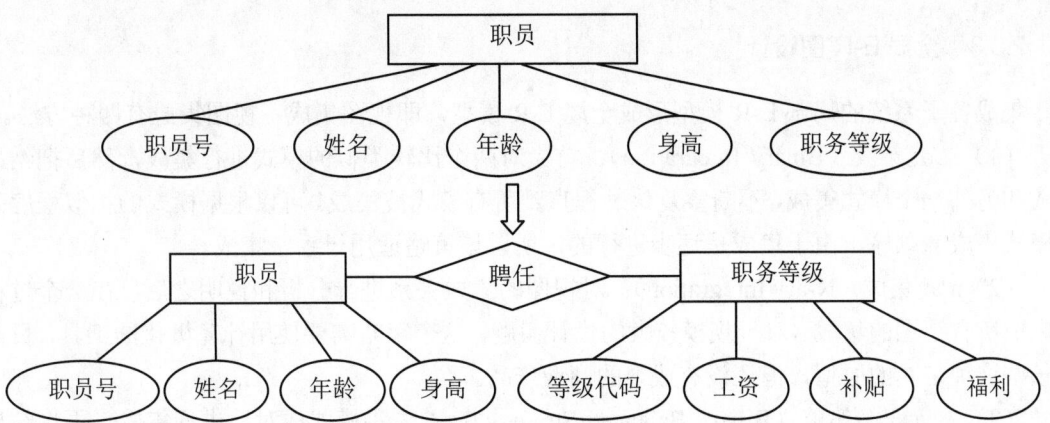

图 2.8 "职务等级"由属性上升为实体的示意

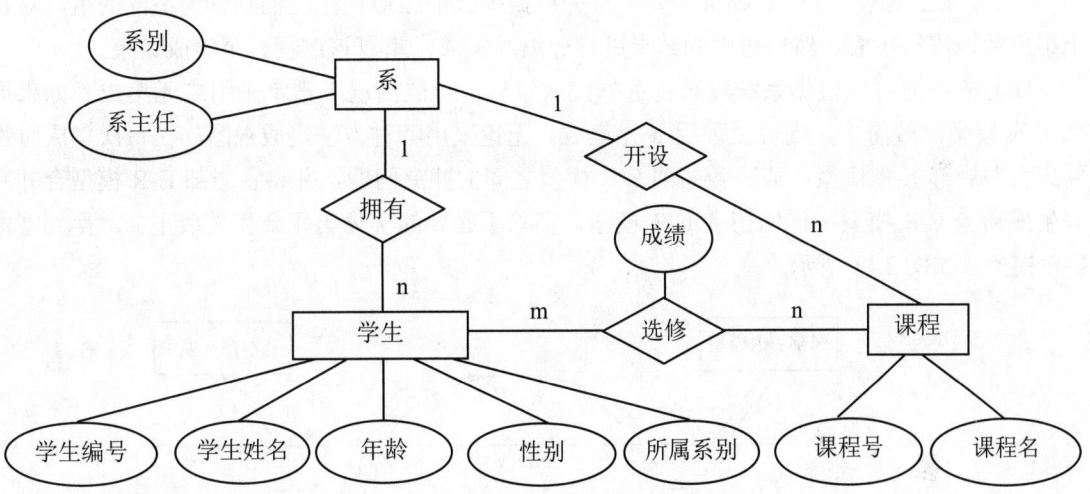

图 2.9 学生选课的局部 E-R 模型

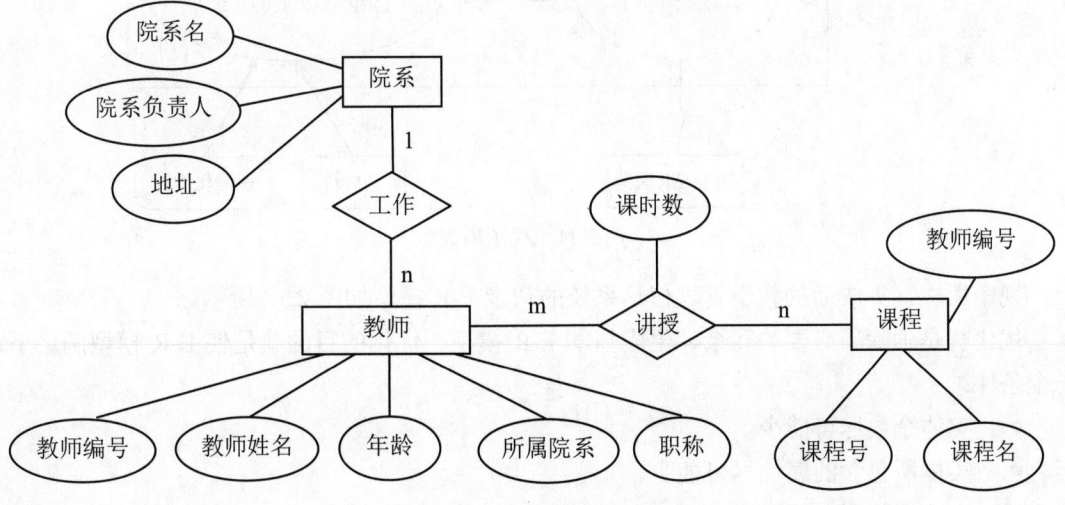

图 2.10 教师授课的局部 E-R 模型

2.3.3 全局 E-R 图设计

集成各子系统的局部 E-R 模型形成全局 E-R 模型,即视图集成。视图集成有四种方法。

(1)二元集成(Binary Integration):首先对两个比较类似的模式进行集成,然后把结果模式和另外一个模式集成,不断重复该过程直到所有模式被集成。可以根据模式的相似程度确定模式集成的顺序。由于集成是逐步进行的,所以该策略适用于手工集成。

(2)n 元集成(N-ary Integration):对视图的集成关系进行分析和说明之后,在一个过程中完成所有视图的集成。对于规模较大的设计问题,这个策略需要使用计算机化的工具,目前有一些这种工具的原型,但还没有成熟的商业产品。

(3)二元平衡策略(Binary Balanced Strategy):首先将模式成对地进行集成,再将结果模式成对地进一步集成,不断重复该过程直至得到最终的全局模式。

(4)混合策略(Mixed Strategy):首先根据模式的相似性把它们划分为不同的组,对每个组单独地进行集成,然后对中间结果进行分组并集成,重复该过程直至集成结束。

实际应用时可以根据系统复杂度选择集成策略。一般情况下常常采用二元集成。如果局部 E-R 模型比较简单,则可以采用 n 元集成。无论采用哪种方法集成视图,在每次集成时都要先合并局部 E-R 模型,解决各局部 E-R 模型之间的冲突问题,并将各局部 E-R 模型合并起来生成初步 E-R 模型;优化初步 E-R 模型,消除不必要的实体集冗余和联系冗余,得到基本 E-R 模型,如图 2.11 所示。

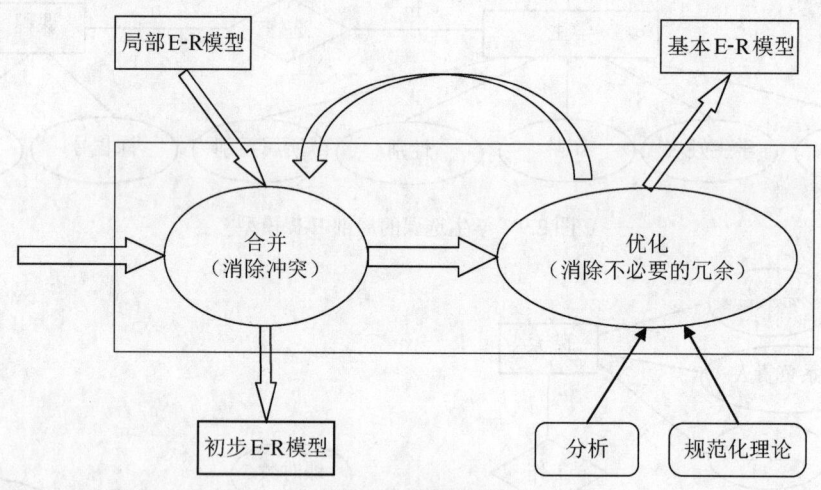

图 2.11 视图集成

视图集成,集成后的教学管理信息系统的初步 E-R 模型如图 2.12 所示。

优化就是消除不必要的冗余,生成基本 E-R 模型。优化的目的就是使 E-R 模型满足下述三个条件:

- 实体个数尽可能少。
- 实体所包含的属性尽可能少。
- 实体间的联系无冗余。

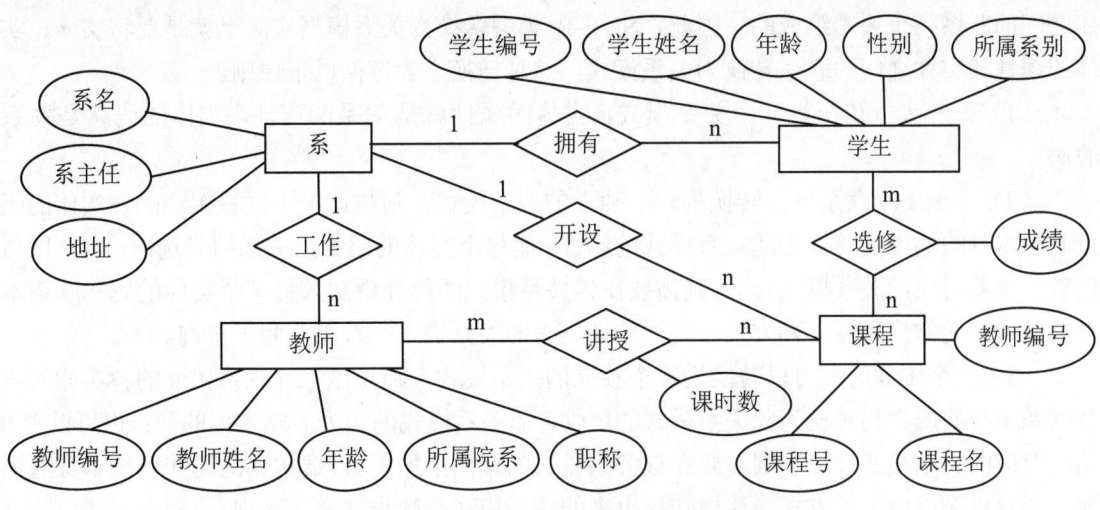

图 2.12 教学管理信息系统的初步 E-R 模型

其中，要使实体个数尽可能少，可以合并相关实体，一般是把具有相同主码（或者称为主键）的实体进行合并；另外，还可考虑将 1:1 联系的两个实体合并成一个实体，同时消除冗余属性和冗余联系。

对图 2.12 的初步 E-R 模型优化："课程"实体中的属性"教师编号"可由"选修"这一联系导出，所以"教师编号"是冗余属性；"教师"实体中的"所属院系"可由"工作"这一联系导出，所以"所属院系"是冗余属性；以此类推，"学生"实体中的"所属系别"也是冗余属性；而"系"和"课程"之间的"开设"这一联系可由"系"和"教师"之间的"工作"联系与"教师"和"课程"之间的"讲授"联系推导出来，所以"开设"是冗余联系。

视图集成后形成一个整体的数据库概念结构，对该整体概念结构还必须进行进一步验证，确保它能够满足下列条件：

- 整体概念结构内部必须具有一致性，即不能存在互相矛盾的表达。
- 整体概念结构能准确地反映原来的每个视图结构，包括属性、实体及实体间的联系。
- 整体概念结构能满足需求分析阶段所确定的所有要求。

整体概念结构最终还应该提交给用户，征求用户和有关人员的意见，进行评审、修改和优化，然后把它确定下来，作为数据库的概念结构和进一步设计数据库的依据。

任务 2.4　逻辑结构设计

E-R 模型表示的概念模型是用户数据要求的形式化，它独立于任何一种数据模型，独立于任何一个具体的 DBMS。逻辑结构设计的任务就是把概念结构设计阶段得到的 E-R 模型转换为特定 DBMS 所支持的数据模型。

2.4.1　初始关系模式设计

关系模型的逻辑结构是一组关系模式的集合。而 E-R 模型则是由实体、实体的属性和实体之间的联系三个要素组成的。因此，将 E-R 模型转换为关系模型实际上就是要将实体、实体的属性和实体之间的联系转换为关系模式，这种转换一般遵循以下原则。

（1）一个实体转换为一个关系模式。实体的属性就是关系的属性，实体的码就是关系的码。

（2）一个 1:1 联系可以转换为一个独立的关系模式，则与该 1:1 联系相连的各实体的码及联系本身的属性均转换为此关系模式的属性，而每个实体的码都是关系的候选码；也可以与任意一端所对应的关系模式合并，则需要在该关系模式的属性中加入另一个实体的码和联系本身的属性。通常采用后一种方式，这样转换出来的关系模式个数少，利于查询。

（3）一个 1:n 联系可以转换为一个独立的关系模式，则与该 1:n 联系相连的各实体的码及联系本身的属性均转换为此关系模式的属性，而关系模式的码为 n 端实体的码；也可以与 n 端所对应的关系模式合并，则需要在该关系模式的属性中加入 1 端实体的码和联系本身的属性。通常也采用后一种方式，这样转换出来的关系模式个数少，利于查询。

（4）一个 m:n 联系必须转换为一个独立的关系模式。与该联系相连的各实体的码及联系本身的属性均转换为此关系模式的属性，且关系模式的主码包含各实体的码。

（5）三个或三个以上实体间的一个多元联系可以转换为一个关系模式。与该多元联系相连的各实体的码及联系本身的属性均转换为此关系模式的属性，而此关系模式的主码包含各实体的码。

以优化过的教学管理信息系统的 E-R 模型为例，具体分析 E-R 模型向关系模型的转换。

1）四个实体"系""教师""学生""课程"分别转换成以下四个关系模式：

系（<u>系名</u>，系主任，地址）

教师（<u>教师编号</u>，教师姓名，年龄，职称）

学生（<u>学生编号</u>，学生姓名，年龄，性别）

课程（<u>课程号</u>，课程名）

2）1:n 联系"工作"，与 n 端所对应的关系模式"教师"合并，则需要在该关系模式"教师"的属性中加入 1 端实体"系"的码和联系本身的属性，结果如下：

教师（<u>教师编号</u>，教师姓名，年龄，职称，系名）

其中"系名"是"教师"的外码，参考"系"的主码"系名"。

1:n 联系"拥有"，与 n 端所对应的关系模式"学生"合并，则需要在该关系模式"学生"的属性中加入 1 端实体"系"的码和联系本身的属性，结果如下：

学生（<u>学生编号</u>，学生姓名，年龄，性别，系名）

其中"系名"是"学生"的外码（或者称为外键），参考"系"的主码"系名"。

3）m:n 联系"讲授""选修"，必须转换为一个独立的关系模式。转换后的结果为

讲授（<u>教师编号</u>，<u>课程号</u>，课时数）

选修（<u>学生编号</u>，<u>课程号</u>，成绩）

其中"讲授"关系中（教师编号，课程号）是主码，"教师编号"和"课程号"是外码，分别参考关系模式"教师"的主码"教师编号"及关系模式"课程"的主码"课程号"。读者可自行分析"选修"关系的主码、外码。

2.4.2 关系模式的规范化

规范化理论对逻辑结构设计阶段产生的数据模型进行初步优化,以减少乃至消除关系模式中存在的各种异常,改善完整性、一致性和存储效率。规范化理论是数据库逻辑结构设计的指南和工具,规范化过程分为两个步骤:确定范式级别和实施规范化处理(模式分解)。

1. 确定范式级别

考察关系模式的函数依赖关系,确定范式等级。找出所有"数据字典"中得到的数据之间的依赖关系,对各模式之间的数据依赖进行极小化处理,消除冗余的联系。按照数据依赖理论对关系模式逐一进行分析,考察是否存在部分函数依赖、传递函数依赖等,确定各关系模式属于第几范式。

2. 实施规范化处理

确定范式级别后,根据应用需求,判断它们对于这样的应用环境是否合适,确定对于这些模式是否进行合并或分解。

(1) 合并。如果有若干关系模式具有相同的主码,并且对这些关系模式的处理主要是查询操作,而且经常是多表连接查询,那么可以对这些关系模式按照组合使用频率进行合并,这样可以减少连接操作的次数从而提高查询效率。

(2) 分解。对关系模式进行必要的分解,提高数据操作的效率和存储空间的利用率。常用的分解方法是水平分解和垂直分解。

1) 水平分解。水平分解是以时间、空间、类型等范畴属性取值为条件,满足相同条件的数据作为一张子表。对于经常进行大量数据的分类条件查询的关系,可以进行水平分解,这样就大大减少了应用系统每次查询所需要访问的记录数量,从而提高了查询性能。

例如,对于教学管理信息系统的"学生"关系,可以水平分解为"在校学生"和"毕业学生"两个关系模式。因为对于已经毕业学生的情况学校关心较少,而经常需要了解当前在校学生的情况。因为将已经毕业学生的信息单独存放在"毕业学生"中,可以提高对在校学生的处理速度。

2) 垂直分解。垂直分解是以非主属性所描述的数据特征为条件,把经常一起使用的属性划分在一张子表中。

例如,对于教学管理信息系统的"学生"关系,可以垂直分解为"学生基本信息"和"学生家庭信息"两个关系模式。

垂直分解可以提高某些事务的效率,但有可能使另一些事务不得不执行连接操作,从而降低效率。因此,是否进行垂直分解要看分解后的所有事务的总效率是否得到了提高。

任务 2.5 数据库的物理结构设计

对于给定的逻辑数据模型,选取一个最适合应用环境的物理结构的过程,称为数据库的物理结构设计(简称为物理结构设计)。一般来说,物理结构设计与 DBMS 的功能、DBMS 所提供的物理环境和工具、应用环境及数据存储设备的特性都有密切关系;设计的目的是获得一个有较高检索效率及较省的存储空间和维护代价的物理结构。因此，数据库的物理结构设计可分为以下两步：

（1）确定物理结构，在关系数据库中主要指存取方法和存储结构。

（2）评价物理结构，评价的重点是时空效率。

2.5.1 关系模式存取方法的选择

存取方法是快速存取数据库中数据的技术。由于数据库是多用户共享的系统，它只有提供多条存取路径才能满足多用户共享数据的要求。关系数据库一般都提供多种存取方法，常用的有索引方法、聚簇方法。

1. 索引方法的选择

索引是数据库内部的特殊数据结构，几乎所有的关系数据库都提供建立索引的功能。索引一般用于提高数据查询性能，但会降低数据修改性能。当经常需要向关系中插入新记录或删除和修改现有记录时，系统要同时对索引进行维护，使索引和数据保持一致。这样就会大大增加维护索引的时空开销，有时可能大到难以承受。

选择索引实际上要根据应用要求确定在关系的哪些属性上建立索引，在哪些属性上建立复合索引，哪些索引需要设计唯一索引等。选择索引方法的基本原则如下。

（1）如果某个或某些属性经常在查询条件中出现，则考虑在这个或这些属性上建立索引。

（2）如果某个或某些属性经常作为最大值和最小值等聚合函数的参数，则考虑在这个或这些属性上建立索引。

（3）如果某个或某些属性经常在连接操作的连接条件中出现，则考虑在这个或这些属性上建立索引。

（4）如果某个属性经常作为分组的依据列，则考虑在这个属性上建立索引。

（5）对经常执行插入、删除、修改操作，或者记录数较少的关系，应尽量避免建立索引。

当然，关系上定义的索引数也要适当，并不是越多越好，因为系统为维护索引要付出代价，查找索引也要付出代价。

2. 聚簇方法的选择

为了提高某个属性或属性组的查询速度，把这个属性或属性组上具有相同值的元组集中存放在连续的物理块上的处理称为聚簇，这个或这组属性称为聚簇码。

一个数据库可以建立多个聚簇，但一个关系中只能加入一个聚簇。选择聚簇的存取方法就是确定需要建立多少个聚簇，确定每个聚簇包括哪些关系。下面介绍设计候选聚簇的原则。

（1）将一个关系按某个或某组属性的值聚簇。对数据库的查询经常按照属性值相等性，或者进行属性值相互比较，为此可以将记录按照某个或某组属性的值来聚簇存放，并建立聚簇索引。例如，如果经常需要按系名属性来检索学生记录，那么预先将同一个系的学生的记录，在物理介质上尽可能存放在一起，这样一个院系的学生记录所存放的页面数最少，因而所需的 I/O 数大大减少，提高了存取的效率。

（2）对于不同关系，经常在一起进行连接操作的可以建立聚簇。关系数据库中经常通过一个关系与另一个关系的关联属性找到另一个关系的需求记录信息，此时如果把有关的两个关系物理上靠近存放,例如存放在同一个柱面上,这可以大大提高完成相关检索时的检索效率。

(3)如果关系的主要应用是通过聚簇码进行访问或连接,而其他属性访问关系的操作很少,则可以使用聚簇。尤其当 SQL 语句中包含与聚簇有关的 order by,group by,union,distinct 等子句或短语时,使用聚簇特别有利,可以省去对结果集的排序操作;反之,如果关系较少利用聚簇码,最好不要使用聚簇。

值得注意的是,当一个元组的聚簇码的值改变时,该元组的存储位置也要做相应移动,所以聚簇码的值应相对稳定,以减少修改聚簇码值所引起的开销。聚簇虽然能提高某些应用的性能,但是建立与维护聚簇的开销也是相当大的,所以应该适当地建立聚簇。

2.5.2 确定数据库的存储结构

确定数据的存放位置和存储结构要综合考虑存取时间、存储空间利用率和维护代价三方面的因素。这三方面常常相互矛盾,需要进行权衡,选择一个折中方案。

1. 确定数据的存放位置

为了提高系统性能,应根据应用情况将数据的易变部分与稳定部分、经常存取部分和存取频率较低部分分开存放。有多个磁盘的计算机,可以采用下面几种存放位置的分配方案。

(1)将表和索引放在不同的磁盘上。这样在查询时,两个磁盘驱动器并行工作,可以提高物理 I/O 的读写效率。

(2)将比较大的表分别放在两个磁盘上,以加快存取速度,这在多用户环境下特别有效。

(3)将日志文件、备份文件与数据库对象放在不同的磁盘上,以改进系统的性能。

(4)对于存取时间要求高的对象应放在高速存储器上,对于存取效率小或存取时间要求低的对象,如果数据量很大,则可以存放在低速存储设备上。

2. 确定系统配置

DBMS 产品一般提供了一些系统配置变量和存储分配参数供系统设计人员和 DBA 对数据库进行物理优化。在初始情况下,系统都为这些变量赋予了合理的默认值。但是这些默认值不一定适合每种应用环境。在进行数据库的物理结构设计时,还需要重新对这些变量赋值,以改善系统的性能。

系统配置变量有很多,如同时使用数据库的用户数、同时打开的数据库对象数、内存分配参数、缓冲区分配参数、存储分配参数等,这些参数值将影响存取时间和存储空间的分配。在进行物理结构设计时需要根据应用环境确定这些参数值,以使系统性能最佳。物理结构设计时对系统配置变量的调整只是初步的,在系统运行时还要根据系统实际运行情况做进一步调整,以期切实改进系统性能。

3. 存储结构的评价

评价物理结构设计的方法完全依赖具体的 DBMS,主要考虑操作开销,即为使用户获得及时、准确的数据所需要的开销和计算机资源的开销。实际上,往往需要经过反复测试才能优化数据库的物理结构。

任务2.6 数据库的实施、运行与维护

在完成物理结构设计之后,设计者对目标系统的结构、功能已经分析得较为清楚了,但这还只是停留在文档阶段。数据系统设计的根本目的,是为用户提供一个能够实际运行的系统,并保证该系统的稳定和高效。要做到这一点,还有两项工作需要做,即数据库的实施、数据库的运行与维护。

2.6.1 数据库的实施

数据库的实施主要是根据逻辑结构设计和物理结构设计的结果,在计算机系统上建立实际的数据库结构、导入初始数据并进行程序的调试。它相当于软件工程中的代码编写和程序调试的阶段。

1. 建立实际数据库结构

用具体的 DBMS 提供的数据定义语言(DDL),把数据库的逻辑结构设计和物理结构设计的结果转化为 SQL 语句,然后经 DBMS 编译处理和运行后,实际的数据库便建立起来了。目前的很多 DBMS 除提供传统的命令行方式外,还提供数据库结构的图形化定义方式,极大地提高了工作的效率。

具体地说,建立数据库结构应包括以下几个方面:
(1) 数据库模式与子模式,以及数据库空间的描述。
(2) 数据完整性描述。
(3) 数据安全性描述。
(4) 数据库物理存储参数的描述。

此时的数据库系统就如同刚竣工的大楼,内部空空如也。要真正发挥它的作用,还必须装入各种实际的数据。

2. 装入数据与应用程序编码、调试

一般数据库系统中的数据量都很大,而且数据来源往往不同,所以数据的组织方式、结构和格式都与新设计的数据库系统有相当差距。因此,转入数据需要耗费大量的人力、物力,同时简单乏味且意义重大。为了保证转入的数据正确无误,必须高度重视数据的校验工作。

数据库应用程序的设计应该与数据库设计同时进行。因此,在组织数据入库的同时还要调试应用程序。

3. 数据库的试运行

当有初始数据装入数据库以后,就可以进行数据库系统的试运行,也称为联合调试。数据库的试运行对于系统设计的性能检测和评价是十分重要的,因为某些 DBMS 参数的最佳值只有在试运行中才能确定。

由于在数据库设计阶段,设计者对数据库的评价多是在简化了的环境条件下进行的,因此设计结果未必是最佳的。在试运行阶段,除对应用程序做进一步的测试之外,重点执行对数据库的各种操作,实际测量系统的各种性能,检测是否达到设计要求。如果在数据库试运行时,

所产生的实际结果不理想，则应重新修改物理结构，甚至修改逻辑结构。

2.6.2 数据库的运行与维护

数据库系统投入正式运行，意味着数据库的设计与开发阶段的基本结束，运行与维护阶段的开始。数据库的运行与维护是一个长期的工作，是数据库设计工作的延续和提高。

在数据库运行阶段，完成对数据库的日常维护，数据库系统的工作人员需要掌握 DBMS 的存储、控制和数据恢复等基本操作，而且要经常性地涉及物理数据库，甚至逻辑数据库的再设计，因此数据库的维护工作仍然需要具有丰富经验的专业技术人员（主要是 DBA）来完成。

数据库的运行与维护阶段的主要工作有：

（1）对数据库性能的监测、分析和改善。

（2）数据库的转储和恢复。

（3）维持数据库的安全性和完整性。

（4）数据库的重组和重构。

项 目 小 结

本项目介绍了数据库设计的方法和步骤，详细介绍了数据库设计各个阶段的目标、方法。其中重点讨论了数据库设计中的前三个重要阶段：需求分析、概念结构设计和逻辑结构设计。这三个阶段是设计一个合理、高效并且满足用户需求的数据库应用系统逻辑模式的关键。

在本项目的实施过程中，除要掌握书中所讨论的基本原理和方法外，还要主动地尝试在实际应用中运用这些原理和方法解决具体问题，这样将实践和理论相结合，才能设计出符合应用需求的数据库应用系统。

项目实训：设计学生信息管理系统

1．调研本校的学生、教师、专业、班级、选课等的业务，写出初步的需求分析报告，画出基本的数据流图。

2．抽象学生信息管理系统的完整的概念模型，画出全局 E-R 图。

3．把 E-R 图的概念模型转换为关系数据模型。

4．设计学生信息管理系统各个模块的数据处理细节。

5．分析学生信息管理系统业务性能需求，设计选择数据库类型和开发工具的原则。

课外拓展：设计图书管理系统

1．调研本校的图书馆的业务，写出初步的需求分析报告，画出基本的数据流图。

2．抽象图书管理系统的完整的概念模型，画出全局 E-R 图。

3．把 E-R 图的概念模型转换为关系数据模型。

4．设计图书管理系统各个模块的数据处理细节。

5．分析图书管理系统业务性能需求，设计选择数据库类型和开发工具的原则。

思 考 题

1．数据库系统设计分为几个阶段？各自需要形成什么文档类型？
2．数据库系统调研常常采用什么方法？
3．数据库设计和应用程序设计之间有什么关系？
4．数据流图和数据字典之间有什么关系？
5．E-R 图合并时应该采用哪些方法？
6．E-R 图如何转换为关系模式？
7．什么是数据库系统的重构？
8．数据库的物理结构设计的主要内容是什么？

第 2 篇
基 础 应 用

基础应用

项目 3　MySQL 的安装与运行

MySQL 数据库是目前运行速度最快的 SQL 数据库。除了具有许多其他数据库所不具备的功能和选择，MySQL 数据库还是一种完全免费的产品，用户可以直接从网上下载使用。另外，MySQL 数据库的跨平台性也是其一大优势。本项目将对 MySQL 数据库的概念、特性、应用环境，以及 MySQL 服务器的安装、配置、启动、连接、断开和停止等进行详细介绍。

学习目标：

- 了解 MySQL 的发展历程
- 了解 MySQL 的版本和最新特性
- 掌握 MySQL 的软/硬件要求
- 掌握 MySQL 的安装、配置和验证
- 掌握 Windows 操作系统下 MySQL 的初步使用

知识架构：

任务 3.1　了解 MySQL

MySQL 是目前最为流行的开放源代码的数据库管理系统，是完全网络化、跨平台的关系数据库系统。它是由瑞典的 MySQL AB 公司开发的，该公司由 MySQL 的初始开发人员大卫·艾克马克（David Axmark）和迈克尔·维德纽斯（Michael Widenius）以及艾伦兰·拉尔森（Allan Larsson）于 1995 年建立，目前属于 Oracle 公司。MySQL 的象征符号是一只名为

Sakila 的海豚，代表着 MySQL 数据库和团队的速度、能力、精确和优秀本质。

3.1.1　MySQL 数据库的概念

数据库就是一个存储数据的仓库。为了方便数据的存储和管理，它将数据按照特定的规律存储在磁盘上。通过数据库管理系统，可以有效地组织和管理存储在数据库中的数据。MySQL 就是这样的一个关系数据库管理系统（RDBMS），它是目前运行速度最快的 SQL 数据库管理系统之一。

3.1.2　MySQL 的优势

MySQL 是一款自由软件，任何人都可以从其官方网站上下载。MySQL 是一个真正的多用户、多线程 SQL 数据库服务器。它采用客户端/服务器体系结构，由一台服务器守护程序 mysqld 和很多不同的客户程序及库组成。它能够快捷、有效和安全地处理大量的数据。相对于 Oracle 等数据库来说，MySQL 在使用时非常简单。MySQL 的主要目标是快捷、便捷和易用。

MySQL 被广泛应用在 Internet 上的中、小型网站中。由于其体积小、速度快、总体拥有成本低，尤其是拥有的开放源代码，所以成为多数中、小型网站为了降低网站总体拥有成本而选择的网站数据库。

3.1.3　MySQL 的发展历程

MySQL 的原开发者为瑞典的MySQL AB公司，是一种完全免费的产品，用户可以直接从网上下载使用，不必支付任何费用。

2008 年 1 月 16 日，Sun公司（Sun Microsystems）正式收购 MySQL AB。

2009 年 4 月 20 日，甲骨文（Oracle）公司宣布以 74 亿美元收购 Sun 公司。

2013 年 6 月 18 日，Oracle 公司修改 MySQL 授权协议，移除了GPL，将 MySQL 分为社区版和商业版，社区版依然可以免费使用，但是功能更全的商业版需要付费使用。

MySQL 从一无所有，到技术的不断更新、版本的不断升级，经历了一个漫长的过程，这个过程是实践的过程，是 MySQL 成长的过程。时至今日，MySQL 的版本已经更新到了 MySQL 8.0。

3.1.4　MySQL 8.0 的特性

MySQL 是一个真正的多用户、多线程 SQL 数据库服务器。结构化查询语言（Structured Query Language，SQL）是世界上最流行和标准化的数据库语言。MySQL 的特性如下。

（1）使用 C 和 C++编写，并使用了多种编译器进行测试，保证源代码的可移植性。

（2）支持 AIX、FreeBSD、HP-UX、Linux、Mac OS、Novell Netware、OpenBSD、OS/2 Wrap、Solaris、Windows 等多种操作系统。

（3）为多种编程语言提供了应用程序编程接口（Application Programming Interface，API）。这些编程语言包括 C、C++、Python、Java、Perl、PHP、Eiffel、Ruby 和 TCL 等。

（4）支持多线程，充分利用 CPU 资源。

（5）优化的 SQL 查询算法，有效地提高了查询速度。

（6）既能够作为一个单独的应用程序应用在客户端/服务器网络环境中，也能够作为一个库而嵌入其他软件提供多语言支持，常见的编码，如中文的 GB2312、BIG5，日文的 Shift_JIS 等都可以用作数据表名和数据列名。

（7）提供 TCP/IP、ODBC 和 JDBC 等多种数据库连接途径。

（8）提供用于管理、检查、优化数据库操作的管理工具。

（9）可以处理拥有上千万条记录的大型数据库。

目前，MySQL 的最新版本是 MySQL 8.0，它比上一个版本（MySQL 5.7）具备更多新的特性，具体如下。

（1）性能：MySQL 8.0 的速度要比 MySQL 5.7 快 2 倍。MySQL 8.0 在以下方面带来了更好的性能：读/写工作负载、I/O 密集型工作负载，以及高竞争（hot spot 热点竞争问题）工作负载。

（2）NoSQL：从 MySQL 5.7 开始，提供 NoSQL 存储功能，在 MySQL 8.0 中这部分功能得到了更大的改进。该功能消除了对独立的 NoSQL 文档数据库的需求，而 MySQL 文档存储也为 schema-less 模式的 JSON 文档提供了多文档事务支持和完整的 ACID 合规性。

（3）窗口函数（Window Functions）：从 MySQL 8.0 开始，新增了窗口函数，可以用来实现若干新的查询方式。窗口函数与 SUM()、COUNT()这种集合函数类似，但它不会将多行查询结果合并为一行，而是将结果放回多行当中，即窗口函数不需要 group by。

（4）隐藏索引：在 MySQL 8.0 中，索引可以被隐藏和显示。当索引被隐藏后，便不会被查询优化器使用。可以将这个特性用于性能调试，例如先隐藏一个索引，然后观察其对数据库的影响。如果数据库性能有所下降，则说明这个索引是有用的，然后将其恢复显示即可；如果数据库性能基本无变化，则说明这个索引是多余的，可以考虑将其删除。

（5）降序索引：MySQL 8.0 为索引提供按降序方式进行排列的支持，在这种索引中的值也会按降序的方式进行排列。

（6）通用表表达式（Common Table Expressions，CTE）：在复杂的查询中使用嵌入式表时，使用 CTE 使查询语句更清晰。

（7）utf-8 编码：从 MySQL 8.0 开始，使用 utf8mb4 作为默认字符集。

（8）JSON：MySQL 8.0 大幅改进了对 JSON 的支持，添加了基于路径查询参数从 JSON 字段中抽取数据的 JSON_EXTRACT()函数，以及用于将数据分别组合到 JSON 数组和对象中的 JSON_ARRAYAGG()和 JSON_OBJECTAGG()聚合函数。

（9）可靠性：InnoDB 现在支持表 DDL 的原子性，也就是 InnoDB 表上的 DDL 也可以实现事务完整性，要么失败回滚，要么成功提交，不至于出现部分成功的问题，此外还支持 crash-safe 特性，元数据存储在单个事务数据字典中。

（10）高可用性（High Availability，HA）：InnoDB 集群为数据库提供集成的原生 HA 解决方案。

（11）安全性：OpenSSL 改进、新的默认身份验证、SQL 角色、密码强度、授权。

3.1.5 MySQL 的应用环境

目前 Internet 上流行的网站构架方式是 LAMP（Linux+Apache+MySQL+PHP），即使用 Linux 作为操作系统，Apache 作为 Web 服务器，MySQL 作为数据库，PHP 作为服务器端脚本解释器。由于这四个软件都是自由/开源软件（Free/Libre and Open Source Software，FLOSS），因此使用这种网站构架方式不用额外支付费用（除人工成本）就可以建立一个稳定、免费的网站系统。

MySQL 在主流的操作系统 Windows、UNIX、Mac OS 上都可以安装使用。通过应用程序接口，C/C++、Python、Java 和 Perl 等编程语言都可以方便地连接并管理 MySQL 数据库，构建基于 C/S、B/S 模式的管理信息系统。

任务 3.2　MySQL 服务器的安装和配置

任何人都能从 Internet 上下载 MySQL 的社区版本（MySQL Community），该版本开放源代码，任何人只要遵守 GPL 协议都可以任意使用；用户可以研究源代码并进行恰当的修改，以满足自己的个性化需求。本项目仅仅说明 Windows 操作系统上社区版 MySQL 的安装和配置过程。

3.2.1 MySQL 服务器安装包的下载

MySQL 服务器的安装包可以到 MySQL 官方网站中下载，下载的具体步骤如下。

（1）进入 MySQL 下载界面。在主界面中找到并单击 MySQL Community (GPL) Downloads 超链接，进入 MySQL Community Downloads 界面，如图 3.1 所示。

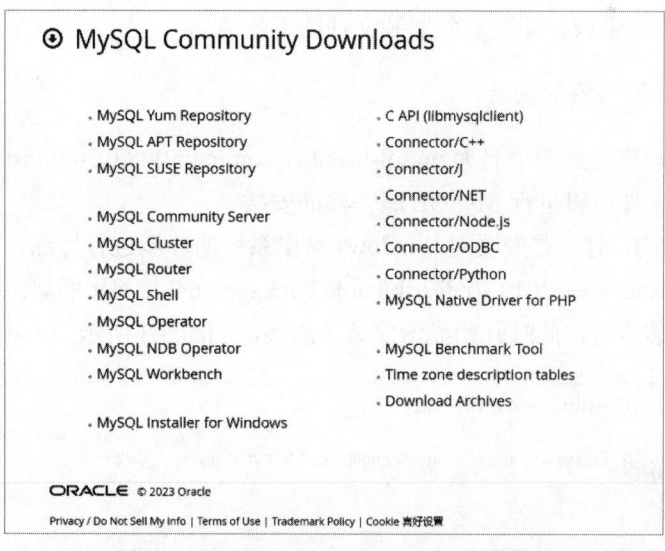

图 3.1　MySQL Community Downloads 界面

（2）单击 MySQL Installer for Windows 超链接，进入适配 Windows 操作系统的 MySQL 下载界面，如图 3.2 所示。随着时间的推进，MySQL 的最新版本不断更新，用户可以选择自己所需要的 MySQL 版本。

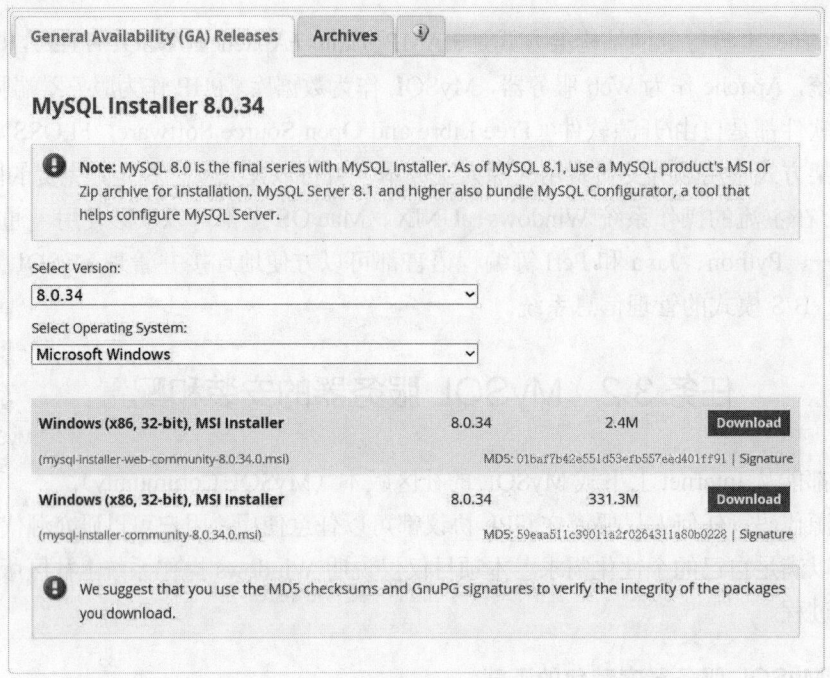

图 3.2 Download MySQL Community Server 界面

用户可以选择在线安装模式、线下安装模式，本书以 Windows(x86, 32-bit)操作系统的 mysql-installer-community-8.0.34.0.msi 为例进行介绍。单击图 3.2 中的 Download 按钮进入 Begin Your Download 界面；没有注册的用户可以选择先注册再下载，也可以单击 No thanks, just start my download 按钮直接下载，即可看到安装文件的下载信息。

3.2.2 MySQL 服务器的安装

下载完成以后，将得到一个名为 mysql-installer-community-8.0.34.0.msi、331.3MB 大小的安装文件，运行此文件可以进行 MySQL 服务器的安装。

（1）安装 MySQL 时，首先要对 Windows 操作系统的环境进行检测，查看操作系统是否安装了 Microsoft Visual C++ 2019 Redistributable Package(x64)及.Net 框架，如果没有安装，用户只要选择同意安装即可，此时开始显示安装状态条，如图 3.3 所示。

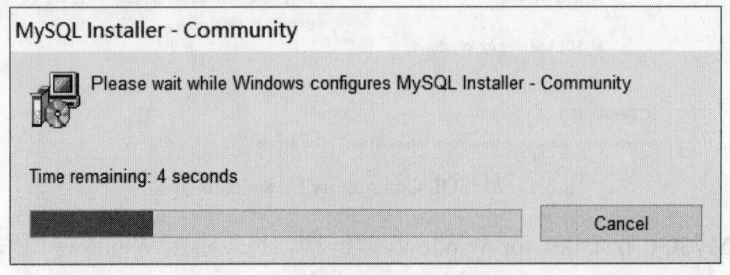

图 3.3 安装 MySQL Community

（2）出现 Choosing a Setup Type 界面，界面中显示四种类型，选择 Full 单选按钮，安装全部产品，如图 3.4 所示。

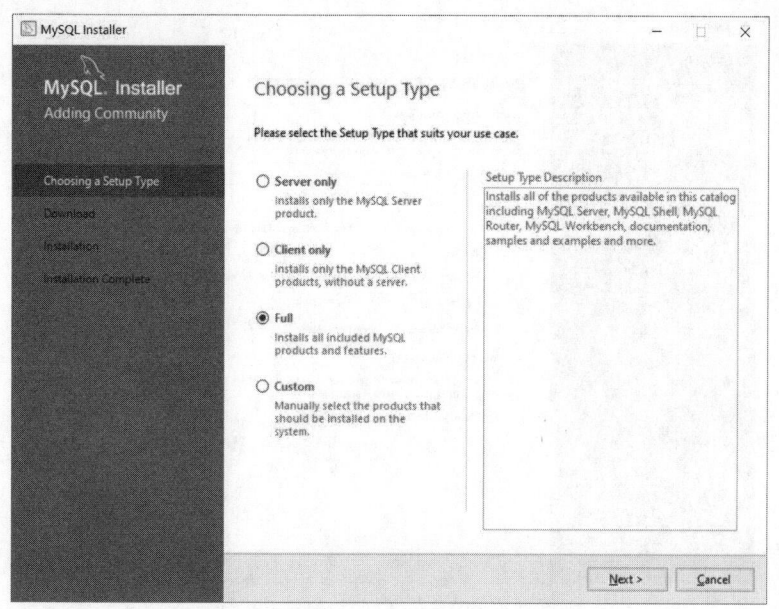

图 3.4　Choosing a Setup Type 界面

（3）单击 Next 按钮，将打开 Path Conflicts 界面，在该界面中检查是否有安装路径的冲突；如果没有问题则单击 Next 按钮，检测需要安装的内容，出现如图 3.5 所示的界面。

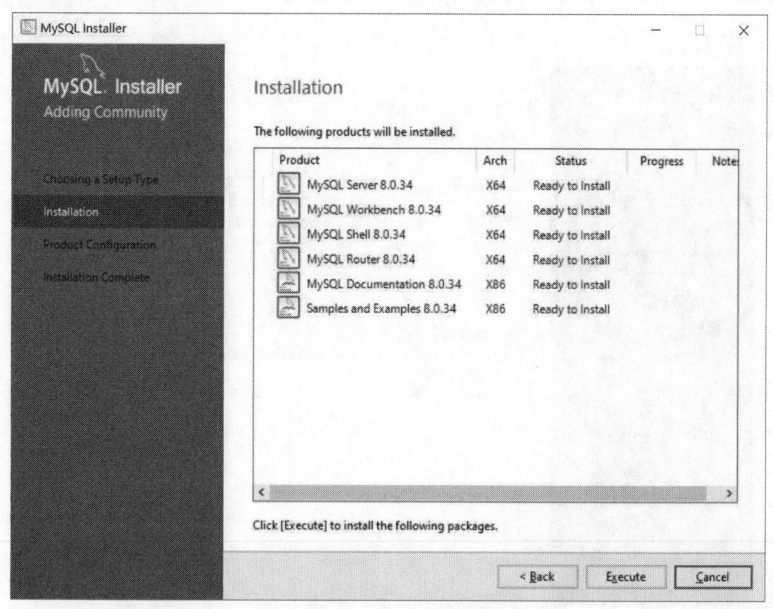

图 3.5　Installation 界面

（4）单击 Execute 按钮，将开始安装，并显示安装进度。软件都安装完成后，单击 Next 按钮，进入 Product Configuration 界面，仅仅说明将对数据库、路由器、样例数据库等进行配置。单击 Next 按钮,将打开 Type and Networking 界面,可以在其中设置服务器类型及网络连接选项,最重要的是设置端口,这里保持默认的 3306 端口,如图 3.6 所示。

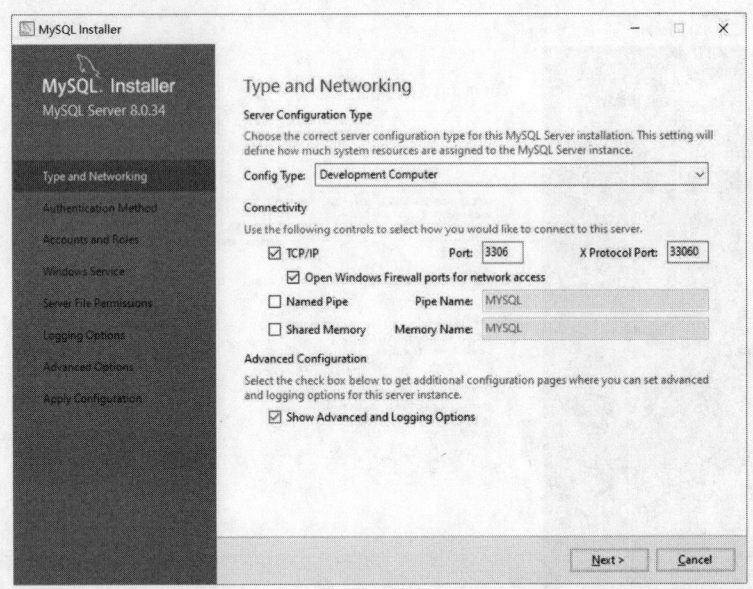

图 3.6　Type and Networking 界面

(5)单击 Next 按钮,出现 Authentication Method 界面,使用推荐选项。继续单击 Next 按钮,将打开 Accounts and Roles 界面,可以在其中设置 root 用户的登录密码,也可以添加新用户,这里只设置 root 用户的登录密码为 root,其他采用默认设置,如图 3.7 所示。

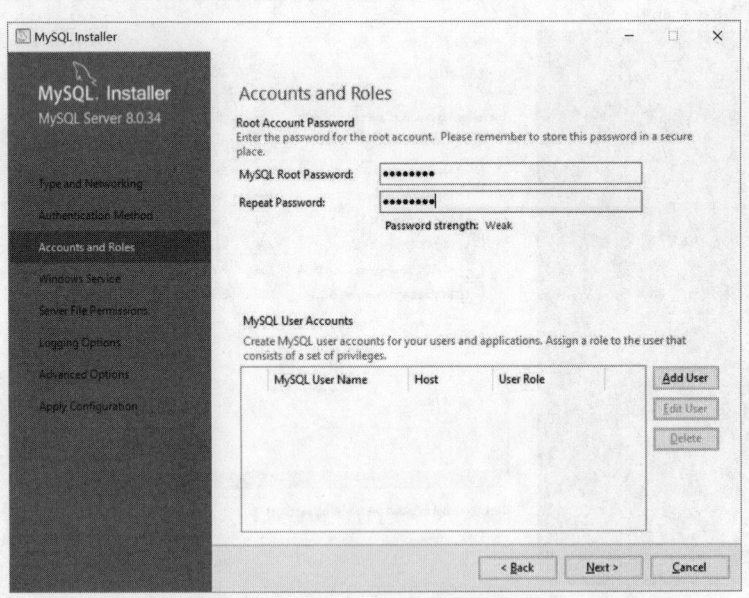

图 3.7　Accounts and Roles 界面

(6)单击 Next 按钮,将打开 Windows Service 界面,开始配置 MySQL 服务器。将 MySQL 服务器实例名称更改为 MySQL8088,其他采用默认设置,如图 3.8 所示。

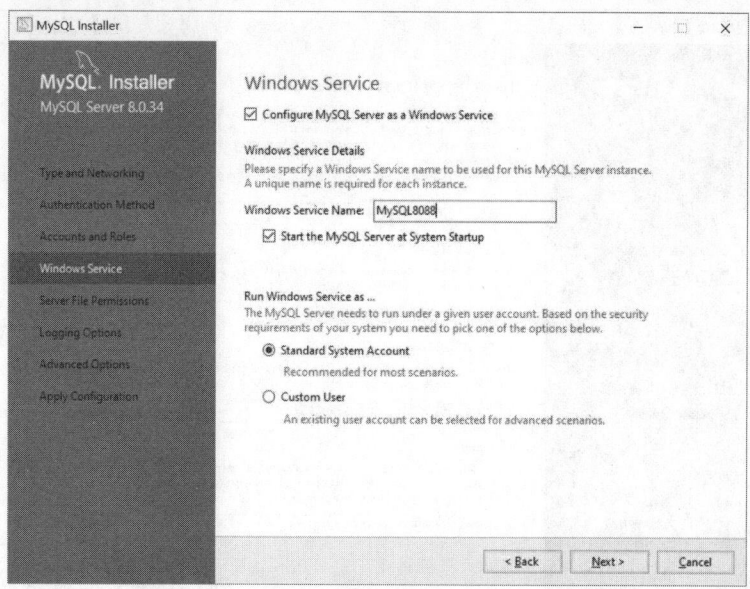

图 3.8　Windows Service 界面

（7）单击 Next 按钮，将打开如图 3.9 所示的 Server File Permissons 界面，界面中显示了 MySQL 的数据库路径，使用默认选项。

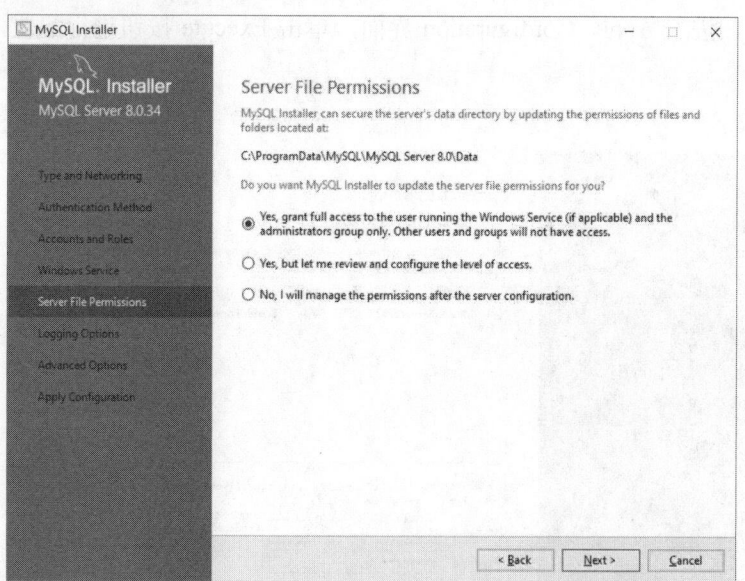

图 3.9　Server File Permissons 界面

（8）单击 Next 按钮，将打开如图 3.10 所示的 Logging Options 界面。单击 Next 按钮，进入 Advanced Options 界面，在其中主要是配置 Server ID 值，从两个选项中单选 Table Name Case。单击 Next 按钮，进入 Apply Configuration 界面，显示配置步骤。单击 Finish 按钮，则在 Product Configuration 界面中显示 MySQL Server 8.0.34 配置完成，准备配置 MySQL Router 8.0.34。本项目不涉及 Router 内容，则不复选 InnoDB Cluster 即可。

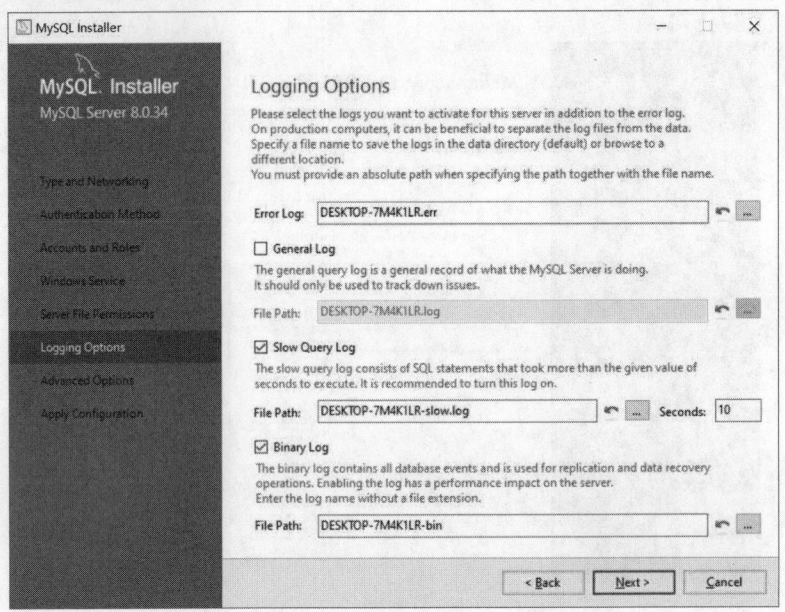

图 3.10 Logging Options 界面

（9）单击 Finish 按钮，打开 Connect To Server 界面，输入数据库用户名 root，密码 root，单击 Check 按钮，进行 MySQL 连接测试，如图 3.11 所示，可以看到数据库连接测试成功。单击 Next 按钮，进入 Apply Configuration 界面，单击 Execute 按钮进行配置，此过程需等待几分钟。

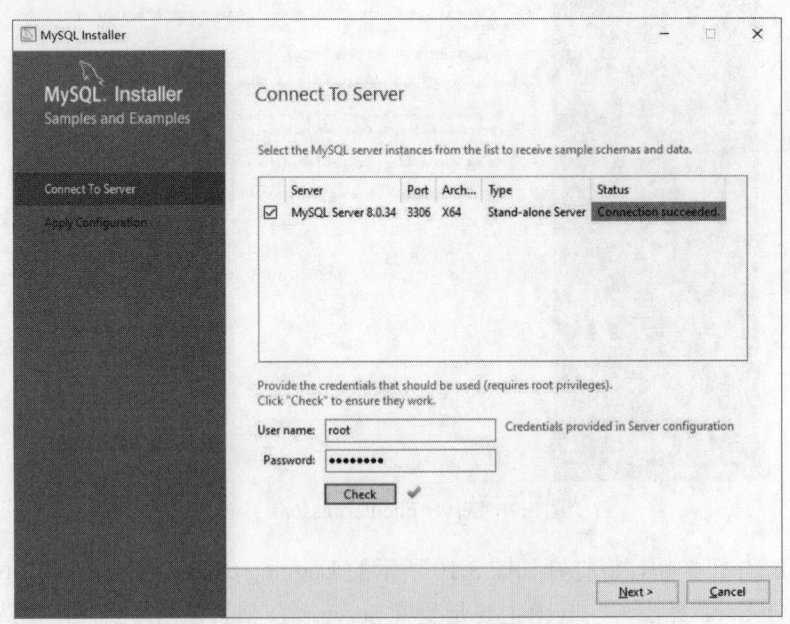

图 3.11 Connect To Server 界面

（10）显示配置完成后，单击 Finish 按钮，打开如图 3.12 所示的界面，显示 MySQL 8.0 安装完成，单击 Finish 按钮安装过程结束。

MySQL 的安装与运行 | 项目 3

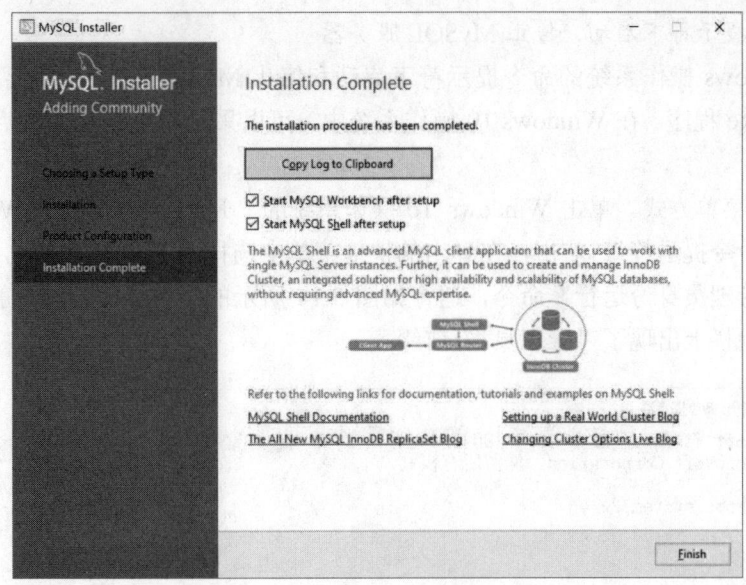

图 3.12　MySQL 8.0 安装完成

3.2.3　启动和停止 MySQL 服务器

在 Windows 操作系统中，通过系统服务、命令提示符（cmd.exe）都可以启动、连接和停止 MySQL，操作非常简单。下面以 Windows 10 操作系统为例，介绍其具体的操作流程。通常情况下不要停止 MySQL 服务器，否则数据库系统将无法提供服务。

1. 通过系统服务启动、停止 MySQL 服务器

如果 MySQL 设置为 Windows 服务，则可以通过选择"开始"→"控制面板"→"管理工具"→"服务"命令打开 Windows 服务管理器。在服务器列表中找到 MySQL8088，右击，在弹出的快捷菜单中完成 MySQL 服务器的各种操作（启动、重新启动、停止、暂停和恢复），如图 3.13 所示。

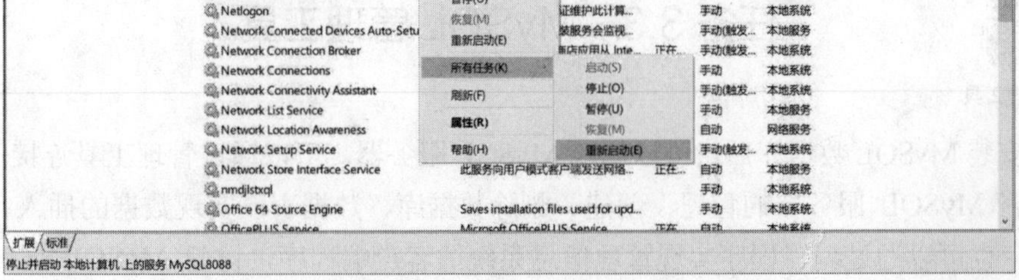

图 3.13　通过系统服务启动、停止 MySQL 服务器

2. 在命令提示符下启动、停止 MySQL 服务器

要在 Windows 操作系统的命令提示符下启动和停止 MySQL 服务，需要"以管理员身份运行"cmd.exe 程序。在 Windows 10 操作系统中，可以采用以下三种方式启动管理员身份的命令提示符。

（1）开始菜单方式。单击 Windows 10 操作系统的"开始"菜单，在"Windows 系统"菜单下找到"命令提示符"，右击，在弹出的快捷菜单中选择"更多"菜单项，出现一个子菜单，选择"以管理员身份运行"命令，运行如图 3.14 所示的字符界面。与一般的"命令提示符"不同，标题栏上出现了"管理员："前缀。

图 3.14 以管理员身份运行的"命令提示符"

（2）快捷键方式。可以在 Windows 10 操作系统的桌面上创建 cmd.exe 可执行程序的快捷键。鼠标选中快捷键图标，右击，在弹出的快捷菜单中选择"以管理员身份运行"命令即可。

（3）Windows PowerShell 程序方式。单击 Windows 10 操作系统的"开始"菜单，找到 Windows PowerShell，右击弹出快捷菜单，选择"以管理员身份运行"命令，出现一个 Windows PowerShell 的运行界面。

在以管理员身份运行的"命令提示符"下启动 MySQL 服务器，在命令提示符下输入"net start name_MySQL 服务器名"并按 Enter 键，操作结果如下：

C:\Windows\system32>net start mysql8088
MySQL8088 服务正在启动.
MySQL8088 服务已经启动成功。

停止 MySQL 服务器，在命令提示符下输入"net stop name_MySQL 服务器"并按 Enter 键，操作结果如下：

C:\Windows\system32>net stop mysql8088
MySQL8088 服务正在停止.
MySQL8088 服务已成功停止。

MySQL 管理工具

任务 3.3　MySQL 管理工具

成功安装 MySQL 数据库后，可以启动 MySQL 服务器。可以通过管理工具连接 MySQL 服务器，实施 MySQL 服务器的管理，创建、删除数据库、数据表，实现数据的插入、更新、删除和查询；也可以通过编写程序实现管理信息系统的客户端程序，访问 MySQL 服务器，实现业务管理。本任务是掌握 MySQL 的自有管理工具的使用方法，认识第三方 MySQL 管理工具。

任何管理工具都需要登录连接服务器，这就需要在安装 MySQL 服务器时，配置主机名（the server hostname）或 IP 地址（the server host IP address）、端口号（TCP/IP Port）、用户名（username）和密码（password）。

3.3.1 MySQL 命令行式工具

在安装 MySQL 服务器时，可以选择安装很多工具，例如：MySQL Workbench、MySQL Shell、MySQL Router、Connector ODBC 等；还有 MySQL Server 安装路径\bin 子目录下的很多有用的工具，如经常使用的 mysql.exe、mysqladmin.exe、mysqlshow.exe、mysqlbinlog.exe 等；如 "C:\Program Files\MySQL\MySQL Shell 8.0\bin" 子目录；为了方便使用这些工具，可以把该目录添加到 Windows 路径下。下面就具体介绍这些工具的使用。

1. mysql.exe 工具

mysql 是一个简单的 SQL 外壳，支持交互式和非交互式使用。交互式使用时查询结果采用 ASCII 表格式。当采用非交互式（例如用作过滤器）模式时，结果为 tab 分割符格式。

mysql 命令的语法格式如下：

```
mysql.exe [options] [database]
```

用户或开发者可以直接在 "命令提示符" 窗口中执行 "mysql --help" 或 "mysql -?" 命令语句查看帮助信息。

例如，直接在 Windows 操作系统的 "命令提示符" 窗口中执行 "mysql.exe -V" 命令查看 MySQL 服务器版本信息，输出结果如下：

```
C:\>mysql -V
mysql    Ver 8.0.32 for Win64 on x86_64 (MySQL Community Server - GPL)
C:\>mysql --version
mysql    Ver 8.0.32 for Win64 on x86_64 (MySQL Community Server - GPL)
C:\>
```

mysql 命令的强大，还是体现在连接、登录 MySQL 服务器之后。以 root 管理员账号、127.0.0.1 主机 IP 地址，连接 MySQL 服务器，输出结果如下：

```
C:\>mysql -h 127.0.0.1 -u root -p
Enter password: ********
Welcome to the MySQL monitor.    Commands end with ; or \g.
Your MySQL connection id is 9
Server version: 8.0.34 MySQL Community Server - GPL

Copyright (c) 2000, 2023, Oracle and/or its affiliates.

Oracle is a registered trademark of Oracle Corporation and/or its
affiliates. Other names may be trademarks of their respective
owners.

Type 'help;' or '\h' for help. Type '\c' to clear the current input statement.

mysql>
```

从上面的输出结果可知，成功连接了 MySQL 服务器。

 **注意**

如果连接 MySQL 服务器时在本地，IP 地址（如 -h127.0.0.1）可以省略不写。

通过验证登录 MySQL 监视器后，即 MySQL 工具的交互式命令行客户端，给出提示信息：每个输入命令以分号";"（缺省形式）结束；又给出了 MySQL 客户端本次连接服务器的 id、服务器的版本、版权信息，以及"mysql>"交互式命令行提示符，显示光标等待用户通过键盘输入命令，以";"结束行，按 Enter 键，执行该命令，给出正确执行结果或出错信息。

例如，显示数据库服务器的所有数据库，其操作及执行结果如下：

```
mysql> status;
--------------
mysql  Ver 8.0.34 for Win64 on x86_64 (MySQL Community Server - GPL)

Connection id:          21
Current database:
Current user:           root@localhost
SSL:                    Cipher in use is TLS_AES_256_GCM_SHA384
Using delimiter:        ;
Server version:         8.0.34 MySQL Community Server - GPL
Protocol version:       10
Connection:             localhost via TCP/IP
Server characterset:    utf8mb4
Db characterset:        utf8mb4
Client characterset:    gbk
Conn.  characterset:    gbk
TCP port:               3306
Binary data as:         Hexadecimal
Uptime:                 27 days 10 hours 5 min 21 sec

Threads: 4  Questions: 374  Slow queries: 0  Opens: 253  Flush tables: 3  Open tables: 164  Queries per second avg: 0.000
--------------
```

在 mysql 帮助可知，执行"quit;"或"exit;"或"\q"命令可以退出交互式模式，其操作如下：

```
mysql> quit;
Bye

C:\>
```

2. mysqladmin.exe 工具

mysqladmin 命令与 mysql 命令一样，经常会被使用，它主要用来对数据库做一些简单操作，以及显示服务器状态等。

mysqladmin 命令的语法格式如下：

mysqladmin.exe [option] command [command option] command …

其中 command 为 mysqladmin 的可执行命令；可以通过"mysqladmin.exe --help"或"mysqladmin.exe -?"语句查看选项和执行的命令。

通过执行 ping 命令，可以检测 MySQL 服务器是否正常提供服务，即 mysqld.exe 是否在线，在 Windows 的命令提示符下输入 mysqladmin 及相关参数，其操作序列如下：

```
C:\>mysqladmin.exe -h 127.0.0.1 -u root -p ping
Enter password: ********
mysqld is alive

C:\>
```

3. mysqlshow.exe 工具

mysqlshow 命令可以快速地查找到存在的数据库、数据库中的表，以及表中的列或索引。

mysqlshow 命令语法格式如下：

mysqlshow[options] [db_name [tal_name [col_name]]]

4. mysqlbinlog.exe 工具

mysqlbinlog.exe 是用于处理二进制日志文件的实用工具。

mysqlbinlog.exe 命令的语法格式如下：

mysqlbinlog [options] log-files…

5. MySQL 8.0 Command Line Client 工具

在 MySQL 服务器安装后，在 Windows 操作系统的"开始"菜单里有 MySQL 8.0 Command Line Client、MySQL 8.0 Command Line Client - Unicode、MySQL Shell、MySQL Workbench 8.0 CE、MySQL Installer – Community 命令等。

MySQL 8.0 Command Line Client 对应的应用程序为""C:\Program Files\MySQL\MySQL Server 8.0\bin\mysql.exe" "--defaults-file=C:\ProgramData\MySQL\MySQL Server 8.0\my.ini" "-uroot" "-p";"，它是本质上带有参数的 mysql 命令，执行时节省了输入参数，直接输入 root 密码即可进入 mysql 交互式界面。

MySQL 8.0 Command Line Client - Unicode 对应的应用程序为""C:\Program Files\MySQL\MySQL Server 8.0\bin\mysql.exe" "--defaults-file=C:\ProgramData\MySQL\MySQL Server 8.0\my.ini" "-uroot" "-p" "--default-character-set=utf8mb4";"，它又增加了使用 utf8mb4 作为默认字符集选项，便于适应中文等非 ASCII 字符在客户端与服务器端之间编码的一致性。

6. MySQL Shell 工具

MySQL Shell 是 MySQL 的高级客户端工具和代码编辑器。它除具有基本的 SQL 管理数据的功能外，还提供一套使用 JavaScript 和 Python 的 API 去管理 MySQL。它能使用其自身提供的 XDevAPI 来操作 MySQL 8.0 提供的关系数据库和文档数据库，还可以使用 AdminAPI 管理 MySQL 实例、InnoDB 集群、Innodb 副本集、MySQL Cluster、MySQL Router 等。MySQL Shell 支持交互式代码执行和批处理代码执行。

3.3.2 MySQL 图形管理工具

MySQL 命令行式工具管理操作数据库时，需要记忆很多命令及其参数，但是使用图形界面管理工具可以比命令更加方便地操作数据库。MySQL 的图形管理工具有很多，常用的有 MySQL Workbench、Navicat for MySQL、phpMyAdmin、SQLyog 等。每种图形管理工具都有自己的特点，通过使用这些图形界面管理工具，可以使 MySQL 的管理更加简单、方便。下面主要介绍前三种图形管理工具。

1. MySQL Workbench 工具

MySQL Workbench 是一款专为 MySQL 设计的集成化桌面软件，为数据库管理员、程序开发者和系统规划师提供可视化设计、模型建立，以及数据库管理功能。它包含了用于创建复杂的数据建模 E-R 模型、正向和逆向数据库工程，也可以用于执行通常需要花费大量时间和需要的难以变更和管理的文档任务。它有开源和商业化两个版本。该软件支持 Windows、Linux 和 Mac OS 系统。

在 Windows 10 操作系统下安装 mysql-8.0.34-winx64 数据库时会自动安装 MySQL Workbench 工具，其默认安装版本是 MySQL Workbench 8.0CE。

运行 MySQL Workbench 8.0，在其主界面上单击 MySQL Connections 右面的"加号"图标，弹出 Set New Connection 窗口，按需如图 3.15 所示进行填写。

图 3.15 创建一个新的 MySQL 数据库连接

单击 OK 按钮，则在 Welcome to MySQL Workbench 窗口的 MySQL Connections 标签下面出现一个快捷键，方便用户连接数据库，如图 3.16 所示，便于程序开发者和数据库管理员使用。

图 3.16 连接数据库的快捷方式

选择图 3.16 中 MySQL 服务器的 MySQL_8088 实例,则经过连接,进入 MySQL Workbench 主界面,如图 3.17 所示。

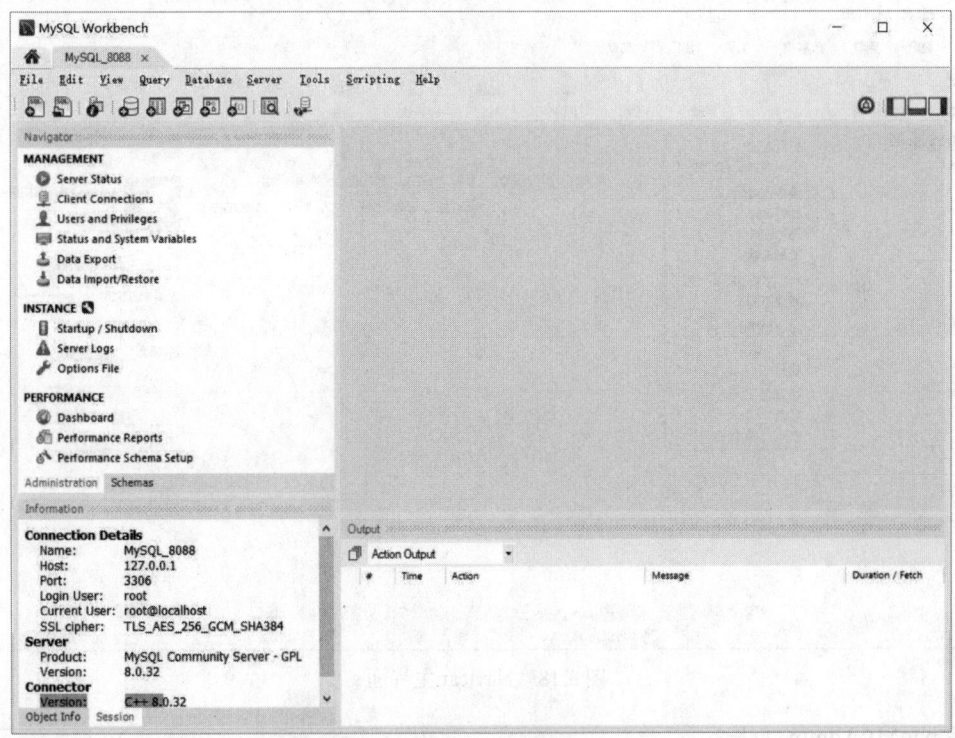

图 3.17 MySQL Workbench 主界面

MySQL Workbench 主界面包含以下三个基本功能区域。

(1)上部的菜单栏和快速访问工具栏。菜单栏有 File、Edit、View、Query、Database、Server、Tools、Scripting 和 Help;一个快速访问工具栏,用于提供常用功能的快速访问方式:

打开一个新的 SQL Tab 执行 SQL 语句、选择一个 SQL 脚本文件执行、显示选择对象信息、创建数据库、创建数据表、创建视图、创建存储过程、创建函数等。

（2）左部导航窗格：分为上下两个部分；上半部可以选择 Administration 管理，或者 Schemas 数据库；下半部为 Object Info 和 Session 两类状态信息。

（3）右部工作区，分为两个部分：上面是选择导航功能的内容显示；下面是执行情况的信息列表，即 Output 区。有时可根据需要把右部工作区分为多个部分来使用。

2．Navicat for MySQL 工具

Navicat for MySQL（简称 Navicat）是一套快速、可靠且价格适宜的桌面版 MySQL 数据库管理和开发工具，专门用于简化数据库管理和降低管理成本。Navicat 适用于多种操作系统：Windows、Mac OS、Linux 和 iOS。它可以让用户连接到任何本机或远程服务器，提供一些实用的数据库工具，如数据模型、数据传输、数据同步、结构同步、导入、导出、备份、还原、报表创建工具及计划以协助管理数据。

Navicat 分为商业版和试用版，用户可以根据自己的业务需要到官方网站下载相应操作系统的版本。例如，下载 14 天免费的全功能 Navicat 16 for MySQL（64 位）试用版进行安装。Navicat 主界面如图 3.18 所示。

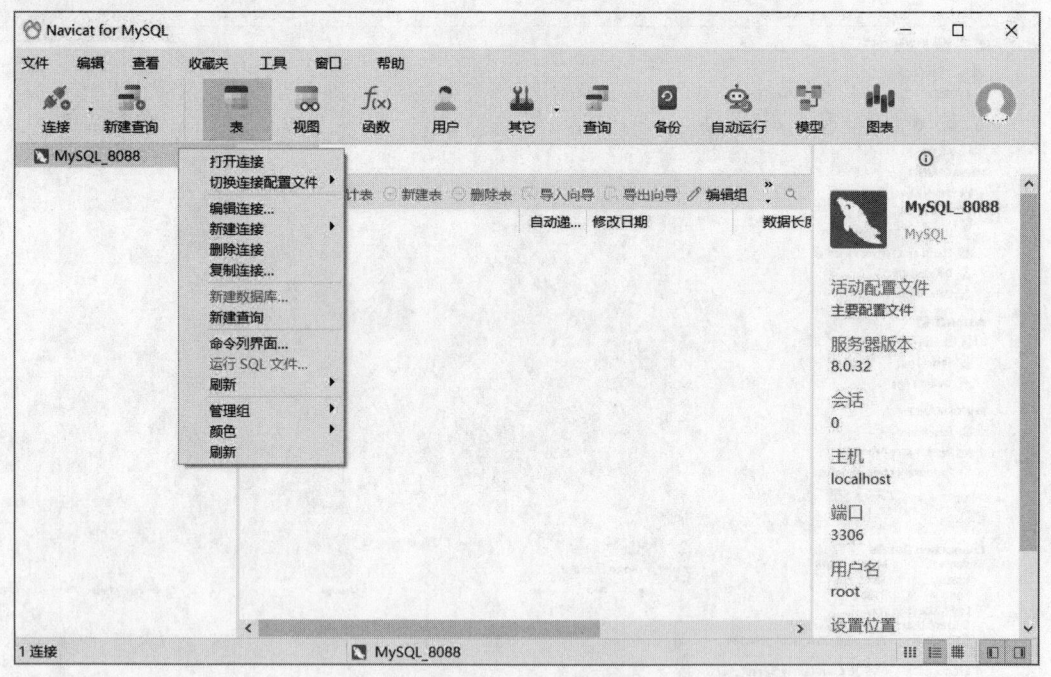

图 3.18　Navicat 主界面

3．phpMyAdmin 工具

phpMyAdmin 是以 PHP 为基础，以 Web-Base 方式架构在网站主机上的 MySQL 数据库管理工具，让管理者可以使用 Web 接口管理 MySQL 数据库。该 Web 接口可以作为一个简易方式用来输出繁杂的 SQL 语法，尤其是对于处理大量资料的汇入及汇出更为方便。其不足之处在于对大数据库的备份和恢复不方便。可以在官方网站下载最新版本的 phpMyAdmin 工具。

项目小结

本项目主要介绍了 MySQL 的发展历程，MySQL 的版本变化，主要分为社区版和商业版。

以 MySQL Community 8.0 为例，在 Windows 10 操作系统下，给出了下载、安装、配置的详细步骤。以 Windows 的服务形式，MySQL 服务器实例运行在后台，本项目给出了命令提示符下的 MySQL 服务器的启动和停止，以及 Windows 图形模式的启动和停止。

本项目以命令提示符的形式和图形管理工具，给出管理 MySQL 服务器的不同方式，便于用户进行对比。要真正掌握 MySQL 的管理，需要深入理解 mysql.exe 这个交互式的服务器管理和 SQL 语句客户端管理工具，这也是后面各个任务使用的重要方式。虽然需要记住大量的命令和 SQL 语句，但这样能够更加深入理解和掌握数据库管理的任务和本质。

图形管理工具以 MySQL Workbench 为主，这是一个独立的应用程序，随着 MySQL Community 一起安装，是一个为 MySQL 提供强大功能的图形管理工具，还可以对 E-R 图的概念模型进行创建和管理。

项目实训：MySQL 管理工具的使用

1. 将查询系统当前日期、当前数据库系统的数据库、某个数据库中的数据库列表的语句放到一个文本文件中，然后通过 mysql 命令执行文本文件中的内容。

2. 打开 MySQL Workbench 工具，创建一个新的数据库连接，然后创建新的 SQL 文件，在该文件中添加执行语句，该语句查询数据库系统中 mysql 数据库下的全部表，并且查看该表中的某一条数据记录。

课外拓展：Linux 环境下 MySQL 的安装与配置

1. 了解 CentOS、Red Hat、Ubuntu 等 Linux 操作系统。
2. 掌握裸机上安装 Linux 的技术，以及与 Windows 双启动安装的方法。
3. 掌握在 Windows 操作系统的虚拟机中安装 Linux 的方法。
4. 掌握 Linux 的基本操作。
5. 下载 MySQL 的 Linux 版本，安装并配置。
6. 安装 Linux 的 phpMyAdmin，实施对 MySQL 的管理。

思 考 题

1. 试对比 Windows、Linux 操作系统中运行 MySQL 服务器的不同之处。
2. 对比 MySQL 不同版本的性能。

3．分析 MySQL 服务器安装路径和数据库数据路径的不同之处。

4．查询 Windows 操作系统中 MySQL 服务器实例运行的可执行程序名称，其和 mysql.exe 有什么区别？

5．试分析多个 MySQL 服务器实例实现协同工作、实现分布式计算和存储的方式。

6．试对比 MySQL Workbench 工具和 mysql 交互式客户端创建数据库及其数据表的异同。

项目 4　创建与维护 MySQL 数据库

关系数据库标准语言 SQL 是一个通用的、功能强大的关系数据库语言，它是现在所有 RDBMS 配备的标准语言,当今数据库的操作与管理都是基于 SQL 实现的。SQL 可以完成 DDL 和 DML 所用功能。在 MySQL 中，用户可以通过字符界面实现标准 SQL 语句操纵，或者通过应用程序直接发送 SQL 表达的业务数据处理给 RDBMS，利用 SQL 可以在数据库服务器上编写出许多精彩的程序。

学习目标：

- 了解 SQL 的发展历程
- 了解 MySQL 数据库的基本构成
- 了解 MySQL 的字符集和校对规则
- 掌握用 SQL 语句创建数据库的两种方法
- 掌握指定当前数据库操作
- 掌握数据库的修改和删除

知识架构：

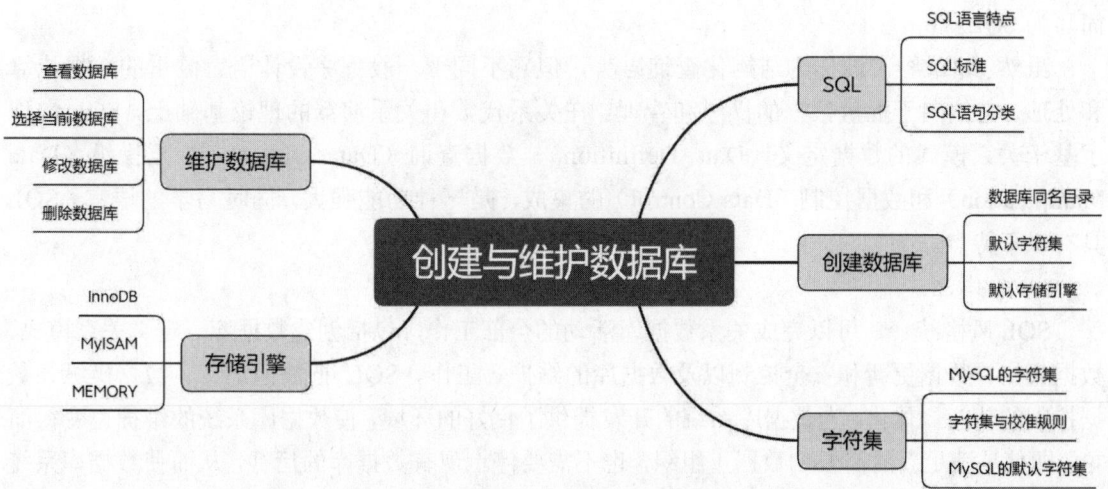

创建数据库

任务 4.1 创建数据库

SQL 是关系数据库的标准语言，是介于关系代数和关系演算之间的一种语言，可作为 DBMS 数据存取语言和标准的接口。目前，基本所有的关系数据库管理系统都支持 SQL，该语言是一种综合性的数据库语言，可以实现对数据的定义、检索、操纵、控制和事务管理等功能。

目前，著名的大型商用数据库产品如 Oracle、SQL Server、DB2、SysBase 都支持它，很多开源的数据库产品如 MySQL、PostgreSQL 也支持它，甚至一些小型的数据库产品如 Access、DBase、Visual Foxpro 也支持 SQL。不同的软件厂商实现了标准的 SQL 功能，同时根据其产品的特点进行了扩充，例如 Microsoft 对 SQL Server 的 SQL 进行了扩充，变为 T-SQL（Transact-SQL）；Oracle 扩展为 Plus-SQL，IBM 扩展为 DB2-SQL。虽然这些 SQL 在使用时存在一定的差别，但是核心部分是相同的，即都采用标准数据库语言 SQL 作为它们的操纵语言，这样不同数据库系统之间的互操作有了共同的基础。

4.1.1 认识 SQL

1972 年，IBM 公司开始研制实验型关系数据库管理系统 System R 项目，并且为其配置了 SQUARE（Specifying Queries As Relational Expression）查询语言，其特征是使用了较多的数学符号。1974 年，博伊斯（Boyce）和钱伯林（Chamberlin）在 SQUARE 语言的基础上进行了改进，产生了 SEQUEL（Structured English Query Language）语言，其采用自然英语单词表示操作和结构化语法规则，使相应的操作表示与英语语句相似，受到用户的欢迎。1975—1979 年，IBM 公司的圣何塞研究实验室（San Jose Research Laboratory）成功研制了著名的关系数据库管理实验系统 System R 并且实现了 SQUARE，此后，人们就将 SQUARE 简写为 SQL。

虽然 SQL 经常被称为结构化查询语言，但它不同于一般程序设计语言侧重的数据计算和处理，它偏向于批量数据的操纵和管理。在关系代数和关系演算的理论基础上，SQL 实现了基于关系模式的数据定义（Data Definition）、数据查询（Data Query）、数据操纵（Data Manipulation）和数据控制（Data Control）的集成，是一种功能强大，同时易学的语言。SQL 具有以下特点。

1. 一体化

SQL 风格统一，可以完成关系数据库活动的全部工作，包括创建数据库、定义关系模式、数据查询、数据更新和安全控制以及数据库的维护等工作。SQL 把数据定义、数据操纵、数据控制的功能一体化，为数据库系统的开发提供了良好的环境，使数据库系统的维护也变得简单，即使是满足新的需要的数据重组织，也不需要停止现有数据库的运行，从而使数据库系统具有良好的可扩展性。

2. 高度非过程化

使用 SQL 访问数据库时，仅仅需要使用它来描述清楚"做什么"，即可提交给 DBMS，然后由 DBMS 自动完成全部工作。基于 SQL 的关系数据库系统的开发，免除了用户描述操作过程的麻烦，这样用户更能集中精力考虑要"做什么"和期望得到的结果，而且关系数据库中文件的存取路径对用户来说是透明的，有利于提高数据的物理独立性。

3. 面向集合的操作方式

SQL 采用的是面向集合（Data Set）的操作方式，且操作对象和操作结果都是元组的集合，特别适合批量数据的处理，不需要数据物理结构的细节。

4. 以多种方式使用

SQL 可以直接以命令范式交互使用，也可以嵌入程序设计语言使用，为用户提供了极大的灵活性与方便性。现在很多高级语言和网站后台脚本语言都直接将 SQL 自然地融入程序，由于程序设计语言是面向数据的计算，以记录为主，而 SQL 的操作对象和结果为集合，需要开发出通用的接口，便于程序设计语言通过 SQL 实现对数据库的操作，这样 ODBC、JDBC、ADO 等接口技术应运而生。

5. 语言简洁，易学易用

SQL 不但功能强大，而且设计构思巧妙，语言结构简洁易懂，比较接近英语的自然语言，易学易用。同时 SQL 完成核心功能只用到九个动词，且容易学习，易于使用。

（1）数据定义：定义、删除和修改数据库中的对象，如数据库、关系表、视图等。涉及三个动词，即 create（创建）、drop（移除）和 alter（修改）。

（2）数据查询：实现查询满足某个条件的数据，查询数据是数据库中使用最多的操作，只需要一个动词——select（查询）。

（3）数据操纵：实现关系表中记录的增加、删除和修改，完成数据库的更新功能，涉及三个动词，即 insert（插入）、update（更新）和 delete（删除）。

（4）数据控制：控制用户对数据库的操作权限管理，只需要 grant（授权）和 revoke（取消授权）两个动词即可。

6. 应用广泛

虽然各个数据库厂商积极推出各自支持的 SQL 软件或接口软件，但各种类型的计算机和 DBS 都采用 SQL 作为共同的数据存取语言和标准接口，这样不同的数据库就有可能集成到一个系统中使用，连接为一个统一的整体。SQL 作为国际标准，其他应用领域也广泛借鉴 SQL，很多软件产品将 SQL 的数据查询功能与软件工程、人工智能、自动编程及多媒体数据结合起来使用。

4.1.2 了解 MySQL 数据库

1. MySQL 数据库文件

数据库管理的主要任务是创建、操作和支持数据库。在 MySQL 8.0 中，每个数据库的文件分别存储在一个对应的数据库同名的文件夹中。在 Windows 操作系统中，数据库文件的默认存储位置是 C:\ProgramData\MySQL\MySQL Server 8.0\Data\，用户可以通过配置向导或手工修改数据库的默认存储位置。

2. MySQL 自动建立的系统数据库

在 MySQL 安装完成之后，会在其 Data 目录下自动创建几个必需的数据库，包括 mysql、

information_schema、performance_schema 和 sys 等，MySQL 把有关数据库管理系统自身的管理信息都保存在这几个数据库中，一旦删除它们，MySQL 将不能正常工作，所以用户或管理人员在操作的时候应该十分小心。

【例 4.1】使用 show databases 语句查看 MySQL 服务器中已有的数据库。

在 MySQL 命令行客户端输入的 show databases 语句及其执行结果如下：

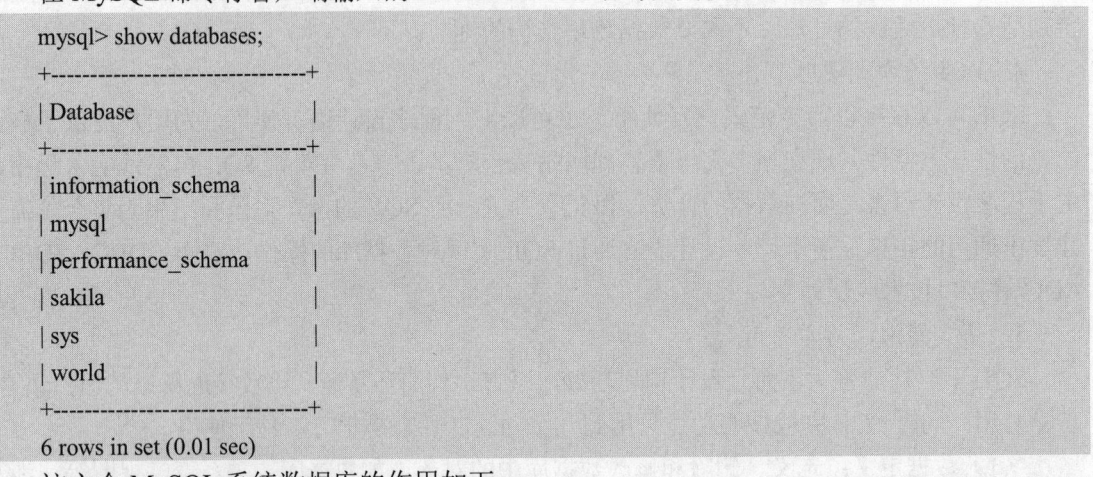

```
mysql> show databases;
+--------------------+
| Database           |
+--------------------+
| information_schema |
| mysql              |
| performance_schema |
| sakila             |
| sys                |
| world              |
+--------------------+
6 rows in set (0.01 sec)
```

这六个 MySQL 系统数据库的作用如下。

（1）information_schema：存储了关于 MySQL 服务器所维护的所有其他数据库的对象信息，如数据库名、数据库所拥有的表及其字段信息、存储过程信息、触发器信息、权限信息、字符集信息、分区信息等。

（2）mysql：存储了系统的用户权限信息。

（3）performance_schema：主要用于收集数据库服务器性能的参数。

（4）sakila：样本数据库，它是 MySQL 官方提供的一个模拟 DVD 租赁信息管理的数据库，提供了一个标准模式，可作为书中例子、教程、文章、样品等。

（5）sys：包含了一系列的存储过程、自定义函数及视图，存储了许多系统元数据信息。

（6）world：样例数据库，存储了国家、城市、语言等信息，便于初学者练习 MySQL 的各种操作。

4.1.3 创建学生信息管理数据库

MySQL 主要是管理用户数据库，其自带的系统数据库是为了更好地管理用户数据库服务。用户数据库是指根据实际的需求创建的数据库，例如学生信息管理数据库 stusys 就是为了管理学生、课程、教师、院系等信息而创建的数据库。数据库就是一个用于存储数据库对象的容器，把数据库中包含的用户表、视图、存储过程、函数、触发器和事件等存储到与 Data 目录的数据库同名的子目录下。

使用数据库之前，首先要创建数据库。在学生信息管理系统中，以创建名称为 stusys 的学生信息管理数据库为例，可以使用命令行客户端 mysql、MySQL 8.0 Command Line Client；或者图形界面 MySQL Workbench 8.0 CE 来创建该数据库。

1. 使用 create database 语句创建数据库

create database 语句的语法格式如下：

create database db_name;

其中 db_name 为数据库的名称。新建的数据库名不能与已存在的数据库名重名，数据库名必须满足标识符规则：

（1）由字母、数字、下划线、@、#、$等符号组成。
（2）首字符不能是数字和$符号。
（3）标识符不能是 MySQL 的保留字。
（4）长度小于 128 位。

【例 4.2】使用 create database 语句创建学生信息管理数据库 stusys。

在 MySQL 命令行客户端输入的 create database 语句及其执行结果如下：

mysql> create database stusys;
Query OK, 1 row affected (0.01 sec)

通过以上执行结果可以发现，执行一条语句后，下面出现一行提示 Query OK, 1 row affected (0.01 sec)。这行提示语由三部分组成，具体含义如下。

（1）Query OK：表示 SQL 语句执行成功。
（2）1 row affected：表示操作只影响了数据库中的一行记录。
（3）0.01 sec：表示 MySQL 执行该操作的时间。

查看已有数据库：

```
mysql> show databases;
+--------------------+
| Database           |
+--------------------+
| information_schema |
| mysql              |
| performance_schema |
| sakila             |
| stusys             |
| sys                |
| world              |
+--------------------+
7 rows in set (0.00 sec)
```

可以看出，数据库列表中包含了刚刚创建的数据库 stusys。显示格式分为三个部分：表头、内容及执行情况描述；其中表头为内容数据的描述。本次执行显示了七个数据库的集合，即表的内容为 7 行数据。

打开 MySQL 的 Data 目录，发现\stusys\子目录，如图 4.1 所示。再打开\stusys\子目录，发现它是一个空目录。因为数据库包含的表、视图还没有创建。

在用"create database db_name;"语句创建数据库时，如果数据库名已经存在，则显示创建失败，例如再次执行"create database stusys;"语句，显示 ERROR 1007 (HY000): Can't create database 'stusys'; database exists。

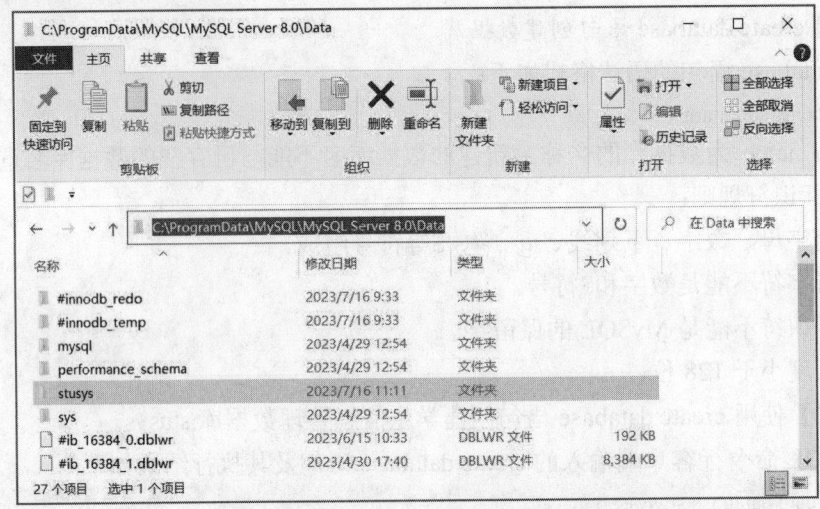

图 4.1　数据库 stusys 所在的文件目录

如果要避免因为存在同名数据库出现的错误提示，可以在 SQL 语句中添加 if not exists，在 MySQL 命令行客户端输入以上语句，执行结果如下：

```
mysql> create database if not exists stusys;
Query OK, 1 row affected, 1 warning (0.01 sec)
```

虽然没有了 ERROR 错误提示，但是有"1 warning"，表示没有创建数据库。添加了 if not exists 后，可以在创建数据库前进行判断，只有该数据库目前尚不存在才执行创建数据库操作。

2. 使用 MySQL Workbench 创建数据库

打开 MySQL Workbench 软件，以 root 管理员链接 MySQL 服务器实例进入主界面。鼠标箭头悬浮在主界面的快速访问工具栏的"创建数据库"图标上，显示 Create a new schema in the connected server 信息，单击该图标即可创建一个数据库，然后在如图 4.2 所示的文本框中填写 stusys，前提是系统还不存在数据库 stusys。

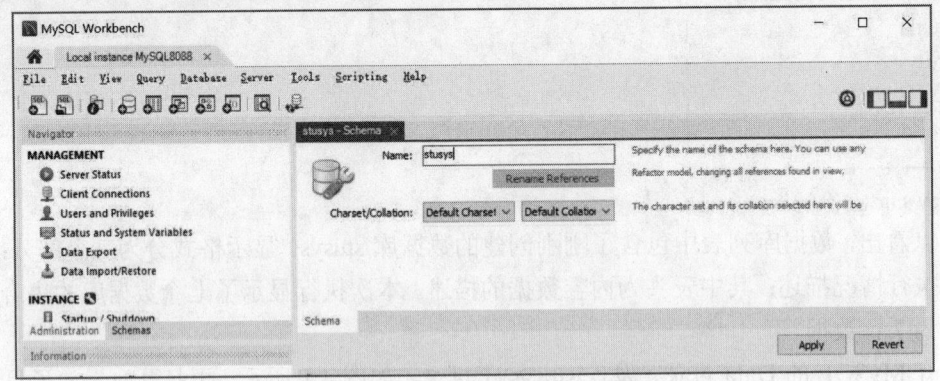

图 4.2　填写要创建的数据库名称

填写好数据库名称 stusys 后，单击 Apply 按钮，弹出一个对话框，如图 4.3 所示。对话框中显示了创建数据库的 SQL 语句"CREATE SCHEMA `stusys`;"，它和前面的 SQL 语句"create database stusys;"等价。

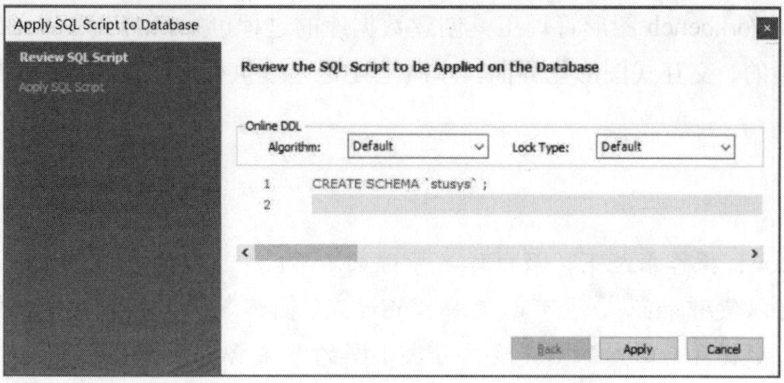

图 4.3 创建数据库的 SQL 语句对话框

可以再编辑创建数据库语句，调整 DDL 参数，审核后单击 Apply 按钮进入下一个对话框，如图 4.4 所示，表示数据库已经成功创建。单击对话框中的 Show Logs 按钮，可以显示当前消息序列。MySQL Workbench 中用户修改数据库相关对象时，都会依次显示相应 SQL 语句，再请用户确认后执行，如图 4.3、图 4.4 所示。

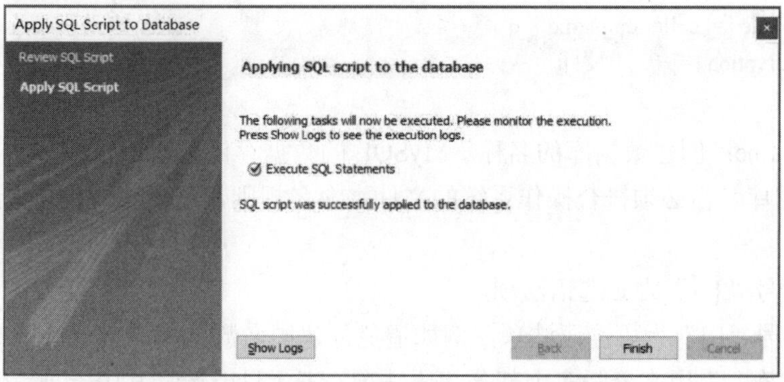

图 4.4 MySQL 服务器实例中执行 SQL 脚本

单击 Finish 按钮，数据库 stusys 创建完毕，将在图 4.5 左边的导航窗格中显示。Output 区中显示了创建数据库的信息；此时创建数据库导航没有关闭，用户可以继续创建数据库，填写新的数据库名称即可；若不再创建新数据库则要及时关闭该 Tab。

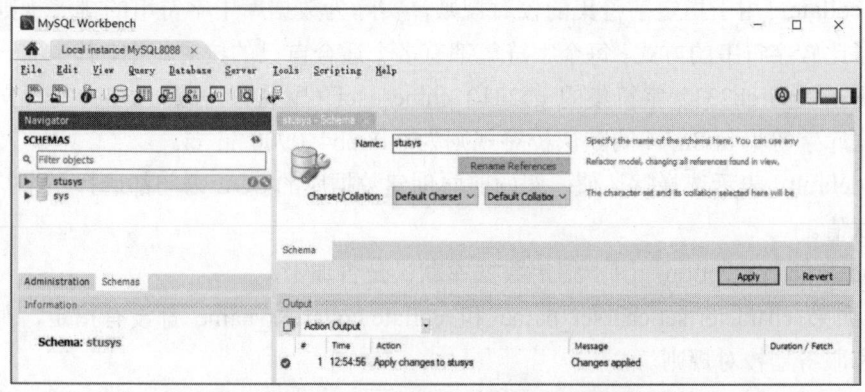

图 4.5 MySQL 服务器实例中的新数据库 stusys

从 MySQL Workbench 图形管理工具创建数据库的过程可知，MySQL Workbench 提供了一个方便的、可用的、交互式图形化界面，本质上还是通过执行 CREATE SCHEMA 语句来创建数据库。

在 Windows 操作系统下，数据库名等对象名不区分大小写。在创建学生信息管理数据库时，既可以使用 stusys，也可以使用 StuSys，它们都表示同一数据库。在 UNIX/Linux 操作系统下，数据库名等对象名是要区分大小写的。在 Windows 操作系统下，用户在使用对象名时最好有意识地使用前后一致的大小写，从而能在不同的平台保持统一性。

3. SQL 创建数据库的语法格式

MySQL Workbench 图形管理工具在创建数据库时，还可以选择数据库字符集 Charset 及字符集校对规则 Collation，如图 4.2 所示。create 语句创建数据库的完整的 SQL 语法格式如下：

create {database | schema} [if not exists] db_name
　　[[default] character set [=] charset_name]
　[[default] collate [=] collation_name]
　[default encryption [=] {'Y' | 'N'}];

说明：

（1）db_name：创建数据库的名称。MySQL 的数据存储区将以目录方式表示 MySQL 数据库，因此数据库名称必须符合操作系统的文件夹命名规则，不能以数字开头，尽量要有实际意义。

（2）花括号"{ }"为必选语法项。

（3）方括号"[ ]"为可选语法项，例如避免创建同名数据库的 if not exists。

（4）分隔符"|"用来分隔多个部分的语法项，表示只能选择其中一项，例如创建数据库时选择 database 或 schema 其中的一个。

（5）character set：用于指定数据库的字符集，是用来定义 MySQL 存储字符串的方式。MySQL 8.0 的默认数据库字符集为 utf8mb4。可以通过 set [=] charset_name 指定某个字符集，例如 gb2312。

（6）collate：用于指定字符集的校对规则，实际为数据库中字符串的排序规则，即校对规则定义了比较字符串的方式。每个字符集都有多个适合自己的校对规则，其中有一个是默认的校对规则，例如 gb2312 字符集的 gb2312_chinese_ci（默认）、gb2312_bin 等。MySQL 8.0 的默认数据库字符集 utf8mb4 的默认校对规则为 utf8mb4_0900_ai_ci。

（7）default：表示选择默认值，例如前面创建数据库的 SQL 语句都选择了字符集和校对规则的默认值。

（8）default encryption：用于指定数据库默认是否加密。

（9）如果 character set charset_name 和 collate collation_name 都没有指定，则采用服务器字符集和服务器校对规则。

【例 4.3】创建教学数据库 teaching，字符集为 utf8，校对规则为 utf8_bin，加密。

在 MySQL 命令行客户端输入创建数据库的 SQL 语句并显示创建数据库信息的 show create schema 语句，其执行过程如图 4.6 所示。

```
管理员: cmd.exe - mysql -h 127.0.0.1 -u root -p
mysql>
mysql> create schema teaching default character set utf8 collate utf8_bin encryption 'Y' ;
Query OK, 1 row affected, 2 warnings (0.01 sec)

mysql> show create schema teaching;
+----------+--------------------------------------------------------------------------------------------------------------------+
| Database | Create Database                                                                                                    |
+----------+--------------------------------------------------------------------------------------------------------------------+
| teaching | CREATE DATABASE `teaching` /*!40100 DEFAULT CHARACTER SET utf8mb3 COLLATE utf8mb3_bin */ /*!80016 DEFAULT ENCRYPTION='Y' */ |
+----------+--------------------------------------------------------------------------------------------------------------------+
1 row in set (0.00 sec)

mysql> _
```

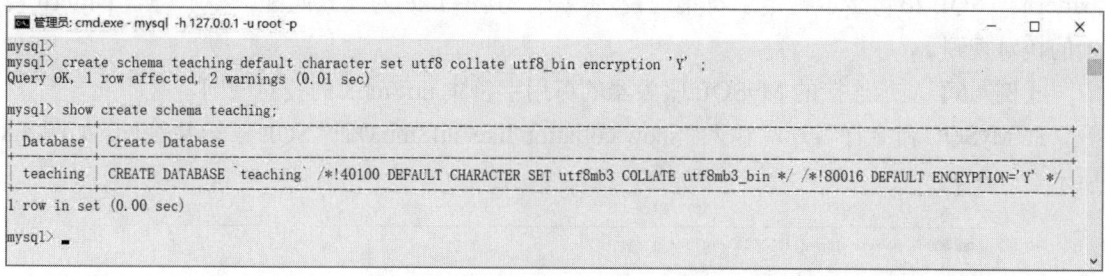

图 4.6 创建指定字符集和校对规则的数据库 teaching

从图 4.6 中可见，数据库 teaching 按照指定的字符集、校对规则和加密方式进行创建。

【例 4.4】显示连接的 MySQL 服务器的可用字符集。

“show character set;” 语句可以用来显示 MySQL 服务器实例的所有字符集，如图 4.7 所示。

```
管理员: cmd.exe - mysql -h 127.0.0.1 -u root -p
mysql> show character set;
+----------+---------------------------------+---------------------+--------+
| Charset  | Description                     | Default collation   | Maxlen |
+----------+---------------------------------+---------------------+--------+
| armscii8 | ARMSCII-8 Armenian              | armscii8_general_ci |      1 |
| ascii    | US ASCII                        | ascii_general_ci    |      1 |
| big5     | Big5 Traditional Chinese        | big5_chinese_ci     |      2 |
| binary   | Binary pseudo charset           | binary              |      1 |
| cp1250   | Windows Central European        | cp1250_general_ci   |      1 |
| cp1251   | Windows Cyrillic                | cp1251_general_ci   |      1 |
| cp1256   | Windows Arabic                  | cp1256_general_ci   |      1 |
| cp1257   | Windows Baltic                  | cp1257_general_ci   |      1 |
| cp850    | DOS West European               | cp850_general_ci    |      1 |
| cp852    | DOS Central European            | cp852_general_ci    |      1 |
| cp866    | DOS Russian                     | cp866_general_ci    |      1 |
| cp932    | SJIS for Windows Japanese       | cp932_japanese_ci   |      2 |
| dec8     | DEC West European               | dec8_swedish_ci     |      1 |
| eucjpms  | UJIS for Windows Japanese       | eucjpms_japanese_ci |      3 |
| euckr    | EUC-KR Korean                   | euckr_korean_ci     |      2 |
| gb18030  | China National Standard GB18030 | gb18030_chinese_ci  |      4 |
| gb2312   | GB2312 Simplified Chinese       | gb2312_chinese_ci   |      2 |
| gbk      | GBK Simplified Chinese          | gbk_chinese_ci      |      2 |
| geostd8  | GEOSTD8 Georgian                | geostd8_general_ci  |      1 |
| greek    | ISO 8859-7 Greek                | greek_general_ci    |      1 |
| hebrew   | ISO 8859-8 Hebrew               | hebrew_general_ci   |      1 |
| hp8      | HP West European                | hp8_english_ci      |      1 |
| keybcs2  | DOS Kamenicky Czech-Slovak      | keybcs2_general_ci  |      1 |
| koi8r    | KOI8-R Relcom Russian           | koi8r_general_ci    |      1 |
| koi8u    | KOI8-U Ukrainian                | koi8u_general_ci    |      1 |
| latin1   | cp1252 West European            | latin1_swedish_ci   |      1 |
| latin2   | ISO 8859-2 Central European     | latin2_general_ci   |      1 |
| latin5   | ISO 8859-9 Turkish              | latin5_turkish_ci   |      1 |
| latin7   | ISO 8859-13 Baltic              | latin7_general_ci   |      1 |
| macce    | Mac Central European            | macce_general_ci    |      1 |
| macroman | Mac West European               | macroman_general_ci |      1 |
| sjis     | Shift-JIS Japanese              | sjis_japanese_ci    |      2 |
| swe7     | 7bit Swedish                    | swe7_swedish_ci     |      1 |
| tis620   | TIS620 Thai                     | tis620_thai_ci      |      1 |
| ucs2     | UCS-2 Unicode                   | ucs2_general_ci     |      2 |
| ujis     | EUC-JP Japanese                 | ujis_japanese_ci    |      3 |
| utf16    | UTF-16 Unicode                  | utf16_general_ci    |      4 |
| utf16le  | UTF-16LE Unicode                | utf16le_general_ci  |      4 |
| utf32    | UTF-32 Unicode                  | utf32_general_ci    |      4 |
| utf8mb3  | UTF-8 Unicode                   | utf8mb3_general_ci  |      3 |
| utf8mb4  | UTF-8 Unicode                   | utf8mb4_0900_ai_ci  |      4 |
+----------+---------------------------------+---------------------+--------+
41 rows in set (0.00 sec)
```

图 4.7 MySQL 服务器实例的字符集

每个字符集都有一个或多个校对规则,使用 show collation 语句可以显示系统里所有的校对规则。由于校对规则较多,其他的读者可以独自完成。可以使用"show collation like 'pattern';" SQL 语句显示指定字符集的校对规则,其中 like 为模式匹配,显示符合 pattern 模式的校对规则。

【例 4.5】显示连接的 MySQL 服务器的可用字符集 utf8mb3 的校对规则。

在 MySQL 命令行客户端输入"show collation like 'utf8mb3%';" SQL 语句并执行,如图 4.8 所示。

图 4.8　MySQL 的字符集 utf8mb3 的校对规则

维护数据库

任务 4.2　维护数据库

创建数据库后,用户将会对数据库进行相应的操作,包括查看数据库、选择当前数据库、修改数据库、删除数据库等。

4.2.1　查看数据库

使用 show databases 语句能够显示指定 MySQL 服务器实例管理的所有数据库。如果数据库很多,可以使用"show databases like 'pattern';"语句查看符合模式的数据库,其语法格式如下:

show databases [like 'pattern' | where expr];

方括号表示该模式是可以选择的,like 为关键字,pattern 为模式字符串,表示列出匹配 pattern 模式字符串的所有数据库。pattern 模式字符串可以使用普通字符串,也可以包含"%"

和"_"通配符，字符串必须使用英文字符并单引号括起来。"%"通配符表示长度为任意的子字符串，子字符串长度可以为 0。"_"通配符表示为任意一个字符，不能为空，有关"%"和"_"更深入的使用在后面任务中将进行介绍。where 表示可以使用更一般的条件来选择数据库。

【例 4.6】使用 show databases 语句显示数据库 stusys。

在 MySQL 命令行客户端输入"show databases like 'stusys';"语句并执行，结果如下：

```
mysql> show databases like 'stusys';
+-------------------+
| Database (stusys) |
+-------------------+
| stusys            |
+-------------------+
1 row in set (0.01 sec).
```

例 4.6 采用了完全匹配数据库名的模式，如果用户记不清整个数据库的名称，则会显示 Empty set (0.00 sec)表示没有找到，可以采用部分匹配数据库的模式，例如仅仅记住了以"stu"开头的数据库名即可，如下所示：

```
mysql> show databases like 'stu%';
+-----------------+
| Database (stu%) |
+-----------------+
| stusys          |
+-----------------+
1 row in set (0.01 sec).
```

【例 4.7】使用 show databases 语句显示包含子字符串"sys"的数据库。

在 MySQL 命令行客户端输入"show databases like '%sys%';"语句并执行，结果如下：

```
mysql> show databases like '%sys%';
+------------------+
| Database (%sys%) |
+------------------+
| stusys           |
| sys              |
+------------------+
1 row in set (0.01 sec).
```

【例 4.8】使用 show create database 语句显示数据库 stusys。

在 MySQL 命令行客户端输入"show create database stusys;"语句并执行，结果如图 4.9 所示。

图 4.9 "show create database stusys;" SQL 语句的执行结果

4.2.2 选择当前数据库

当用户操作数据库时，需要在指定的 MySQL 服务器实例中选择指定的数据库，后续的 SQL 操作才是在该数据库下的操作，简化了 SQL 语句的编写。使用 create database 语句创建数据库之后，该数据库不会自动成为当前数据库，需要使用 use 语句指定当前数据库。

使用 use 语句指定当前数据库的语法格式如下：

use db_name;

【例 4.9】选择 stusys 为当前数据库。

连接 MySQL 数据库服务器后，在命令行客户端输入以下语句并执行：

mysql> use stusys;
Database changed

执行结果显示当前数据库为 stusys。如果选择一个不存在的数据库为当前数据库，则系统报错。例如，选择系统里不存在的 city 为当前数据库，出现 ERROR 1049 (42000): Unknown database 'city'。

使用 MySQL Workbench 时，在主界面左边的导航窗格显示了所有的数据库，此时黑体字样 teaching 为当前数据库；选择数据库 stusys 并右击，弹出快捷菜单，如图 4.10 所示；选择 Set as Default Schema，则 stusys 被设置为当前数据库，相应的导航窗格的 stusys 显示为粗黑字样，表示它为当前数据库。

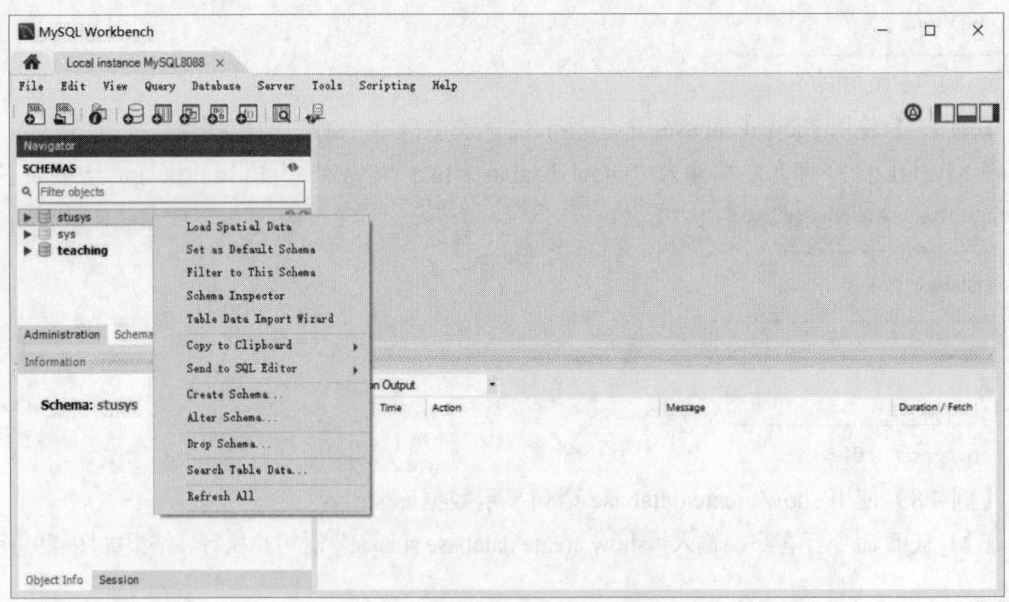

图 4.10 操作 stusys 作为当前数据库的过程

4.2.3 修改数据库

创建了数据库后，可以通过 alter database 语句修改数据库的字符集、校对规则和加密设置，但是不能修改数据库的名称。其语法格式与创建数据库类似：

```
alter {database | schema} [if not exists] [db_name]
    [ [default] character set [=] charset_name ]
    [ [default] collate [=] collation_name ]
    [ default encryption [=] {'Y' | 'N'} ] ;
```

如果对当前数据库进行修改，则数据库名可以省略。如果要对其他数据库进行修改，则应指定数据库名称。

【例 4.10】修改数据库 teaching 的字符集为 gb2312，校对规则为 gb2312_bin 不加密设置。

在 MySQL 命令行客户端分别输入并执行"show create database teaching;"和"alter database character set gb2312 collate gb2312_bin encryption='N';"语句，如图 4.11 所示。

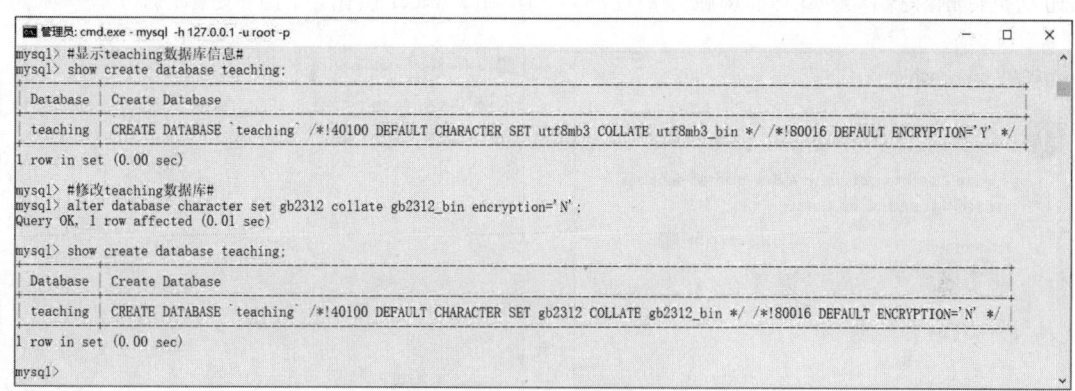

图 4.11　修改数据库 teaching 的字符集和校对规则

从图 4.11 中可以看出，已经成功修改了 teaching 数据库的字符集、校对规则和不加密设置。

4.2.4　删除数据库

drop 语句可以用来删除数据库。其语法格式如下：

```
drop {database | schema} [if exists] db_name;
```

说明：

（1）db_name：指定要删除的数据库的名称。

（2）drop database 或 drop schema：直接删除指定的整个数据库，包含数据库中的数据表、视图等所有的对象和数据都将被永久删除，并不给出任何提示信息让用户确认。因此，删除数据库需要特别小心，最好在备份数据库之后再进行删除，防止出现重大事故。

（3）if exists：使用该子句可以避免删除不存在的数据库时出现的 MySQL 错误信息。

【例 4.11】删除 teaching 数据库。

在 MySQL 命令行客户端输入 drop schema 语句并执行，结果如下：

```
mysql> use teaching;
Database changed
mysql> drop schema teaching;
Query OK, 0 rows affected (0.02 sec)
```

如上所示，删除 teaching 数据库的 SQL 语句被成功执行。再用 show databases 语句显示 MySQL 服务器的数据库，发现 teaching 数据库不见了，说明数据库确实被删除了。Windows

操作系统对应的 Data 子目录下的 teaching 子目录也被删除了,所以删除数据的操作要谨慎使用,避免造成不可逆转的损失。

如果使用 MySQL Workbench 删除数据库,则更为简单。打开 MySQL Workbench 软件,在主界面的导航窗格的数据库列表中,选择要删除的数据库,右击,弹出快捷菜单,如图 4.10 所示,选择 Drop Schema 命令,则弹出一个对话框,它有三个选项,如图 4.12 所示。单击"取消"按钮则直接取消删除数据操作。

如果在图 4.12 中单击 Drop Now 按钮,则直接删除 teaching 数据库。如果单击 Review SQL 按钮,则再次弹出对话框,如图 4.13 所示;对删除数据库的 SQL 语句核对无误后,选择"Execute" 按钮则执行删除操作。如果不想删除数据库,则单击 Cancel 按钮取消删除操作。

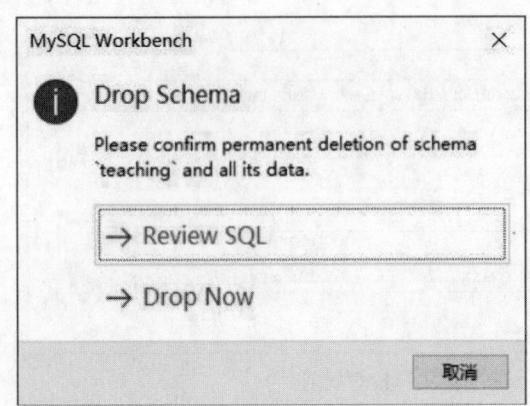 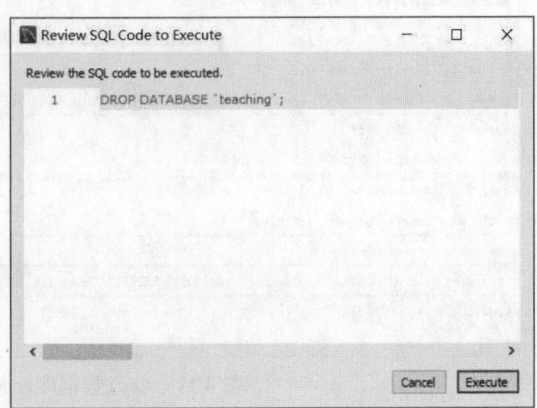

图 4.12 删除 teaching 数据库的选项对话框　　　图 4.13 删除 teaching 数据库的 SQL 对话框

任务 4.3　理解 MySQL 数据库的存储引擎

理解 MySQL
数据库的存储引擎

MySQL 中的数据用各种不同的技术存储在文件(或者内存)中,每种技术都使用不同的存储机制、索引技巧、锁定水平并最终提供不同的功能,这些不同的技术及配套的功能在 MySQL 中称为存储引擎。存储引擎是 MySQL 将数据存储在文件系统中的存储方式或存储格式。它是 MySQL 数据库中的组件,负责执行实际的数据 I/O 操作。MySQL 系统中,存储引擎处于文件系统之上,数据在保存到数据文件之前会被传输到存储引擎,之后按照各个存储引擎的存储格式进行存储。数据库的存储引擎是数据库底层软件组件。数据库管理系统使用存储引擎进行创建、查询、更新和删除数据的操作。因此,MySQL 的核心就是存储引擎。

4.3.1　MySQL 服务器的存储引擎

1. 查看 MySQL 服务器支持的存储引擎

使用"show engines;"语句可以查看当前 MySQL 服务器系统所支持的存储引擎的类型,如图 4.14 所示;也可以使用"show engines \G;"语句的另外一种格式显示 MySQL 服务器所支持的存储引擎。

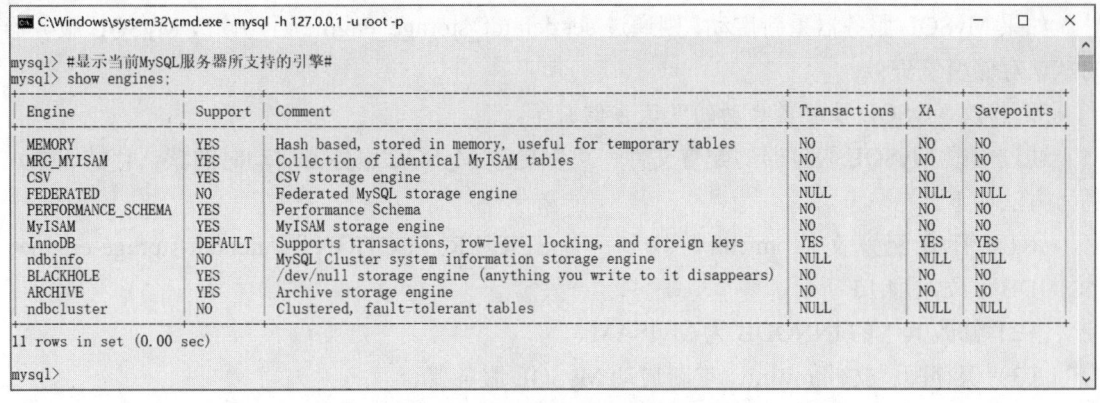

图 4.14 MySQL 支持的存储引擎

图 4.14 中列含义的说明：

（1）Engine：存储引擎的名称。

（2）Support：YES 表示引擎受支持且处于活动状态，NO 表示不支持，其 DEFAULT 表示默认存储引擎，DISABLED 表示支持引擎但已将其禁用。

（3）Comment：存储引擎的简要说明。

（4）Transactions：存储引擎是否支持事务。

（5）XA：存储引擎是否支持 XA 事务。

（6）Savepoints：存储引擎是否支持回滚点（标记点）。

从图 4.14 中可以看出，当前 MySQL 服务器的默认存储引擎是 InnoDB，其支持事务、XA 和存储点。

2. 修改当前 MySQL 服务器的默认存储引擎

如果想把其他存储引擎设置为服务器的默认存储引擎，可以通过命令实现。可以使用如下 SQL 语句修改 MyISAM 为当前默认的存储引擎。

【例 4.12】使用 set default_storage_engine 语句修改当前 MySQL 服务器的默认存储引擎为 MyISAM。

在 MySQL 命令行客户端输入"set default_storage_engine=MyISAM;"语句及显示'%storage_ engine%'模式的变量并执行，结果如下所示：

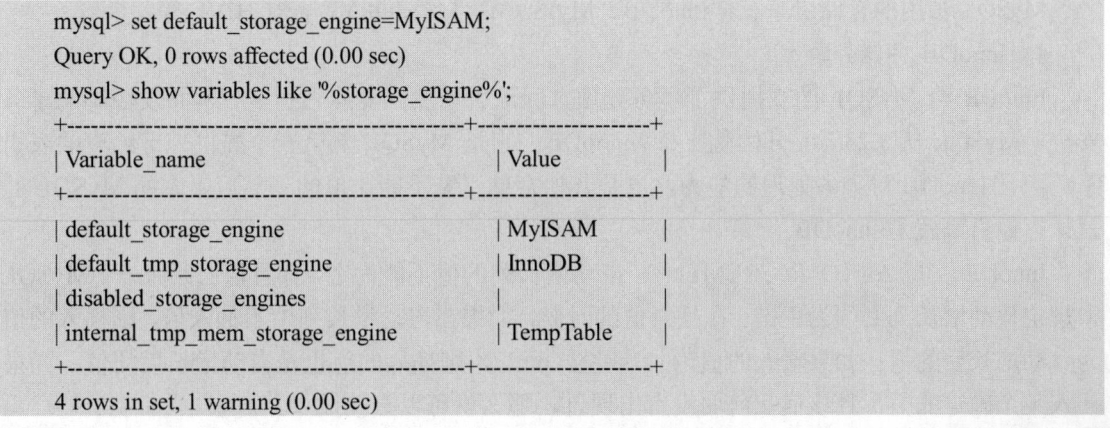

如果 MySQL 服务器重新启动，则通过 set default_storage_engine 语句修改 MySQL 服务器的默认存储引擎失效。

3. 修改 MySQL 服务器启动的默认存储引擎

通过修改 MySQL 服务器的配置文件，可以更改 MySQL 服务器启动时的默认存储引擎，具体方法如下。

（1）打开配置文件 my.ini，找到"# SERVER SECTION""default-storage-engine=INNODB"，如图 4.15 所示。

（2）修改其中的 INNODB 为 MyISAM。

（3）保存配置文件 my.ini，重新启动 MySQL 服务器。

（4）利用"show engines;"或"show variables like '%storage_engine%';"语句会发现当前存储引擎的默认值已经变为 MyISAM。

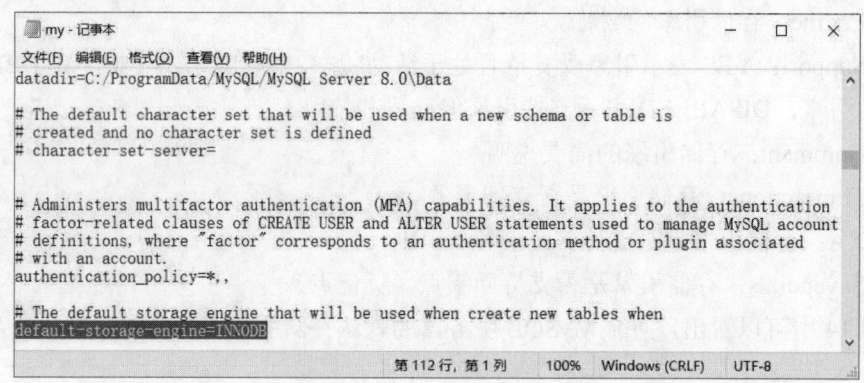

图 4.15　my.ini 配置文件

注意

配置文件 my.ini 的位置为 C:\ProgramData\MySQL\MySQL Server 8.0。

4.3.2　MySQL 常用的存储引擎

MySQL 常用的存储引擎有：InnoDB、MyISAM、MEMORY、ARCHIVE 等。

1. InnoDB 存储引擎

InnoDB 给 MySQL 的表提供了事务处理、回滚、崩溃修复能力和多版本并发控制的事务安全。MySQL 从 3.23.34a 开始就支持 InnnoDB。它是 MySQL 上第一个提供外键约束的表引擎。而且 InnoDB 对事务处理的能力，也是其他存储引擎不能比拟的。靠后版本的 MySQL 的默认存储引擎就是 InnoDB。

InnoDB 支持 AUTO_INCREMENT。自动增长列的值不能为空，并且值必须唯一。MySQL 中规定自动增长列必须为主键。在插入值的时候，如果在自动增长列中不输入值，则插入的值为自动增长后的值；如果输入的值为 0 或空（null），则插入的值也是自动增长后的值；如果插入某个确定的值，且该值在前面没有出现过，那么就可以直接插入。

InnoDB 还支持外键。外键所在的表称为子表，外键所依赖的表称为父表。父表中被子表外键关联的字段必须为主键。当删除、更新父表中的某条信息时，子表也必须做相应的改变，这是数据库的参照完整性规则。

InnoDB 中，创建的表的表结构存储在.frm 文件中。数据和索引存储在 innodb_data_home_dir 和 innodb_data_file_path 定义的表空间中。

InnoDB 的优势在于提供了良好的事务处理、崩溃修复能力和并发控制；缺点是读/写效率较差，占用的数据空间相对较大。

2. MyISAM 存储引擎

MyISAM 是 MySQL 中常见的存储引擎，曾经是 MySQL 的默认存储引擎。MyISAM 是基于 ISAM 引擎发展起来的，增加了许多有用的扩展。

MyISAM 的存储文件有三个。文件的名字与表名相同，拓展名为.frm、.MYD、.MYI。其中，.frm 文件存储表的结构；.MYD 文件存储数据，是 MYData 的缩写；.MYI 文件存储索引，是 MYIndex 的缩写。

基于 MyISAM 存储引擎的表支持三种不同的存储格式，即静态型、动态型和压缩型。其中，静态型是 MyISAM 的默认存储格式，它的字段是固定长度的；动态型包含变长字段，其记录的长度不是固定的；压缩型需要用到 myisampack 工具，占用的磁盘空间较小。

MyISAM 的优势在于占用空间小，处理速度快；缺点是不支持事务的完整性和并发性。

3. MEMORY 存储引擎

MEMORY 是 MySQL 中一类特殊的存储引擎。它使用存储在内存中的内容来创建表，而且数据全部存放在内存中。

每个基于 MEMORY 存储引擎的表实际对应一个磁盘文件。该文件的文件名与表名相同，扩展名为.frm。该文件中只存储表的结构。而其数据文件都是存储在内存中，这样有利于数据的快速处理，提高整张表的处理效率。值得注意的是，服务器需要有足够的内存来维持 MEMORY 存储引擎的表的使用。如果不需要了，则可以释放内存，甚至删除不需要的表。

MEMORY 默认使用哈希索引。其速度比使用 B 树（B-Tree）索引快。当然如果用户想用 B 树索引，可以在创建索引时指定。

需要注意的是，MEMORY 使用得很少，因为它是把数据存放到内存中，如果内存出现异常就会影响数据。如果重启或关机，则所有数据都会消失。因此，基于 MEMORY 的表的生命周期很短，一般是一次性的。

4. ARCHIVE 存储引擎

ARCHIVE 存储引擎只支持 insert 和 select 两种操作，其非常适合存储归档数据，例如日志信息。ARCHIVE 存储引擎使用行锁来实现高并发的插入操作，但其本身并不是事务安全的存储引擎，其设计目的就是提供高速的插入和压缩功能。

注意

一张表只能使用一个存储引擎，一个库中不同的表可以使用不同的存储引擎。

项目小结

本项目主要介绍了数据库的创建、修改、删除，以及相关参数的使用。

数据库是一个存储数据对象的容器，要实施管理信息系统，首先要创建一个能容纳所有对象的容器及数据库，这样才能容纳数据表、视图、存储过程、存储函数、索引、事件、触发器等。MySQL 服务器本身的数据也是采用数据库存储的，服务器在安装时，自动创建了 sys、mysql、information_schema、performance_schema 等数据库，用来管理数据的数据，即整个数据结构的信息。

创建数据库的 SQL 语句为 create database，修改数据库使用 alter database 语句，不能修改数据库名，但是可以修改相应的参数，例如字符集和校对规则、存储引擎等。删除数据库使用 drop database 语句，可以删除数据库相关的一切数据。

项目实训：数据库的创建与维护

1. 创建普通数据库。
2. 创建指定字符集和校对规则的数据库。
3. 选择当前数据库。
4. 显示 MySQL 服务器中的所有数据库。
5. 修改已有数据库的字符集、校对规则、加密类型。
6. 删除数据库。
7. 修改数据库名称。
8. 显示数据库的字符集、校对规则。

课外拓展：建立图书管理系统

1. 以 gb2312 字符集、gb2312_chinese_ci 校对规则，创建一个 Library 数据库用于存储图书信息。
2. 查看当前 MySQL 服务器实例中所有的数据库。
3. 将 Library 数据库设置为当前数据库。
4. 显示创建 Library 数据库的 SQL 语句。
5. 显示 Library 数据库的字符集、校对规则和加密类型。
6. 修改 Library 数据库的字符集为 utf8mb4。
7. 删除 Library 数据库。

思 考 题

1. MySQL 的存储引擎有哪些？如何显示当前 MySQL 服务器实例所支持的存储引擎？
2. 为什么 MySQL 的字符集有多种校对规则？如何显示某种字符集的所有校对规则？
3. 在 Windows 操作系统下的 MySQL，如何确定其数据库数据存储的路径？
4. 在 Windows 操作系统下的 MySQL，其目录有什么改变？
5. 如何修改 MySQL 中已存在的数据库名？
6. 删除 MySQL 数据库时，应该注意什么？

项目 5　创建与维护学生信息管理数据表

数据表是数据库的重要组成部分，每个数据库都是由若干张数据库表组成的。本项目将通过典型任务了解 MySQL 常用的数据类型，学会使用完整性约束条件保证数据的完整性，学习如何创建数据表、查看数据表及对数据表的管理，包括对数据表进行更名、修改数据表的结构和删除数据表等操作。

学习目标：

- 了解 MySQL 常用的数据类型
- 了解数据表的完整性约束条件
- 掌握数据表的创建、查看、修改与删除操作
- 掌握数据表的外键约束及其修改

知识架构：

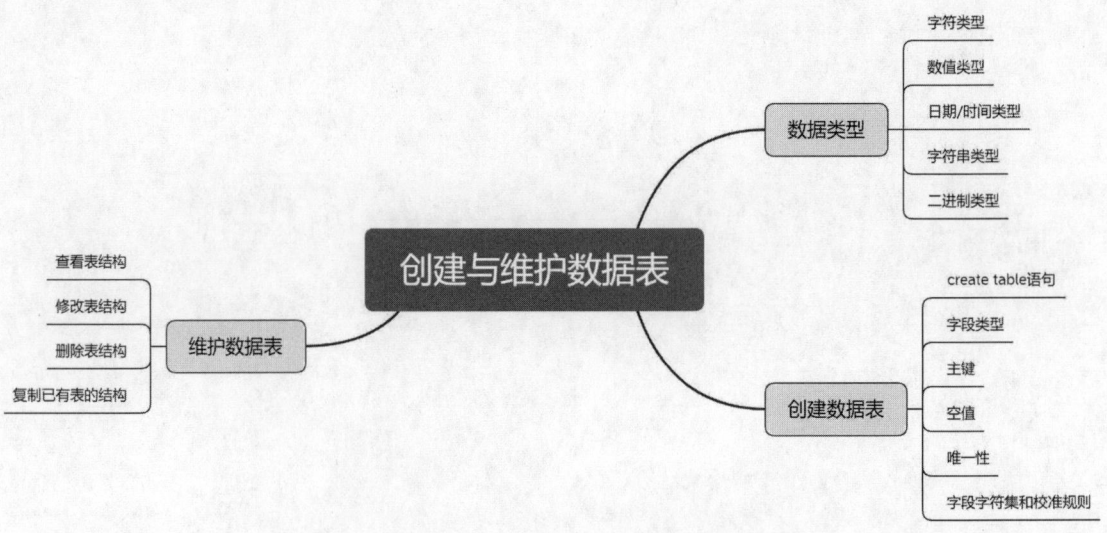

任务 5.1　设计表结构

在创建数据库的过程中，最重要的一步就是创建数据表。

5.1.1 理解数据表的概念

1. 表和表结构

在工作和生活中，二维表是人们经常使用的一种表示数据及其关系的形式。在学生信息管理数据库 stusys 中，学生（student）表如表 5.1 所示。

表 5.1 student 表

学号	姓名	性别	出生日期	专业	班级名称	电话	微信号	家庭住址
202210101101	张佳辉	男	2005-06	计算机应用	计算机221	68492023	×××	广州市荔湾区
202210101102	刘永坚	男	2006-12	计算机应用	计算机221	68492023	×××	深圳市盐田区
202210101103	杨泽明	男	2005-07	计算机应用	计算机221	68492023	×××	梅州市梅县区
202210101104	蔡美青	女	2006-08	计算机应用	计算机221	68492026	×××	广州市白云区
202210101105	邹佳佳	女	2006-02	计算机应用	计算机221	68492026	×××	清远市佛冈县
202210101106	郑金堡	男	2005-10	计算机应用	计算机221	68492029	×××	深圳市福田区
202210101107	杨泽明	男	2006-10	计算机应用	计算机221	68492029	×××	汕头市潮阳区
202210101201	郑国军	男	2006-02	计算机应用	计算机222	68492029	×××	韶关市新丰县
202210101202	叶坤明	男	2005-07	计算机应用	计算机222	68492036	×××	佛山市顺德区
202210101203	曹雄豪	男	2006-02	计算机应用	计算机222	68492036	×××	湛江市霞山区
202210101301	郭东宇	男	2005-06	计算机应用	计算机223	68492036	×××	茂名市电白区
202210306101	罗红丽	女	2006-08	人工智能	人工智能221	68492027	×××	河源市龙川县
202210306102	邱达超	男	2005-09	人工智能	人工智能221	68492037	×××	汕头市南澳县
202210306103	王源	男	2006-01	人工智能	人工智能221	68492037	×××	肇庆市封开县
202210306201	李东旭	男	2005-04	人工智能	人工智能222	68492038	×××	湛江市廉江市
202210306202	张家维	男	2005-07	人工智能	人工智能222	68492038	×××	汕尾市海丰县
202210306203	赵亮	男	2005-08	人工智能	人工智能222	68492038	×××	佛山市高明区
202210203101	吴顺宇	男	2004-09	电气技术应用	电气221	68492052	×××	湛江市廉江市
202210203102	赵伟峰	男	2006-10	电气技术应用	电气221	68492052	×××	梅州市梅江区
202210203103	陈西川	男	2006-03	电气技术应用	电气221	68492056	×××	江门市新会区
202210203201	卢超凡	男	2005-10	电气技术应用	电气222	68492051	×××	肇庆市广宁县
202210203202	蔡美青	女	2006-03	电气技术应用	电气222	68492058	×××	惠州市惠东县

分析表 5.1，可知表的基本概念有以下几个。

（1）表。表就是数据库中存储数据的数据库对象，每个数据库中包含若干张表。例如学生信息管理数据库中的班级表、课程表、教师表等，这些表都是由行和列组成的二维表，表 5.1 由 22 行 9 列组成。

（2）表结构。每张表具有一定的结构，表结构包含一组固定的列，每列具有相同的数据类型。例如"性别"列的取值只有"男"和"女"两个值，而且不允许为 null 值。

（3）记录。每张表包含若干行数据，表中一行数据称为一个记录（Record）。表 5.1 有 22 个记录。

（4）字段。表中的一列数据称为一个字段（Field），每个记录由固定的数据项（列）构成，构成记录的每个数据项就称为字段，表 5.1 有 9 个字段。

（5）空值。空值（null）通常表示未知、不可用或将来添加的数据。

（6）关键字。关键字用于唯一标识记录的一个或多个字段。如果表中某个字段或字段组合能唯一标识记录，则称该字段或字段组合为候选键。如果一张表有多个候选键，则选择其中的一个为主键（Primary Key）。例如表 5.1 中的"姓名"不是候选键，因为"杨泽明"有重名，不能因为一张表中某一列数据互不相同就认为是其候选键，应该根据列的含义来确定其是否为候选键。"学号"或"微信号"为候选键，通常选择"学号"为主键。

（7）默认值。默认值是指在插入数据时，当没有明确给出某字段的值，系统为此字段指定的一个值。在 MySQL 中，默认值即关键字 default。

2. 表结构的设计

在数据库的设计过程中，最重要的是表结构的设计，好的表结构设计对应着较高的效率和安全性。创建表的核心是定义表结构及设置表和列的属性。创建表之前，首先要确定表的名称和表的属性，即表所包含的字段名、字段的数据类型、长度、是否为空、是否为键、默认值等，这些属性构成了表结构。

项目 2 中学生信息管理系统的逻辑结构转换为关系模型，就是将实体的属性和实体之间的联系转换为关系模式，构成了学生信息管理系统数据库 stusys 的院系（department）表、专业（major）表、教研室（teaching_room）表、教师（teaching）表、课程（course）表、开课（teaching_course）表、班级（class）表、学生（student）表、选课成绩（score）表。这是一个完备的学生信息管理系统，但是作为本项目来说描述过于复杂；为了简化其设计，保留课程（course）表、学生（student）表、选课成绩（score）表这 3 张表，后面的任务可以根据需要添加相应的表。以学生（student）表为例设计其表结构，如表 5.2 所示。

表 5.2 student 表的表结构

字段名	数据类型	允许空值	键	默认值	说明
sno	char(12)	×	主键		学号
sname	varchar(4)	×			姓名
ssex	char(1)	×		男	性别
sbirthday	date	×			出生日期
major	varchar(20)	×			专业
class	varchar(12)	×			班级名称
tele	char(11)	√			电话
wechat	varchar(20)	√			微信号
address	varchar(30)	√			家庭住址

表 5.2 的表结构说明如下。

（1）sno 字段为学生的学号，数据类型为 char，长度为 12。例如计算机 221 班的张佳辉的学号为"202210101101"，前四位"2022"表示 2022 年入学；紧接着五位"10101"中的前 3 位"101"表示"计算机系"，后两位"01"表示"计算机应用"专业；最后 3 位"101"中的最前一位"1"表示 1 班，后两位表示该同学在班级内的序号。不同的学校有不同的学号编码规范，要根据实际调研情况确定长度。该字段不允许为空，无默认值，为主键。

（2）sname 字段为学生的姓名，姓名一般不超过 4 个中文字符。但是个性化的年轻父母给小孩起名可能超过 4 个，还有少数民族的姓名也比较长，所以选择 varchar 数据类型，可以根据实际输入值适应其真实长度。

（3）ssex 字段为学生的性别，不是男就是女，为此选择 char(1)的数据类型和长度，不允许为空，可以选择默认值为"男"。

（4）sbirthday 字段为学生的出生日期，选择 date 类型，不允许为空，无默认值。

（5）major 字段为学生的专业，数据类型选择为 varchar，长度为 20，不允许为空，无默认值。

（6）class 字段为学生所在的班级，数据类型选择为 varchar，长度为 12，不允许为空，无默认值。

（7）tele 字段为学生的电话，数据类型选择为 char，长度为 11，允许为空，无默认值。

（8）wechat 字段为学生的微信号，数据类型选择为 varchar，长度为 20，允许为空，无默认值。

（9）address 字段为学生的家庭住址，数据类型选择为 varchar，长度为 30，允许为空，无默认值。

采用同样的方法设计其他 2 张数据表，其表结构如表 5.3、表 5.4 所示。

表 5.3 course 表的表结构

字段名	数据类型	允许空值	键	默认值	说明
cno	char(6)	×	主键		课程号
cname	varchar(16)	×			课程名
credit	tinyint	√			学分

表 5.4 score 表的表结构

字段名	数据类型	允许空值	键	默认值	说明
sno	char(12)	×	主键		学号
cno	char(6)	×	主键		课程号
grade	tinyint	√			成绩

5.1.2 了解 MySQL 的数据类型

MySQL 数据类型定义了字段中可以存储什么数据以及该数据，怎样存储的规则。数据库中的每个字段都应该有适当的数据类型,用于限制或允许该字段中存储的数据。例如,列中存储的为数字,则相应的数据类型应该为数值类型。MySQL 常用的数据类型分为四类,分别是数值类型、日期/时间类型、字符串类型、二进制类型。

1. 数值类型

在 MySQL 中,数值类型分为整数类型和小数类型。

(1)整数类型。在 MySQL 中,整数类型(简称整型)包括 tinyint、smallint、mediumint、int、bigint,每种整数类型所需的存储和范围如表 5.5 所示。

表 5.5 整数类型所需的存储和范围

类型	占用字节	有符号最小值	有符号最大值	无符号最小值	无符号最大值
tinyint	1 字节	−128	127	0	128
smallint	2 字节	−32768	32767	0	65535
mediumint	3 字节	−8388608	8388607	0	16777215
int	4 字节	−2147483648	2147483647	0	4294967295
bigint	8 字节	−9223372036854775808	9223372036854775807	0	18446744073709551615

(2)小数类型。小数类型分为浮点数类型和定点数类型,浮点数类型包括 float(单精度浮点数)、double(双精度浮点数)和 real(单精度浮点数)。浮点数类型代表近似数字数据值。MySQL 对于 float 和 real 使用 4 字节,对于 double 使用 8 字节。其实 float 和 real 的数据类型相同,以应对一些用户的习惯用法。

定点数类型包括 decimal 或 dec,用于存储精确的数值数据。在精度很重要的场合下使用这些类型,例如货币数据。在 MySQL 中,进行 decimal 的声明时,通常指定精度和小数位数,声明格式如下:

decimal (p,s)

其中,p 是精度,表示值存储的有效位数;s 是标度,表示小数点后小数的位数;精度 p 不包括符号位和小数位。decimal 使用的字节数为 2+max(p,s),即 p 和 s 中最大的值再加上 2。如果不指定精度,则默认为 decimal(10,0)。例如 decimal(6,2),其取值范围为−9999.99~+9999.99。

对于 float,MySQL 还支持可选的精度,但精度值仅用于确定存储大小,精度在 0~23 之间会产生一个 4 字节的单精度 float 列;在 24~53 之间会产生 8 字节的双精度 double 列。

MySQL 还支持非标准语法:float(M,D),其 M 用于指定所有的位数,D 用于指定小数点后的位数。

2. 日期/时间类型

日期/时间类型主要用于表示日期和时间,MySQL 中的日期/时间类型包括 year、time、date、datetime 和 timestamp。每一种类型都有其合法的取值范围,当输入不合法的值时,系统将以"0"值替换。日期/时间类型的介绍如表 5.6 所示,其中,yyyy 表示年,mm 表示月,dd 表示日,hh 表示小时,mm 表示分钟,ss 表示秒。

表 5.6 时间和日期类型

类型	占用字节	表示格式	取值范围
year	1 字节	yyyy	1901—2155
time	3 字节	hh:mm:ss	−838:59:59 至 838:59:59
date	3 字节	yyyy-mm-dd	1000-01-01 至 9999-12-31
datetime	8 字节	yyyy-mm-dd hh:mm:ss	1000-01-01 00:00:00 至 9999-12-31 23:59:59
timestamp	4 字节	yyyymmddhhmmss	1970-01-01 00:00:00 至 2038 年某个时刻

其中 datetime 和 timestamp 占用的字节数和支持范围不同，datetime 按照输入的格式存储日期和时间，与用户所在的时区无关；而 timestamp 以世界标准时间格式存储，保存了用户当前时间的时区值，系统也会根据用户所在的不同时区，显示不同的时间日期值。

3. 字符串类型

字符串类型用来存储字符串数据。MySQL 中的字符串类型包括 char、varchar、tinytext、text、mediumtext、longtext、enum 和 set 等，字符串类型分为两类：即普通的文本字符串类型（char、varchar、text、tinytext、mediumtext 和 longtext）和特殊的字符串类型（enum 和 set），它们的取值范围不同，应用的地方也不同。

（1）普通的文本字符串类型。普通的文本字符串类型主要是 char 和 varchar 两种，从名称可知 char 是固定长度字符串，varchar 是变长字符串。两者都可以指定是否区分大小写；可以使用默认字符集，还可以指定存储特定的 latin1 或 UCS 字符集。普通的文本字符串类型的介绍如表 5.7 所示。

表 5.7 普通的文本字符串类型

类型	长度	说明
char	0～255 字符	定长字符串
varchar	0～16383 字符	变长字符串
tinytext	0～255 字节	短文本字符串
text	0～65535 字节	文本字符串
mediumtext	0～16777215 字节	中等长度的文本字符串
longtext	0～4294967295 字节	极大长度的文本字符串

说明：

1）char、varchar 和 text 可以指定最大字符串长度，格式为 char[M]、varchar[M]和 text[M]，M 值可以取 0，但是不能存储字符串，所以 M 值至少为 1 才有实际意义；M 的最大值由表 5.7 所指定，若超过则出错。注意 char 和 varchar 的长度单位是字符，而 text 的长度单位是字节。

2）varchar 和 text 是变长字符串类型，实际存储需求取决于字符串的实际长度。

（2）特殊的字符串类型。特殊的字符串类型是用户自定义的、以指定字符串为值的数据类型。enum 是元素为字符串的集合的枚举，set 是元素为字符串的集合，其含义如表 5.8 所示。

表 5.8 特殊的字符串类型

类型	最大值	说明
enum("value1","value2","value3",…)	65535	该类型只能容纳所定义元素的值之一或为 null
set("value1","value2","value3",…)	64	该类型可以容纳所定义一组元素的值或为 null

字符串类型的说明：
- 从速度方面考虑，要选择固定长度的字符串，即 char(M)。
- 从节省存储空间方面考虑，要选择动态长度的字符串，即 varchar(M)。
- 如果字符串内容不区分大小写，则可以选择文本字符串，即 text(M)。
- 如果要从一个限制的集合中选择一个字符串元素，则可以使用 enum 类型，集合的长度为 65535。
- 允许从一个限制的集合中选择一组元素，可以使用 set 类型，最多 64 个成员。

4. 二进制类型

二进制类型是指存储二进制数据的数据类型，如图片、图像、音频、视频等。MySQL 中的二进制类型包括 bit、binary、varbinary、tinyblog、blob、mediumblob、longblob。其中 bit 以二进制位为单位，其他的都是以字节为单位。二进制类型的介绍如表 5.9 所示。

表 5.9 二进制类型

类型	长度	说明
bit	1～64 位，默认为 1	二进制位字段类型
binary	0～255 字节	固定长度的二进制字符串类型
varbinary	0～65532 字节	可变长度的二进制字符串类型
tinyblog	0～255 字节	小型长度的二进制字符串类型
blob	0～65535 字节	普通长度的文本字符串
mediumblob	0～16777215	中等长度的二进制字符串类型
longblob	0～4294967295 字节	极大长度的二进制字符串类型

说明：

（1）bit、binary、varbinary 和 blob 说明使用的长度，即 bit[M]、binary[M]、varbinary[M] 和 blob[M]，取值范围如表 5.9 所示。

（2）text 和 blob 一样可以存储二进制字符串类型的数据；text 比较适合存储长文本，可以指定字符集；blob 比较适合存储二进制数据。

（3）MySQL 把每个 text 和 blob 当作一个独立的对象处理。当 text 和 blob 的值太大时，InnoDB 存储引擎会使用专门的外部存储区域来存储，数据表中仅仅存储指针，指向了外部存储的值。

（4）随着 MySQL 版本的升级，text 和 blob 的取值范围会扩大，查阅产品手册即可获得最大的字节长度值。

5. 其他类型

MySQL 支持地理空间数据的存储，基于地理信息系统（Geographic Information System，GIS）的相关理论，MySQL 提供了配套的数据类型、内部存储格式、分析函数和空间索引，能够高效地存储、查询地理空间数据。

（1）point 存储一个位置点数据。

（2）linestring 存储一条线资料。

（3）polygon 存储一个多边形资料。

（4）multipoint 存储多个位置点数据。

（5）multilinestring 存储多条线资料。

（6）multipolygon 存储多个多边形资料。

（7）geometry 可以存储任何 point、linestring、polygon 的资料。

（8）geometrycollection 可以存储任何空间数据类型的集合。

MySQL 保留了用户的使用习惯，例如 int 和 interger 类型相同，还有 nchar 和 char、nvarchar 和 varchar、boolean 和 tinyint，它们都不是新的数据类型，仅仅是为了维持用户原来的使用习惯，或者进行向前兼容而留下来的。

5.1.3 掌握列的其他属性

在设计数据表时，必须为字段指定字段名、数据类型、数据长度和空值等。

1. 字段的空值

数据表中的字段值可以设置为接收空值（null），也可以设置为拒绝空值（not null）。null 是一个特殊值，它不同于空字符、空字符串或 0。实际上，它是一个不确定的值，或者是一个未来才能确定的值。例如学生的微信号，如果该学生没有微信，自然没有微信号；但是该学生将来可能会有微信号，从而微信号字段可以设计为可以接收空值的字段。

如果一个字段设置为接收空值（null），那么在插入数据时允许省略该字段值。如果一个字段设置为拒绝空值（not null），又没有默认值，则插入数据时省略该值会出错。

2. 整型字段的自增

auto_increment 属性可以使表中的整型字段自动生成一个值，该值可以唯一标识数据表中该记录，从而每张数据表中最多只有一个字段能够被设定为 auto_increment 属性。

3. 默认值

默认值是指插入数据时，如果不指定值，则由系统按照规则自动赋予相应的值。

4. 完整性

在 MySQL 中，数据的完整性分为三类：实体完整性（Entity Integrity）、域完整性（Domain Integrity）和参照完整性（Referential Integrity）。

（1）实体完整性要求数据表的每个记录互不相同，保证数据表中每一行数据在表中是唯一的，拒绝重复行。

（2）域完整性是指每个字段为指定的某个数据类型，或者满足相同的约束。约束又包括强制域完整性限制类型、限制格式或限制可能值的范围，例如定义为 tinyint 的课程成绩数据域，取值范围要约束在 0~100 之间，负数或超过 100 的值没有意义。

（3）参照完整性是指输入或删除记录时，要保证主从表之间的数据一致性，防止数据丢失或无意义的数据在数据库中扩散。

创建数据表

任务 5.2　创建数据表

在数据库创建之后，数据库是空的，数据库中没有表，可以使用"show tables;"语句查看当前数据库的表。

5.2.1　使用 create table 语句创建数据表

表结构是数据库的主要结构，表是存储数据的地方。一个数据库需要什么样的表，各数据表中又有什么样的字段，需要进行合理设计。创建数据表的过程是规定数据表中字段的属性的过程，也是实施数据完整性约束的过程。

1. 创建数据表的语法格式及解释

create table 语句创建数据表的语法结构比较复杂，语法格式如下：

```
create [temporary] table [if not exists] tbl_name
(column_definition1 [,column_definition2 ,... , | index_definition])
[table_options]
[select_stateme];
```

说明：

（1）temporary：可选项，如果选择表示创建一张临时表，关闭数据库连接则自动撤销；没有选择则为永久性的数据表。

（2）if not exists：可选项，在创建数据表前，对即将要创建的数据表名是否已经存在进行判断，在没有给出此条语句时，如果存在同名数据表，则会报语法错。

（3）tbl_name：必选项，指定要创建的数据表的名称。

（4）(column_definition1 [,column_definition2 ,... , | index_definition])：必选项，对表中的一个或若干字段及索引进行定义。每个数据表定义至少有一个字段。column_definition 是字段的定义。index_definition 是为表的相关字段指定索引的可选项。

（5）table_options：可选项，是表的选项，包括存储引擎、字符集、校对规则等。

（6）select_stateme：可选项，是可以直接定义表的 select 查询语句。

2. 创建字段的语法格式及解释

字段的定义是每张数据表必须包含的，创建字段的语法格式如下：

```
col_name datatype [not null | null] [default default_value]
[auto_increment] [unique [key] | [primary] key] [check_constraint_definition]
[comment 'string'] [reference_definition]
```

说明：

（1）col_name：必选项，字段名，尽量采用英文的缩写形式，避免使用中文。

（2）datatype：必选项，声明字段的数据类型，根据字段的实际需要选择恰当的数据类型。

（3）null（not null）：可选项，字段是否设置非空约束，表示字段是否可以是空值，默认可以为空值。例如，在学生表中，如果不添加学生姓名，那么这条记录是没有用的，所以姓名字段为 not null，不接收空值。

（4）default default_value：可选项，指定字段的默认值，default_value 可以是常量，也可以是表达式的值，即 default { literal | (expr) }。例如，在注册学生信息时，如果不输入学生的性别，那么会默认设置一个性别或输入一个"未知"。

（5）auto_increment：可选项，设置自增属性，只有整数类型此案设置此属性。默认 auto_increment 的值从 1 开始。每张表只能有一个 auto_increment 字段，并且它必须被索引。

（6）unique key：可选项，对字段指定唯一性约束，其中 key 可以不写。唯一性约束在一张表中可以有多个，并且设置唯一性约束的列是允许有空值的，虽然只能有一个空值。例如，在用户表中，要避免表中的用户名重名，就可以把用户名列设置为唯一性约束。唯一性约束可以在创建表时直接设置，通常设置在除主键以外的其他列上。在定义完列之后再使用 unique 关键字指定唯一性约束。

（7）primary key：可选项，对字段指定主键约束，其中 primary 可以不写。一张表只能定义一个主键，主键必须为 not null。它是使用最频繁的约束。在设计数据表时，一般情况下，都会要求在数据表中设置一个主键。主键是数据表的一个特殊字段，该字段能唯一标识该数据表中的每条信息。例如，学生表中的学号是唯一的，可以设置为主键。

（8）check_constraint_definition：可选项，检查约束，是用来检查数据表中的字段值是否有效的一个手段。例如，学生表中的年龄字段是没有负数的，并且数值也是有限制的。如果是大学生，年龄一般应该在 18～30 岁之间。在设置字段的检查约束时要根据实际情况进行设置，这样能够减少无效数据的输入。检查约束使用 check 关键字，具体的语法格式为 check<表达式>。

（9）comment 'string'：可选项，对字段的含义描述的字符串。

（10）reference_definition：可选项，指定字段为其他表的外键约束。其他表的候选键不能为组合键，只能是一个独立字段类型的主键。

3．利用 SQL 语句创建数据表

本项目的学生信息管理系统数据库 stusys 将根据前面的需求分析和简化，创建 3 张表，即 student（学生）表、course（课程）表、score（选课成绩）表。各表的结构如表 5.2、表 5.3 和表 5.4 所示。

【例 5.1】在学生信息管理系统数据库 stusys 中创建 student 表。

在 MySQL 命令行客户端输入 create table 语句并执行：

```
mysql> use stusys;
Database changed
mysql> create table student_table (
    -> sno char(12) not null primary key comment '学号', sname varchar(4) not null comment '姓名',
    -> ssex char(1) not null default '男' comment '性别', sbirthday date not null comment '出生日期',
    -> major varchar(20) not null comment '专业', class varchar(12) not null comment '班级名称',
    -> tele char(11) null comment '电话', wechat varchar(20) null comment '微信号',
    -> address varchar(30) null comment '家庭住址' );      /*此为最后一行没有逗号*/
Query OK, 0 rows affected (0.02 sec)
```

【例 5.2】在学生信息管理系统数据库 stusys 中创建 course 表。

在 MySQL 命令行客户端输入 create table 语句并执行：

```
mysql> create table course_table (
    -> cno char(6) not null primary key comment '课程号', cname varchar(16) not null comment '课程名',
    -> credit tinyint null comment '学分' );        /*此为最后一行没有逗号*/
Query OK, 0 rows affected (0.02 sec)
```

【例 5.3】在学生信息管理系统数据库 stusys 中创建 score 表。

在 MySQL 命令行客户端输入 create table 语句并执行：

```
mysql> create table score_table (
    -> sno char(12) not null comment '学号', cno char(6) not null comment '课程号',
    -> grade tinyint null comment '成绩', primary key(sno, cno) );   /*此为最后一行没有逗号*/
Query OK, 0 rows affected (0.02 sec)
```

因为 score 表的主键是组合键，不能在定义字段时完成，只能采用表选项的模式，通过 primary key(sno, cno)来指定。

注意

在创建数据表时，SQL 语句中圆括号的最后一行没有逗号。

5.2.2 使用 MySQL Workbench 工具创建数据表

MySQL Workbench 有两种方法创建数据表，即快捷方式和弹出菜单方式。

1. 快捷方式创建数据表

在 MySQL Workbench 主界面的快速访问工具栏中单击"创建数据表"图标 ，则在工作区显示创建数据表的 Tab，如图 5.1 所示。只要设置了 stusys 为默认数据库，任何时候单击"创建数据表"图标，都可以打开创建数据表的 Tab。从图 5.1 的工作区可以看出，当前是 Columns（字段设计），还有 Indexes（索引）、Foreign Keys（外键）、Tiggers（触发器）、Partitioning（分区）、Options（选项）等 Tab 选项。

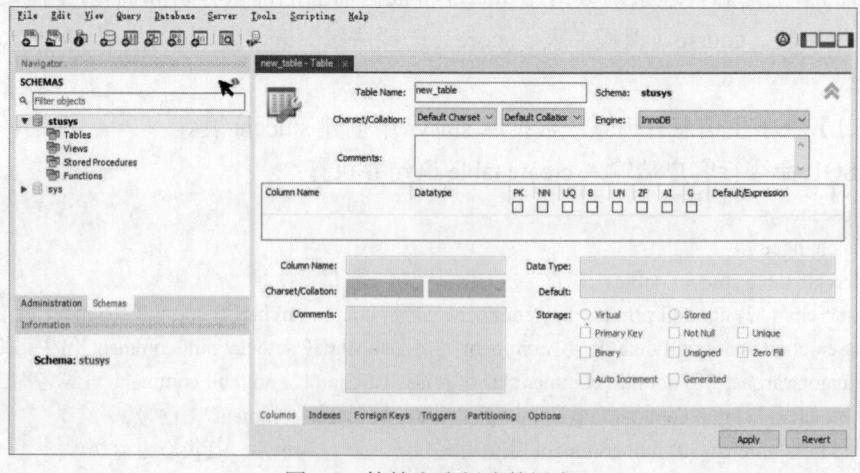

图 5.1 快捷方式创建数据表

从图 5.1 的左部的导航窗格的 Schema 标签标记的黑体可以知道 stusys 该表属于 stusys。仍然以 student 表为例，在 Table Name（数据表名）文本框中输入 student_table，可以通过下划线的方式，给出字符串的最后一部分为 table 或 tb，标记该对象为数据表。根据数据表的需要可以重新设定其 Charset/Collation（字符集/校对规则）和 Engine（存储引擎），这样每张数据表可以根据自己的用途和性能需要，独立选择字符集/校对规则和存储引擎，满足每张表自己的要求。用户最好填写 Comments（注释），这样可以提高结果的可读性，不仅可以方便用户本人今后的使用，也可以方便多个用户之间的交流。

选择字段设计区的第一行，再次单击则出现第一个字段名编辑状态，如图 5.2 所示。也可以双击字段设计区的第一行直接进入第一个字段名（Column Name）编辑状态。系统默认给出了第一个字段名称，扩展名为数据表名称。此时数据类型（Datatype）默认为 INT（整数类型），PK（Primary Key，主键）、NN（Not Null，非空）、UQ（Unique，唯一性）、B（Binary，二进制）、UN（Unsigned，非负数）、ZF（Zero Full，填充零）、AI（Auto Increment，自增）、G（Generated，生成）和 Default/Expression（默认值或表达式）都为空，下面的字段详细设计区都是非编辑状态。

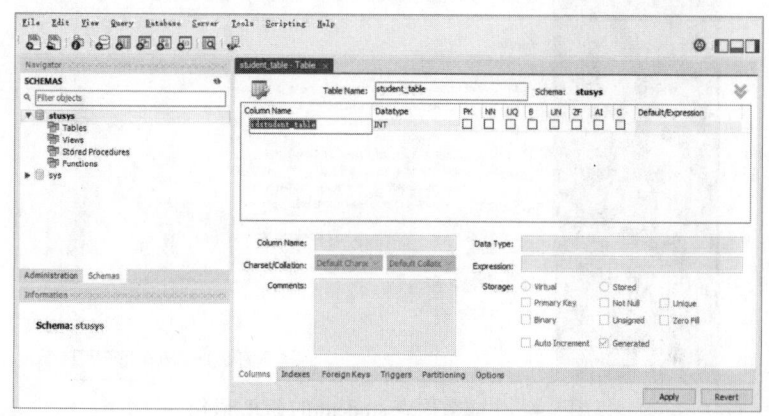

图 5.2　编辑第一个字段名称

从键盘上输入 sno 字段名，按 Enter 则进入字段数据类型选择栏，进行数据类型（Datatype）的选择，同时下面的字段详细设计区的功能变得可用了。可以在此处的下拉框中选择 char() 数据类型再填入 12，可以直接从键盘上输入 "char(12)"，也可以在字段详细设计区的 Data Type 文本框中输入 char(12)。再选择主键和非空。每个字段可以选择 Charset/Collation（字符集和校对规则），也可以采用默认模式。双击 sno 字段下的空白行，开始设计第二个字段 sname。这样依次设计数据表 student 的 9 个字段，如图 5.3 所示。

检查完毕，单击 Apply 按钮，弹出一个 SQL 语句的对话框，如图 5.4 所示。

审核生成数据表 student 的 SQL 语句，可以直接编辑调整。审核后，单击 Apply 按钮执行该 SQL 语句，进入该对话框的 Apply SQL Script 界面，显示 SQL 语句的执行情况，失败或成功。创建 student 表成功，返回 MySQL WorkBench 主界面后，展开 stusys 数据库下的 Tables 出现了数据表 student_table；再展开 student_table 数据表，出现了 Columns（字段）、Indexes（索引）、Foreign Keys（外键）和 Triggers（触发器）；继续展开 Columns 和 Indexes，打开数据表 student_table 的信息项，如图 5.5 所示。

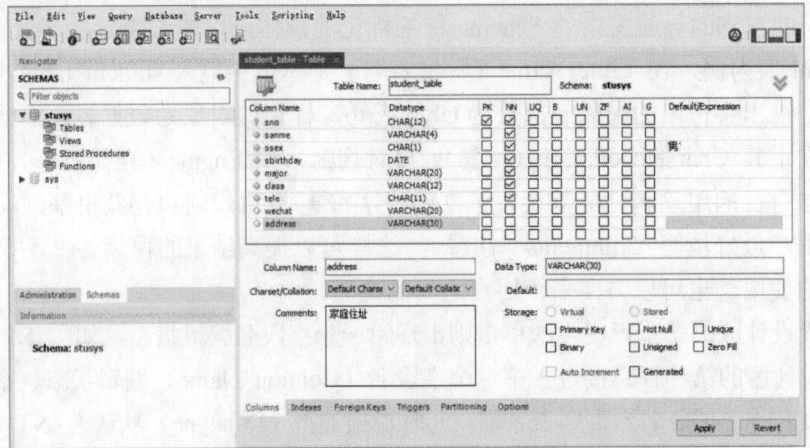

图 5.3　设计数据表 student 的 9 个字段

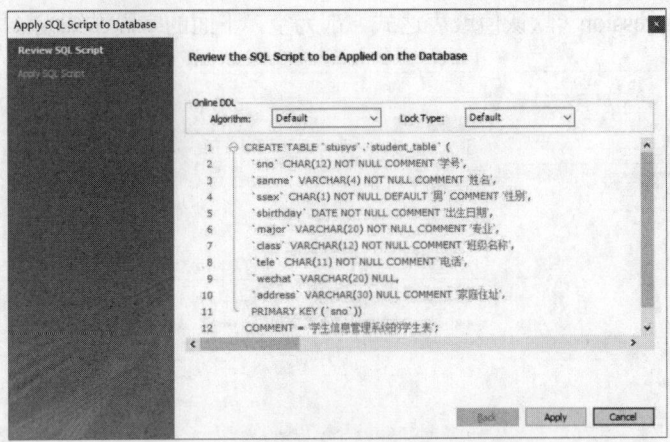

图 5.4　生成数据表 student 的 SQL 语句

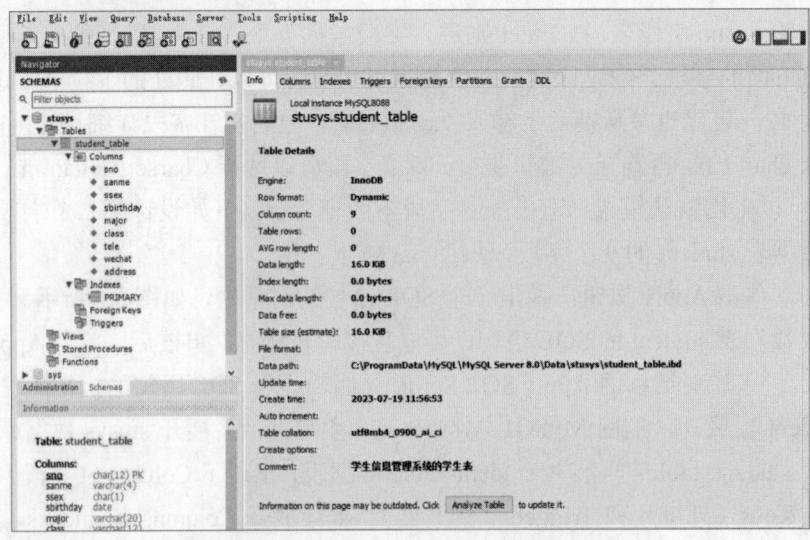

图 5.5　数据表 student_table 的字段及其信息

用同样的方式创建课程表 course_table、选课成绩表 score_table。

2. 弹出菜单方式创建数据表

选择 stusys 数据库的 Tables 子项，右击，弹出一个快捷菜单，如图 5.6 所示，有两个命令即 Create Table 和 Create Table Like 可以创建数据表。

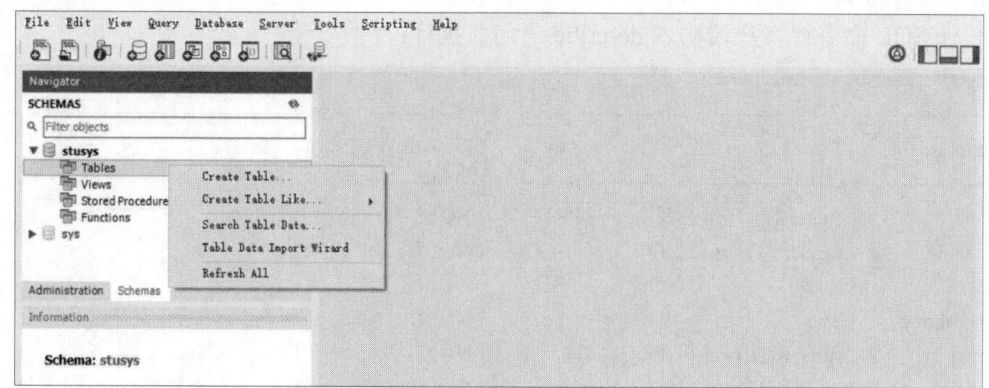

图 5.6　打开数据库 stusys

若选择 Create Table 命令，则出现和快捷方式创建数据表一样的界面，即图 5.1 所示。若选择 Create Table Like，则按照模板快速创建数据表。

任务 5.3　维护数据表

维护数据表

创建数据表后，还可以根据新的需要对数据表的结构进行维护，即查看数据表的结构、修改数据表的结构、删除数据表和复制数据表等。

5.3.1　查看数据表的结构

通过 SQL 语句或 MySQL Workbench 工具创建数据表后，就可以查看指定数据库里的数据表，以及每张表的定义信息，即查看表的字段名、字段的数据类型和约束条件等。

1. 查看数据库里已经创建的数据表

"show tables;"语句是显示当前数据库里已经创建的所有表，一定要用 use 语句修改要显示的数据库为当前数据库。

在 MySQL 命令行客户端输入"show tables;"语句并执行：

```
mysql> use stusys;
Database changed
mysql> show tables;
+------------------+
| Tables_in_stusys |
+------------------+
| course_table     |
| score_table      |
| student_table    |
```

```
+------------------------+
3 rows in set (0.00 sec)
```

2. 查看数据表的基本结构

describe（或简写 desc）语句可以查看当前数据库中指定表的基本结构，显示字段名、数据类型、是否为主键和默认值等。

在 MySQL 命令行客户端输入 describe 语句并执行：

```
mysql> describe student_table;
+-----------+-------------+------+-----+---------+-------+
| Field     | Type        | Null | Key | Default | Extra |
+-----------+-------------+------+-----+---------+-------+
| sno       | char(12)    | NO   | PRI | NULL    |       |
| sanme     | varchar(4)  | NO   |     | NULL    |       |
| ssex      | char(1)     | NO   |     | 男      |       |
| sbirthday | date        | NO   |     | NULL    |       |
| major     | varchar(20) | NO   |     | NULL    |       |
| class     | varchar(12) | NO   |     | NULL    |       |
| tele      | char(11)    | YES  |     | NULL    |       |
| wechat    | varchar(20) | YES  |     | NULL    |       |
| address   | varchar(30) | YES  |     | NULL    |       |
+-----------+-------------+------+-----+---------+-------+
9 rows in set (0.00 sec)
```

3. 查看数据表的详细结构

show create table 语句可以查看当前数据库中指定表的详细结构，显示字段名、数据类型、是否为主键、完整性约束、默认值等，还有表的默认存储引擎、字符集/校对规则等。

在 MySQL 命令行客户端输入 show create table 语句并执行：

```
mysql> show create table student_table \G;
*************************** 1. row ***************************
       Table: student_table
Create Table: CREATE TABLE `student_table` (
  `sno` char(12) NOT NULL COMMENT '学号',
  `sanme` varchar(4) NOT NULL COMMENT '姓名',
  `ssex` char(1) NOT NULL DEFAULT '男' COMMENT '性别',
  `sbirthday` date NOT NULL COMMENT '出生日期',
  `major` varchar(20) NOT NULL COMMENT '专业',
  `class` varchar(12) NOT NULL COMMENT '班级名称',
  `tele` char(11) DEFAULT NULL COMMENT '电话',
  `wechat` varchar(20) DEFAULT NULL,
  `address` varchar(30) DEFAULT NULL COMMENT '家庭住址',
  PRIMARY KEY (`sno`)
) ENGINE=InnoDB DEFAULT CHARSET=utf8mb4 COLLATE=utf8mb4_0900_ai_ci COMMENT='学生信息管理系统的学生表'
1 row in set (0.00 sec)9 rows in set (0.00 sec)
```

4. 通过 MySQL Workbench 工具查看数据表

在 MySQL Workbench 主界面的导航窗格中，展开 stusys 数据库的 Tables 子项，选择相应的数据表（如 student_table），右击，在弹出的快捷菜单中选择 Table Inspector 命令，显示该表的所有信息，包括表结构和 DDL 信息，例如显示 student_table 数据表的表信息。再选择"Columns"Tab 显示表结构，如图 5.7 所示，比创建时多了 Info、Grants 和 DDL。

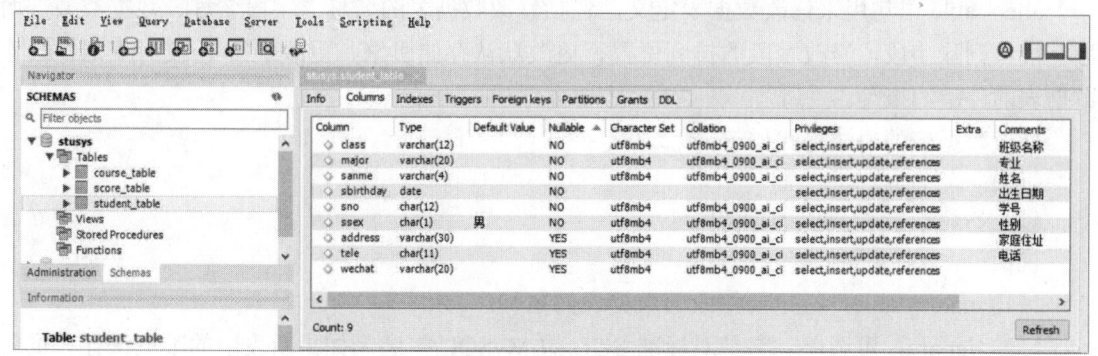

图 5.7　数据表 student_table 的表结构

在 MySQL Workbench 主界面的导航区选择数据库 stusys 的数据表 student_table 时，其右方出现三个图标，单击第一个带 i 的图标，同样可以进入数据表的信息显示，这是一种查看数据表的快捷方式。

5．查看数据表文件

在 Windows 操作系统中，当数据库 stusys 的数据表创建完毕后，可以在 MySQL 的 \Data\stusys\ 子目录下，查看数据库磁盘文件。C:\ProgramData\MySQL\MySQL Server 8.0\Data\stusys\的文件目录如图 5.8 所示。

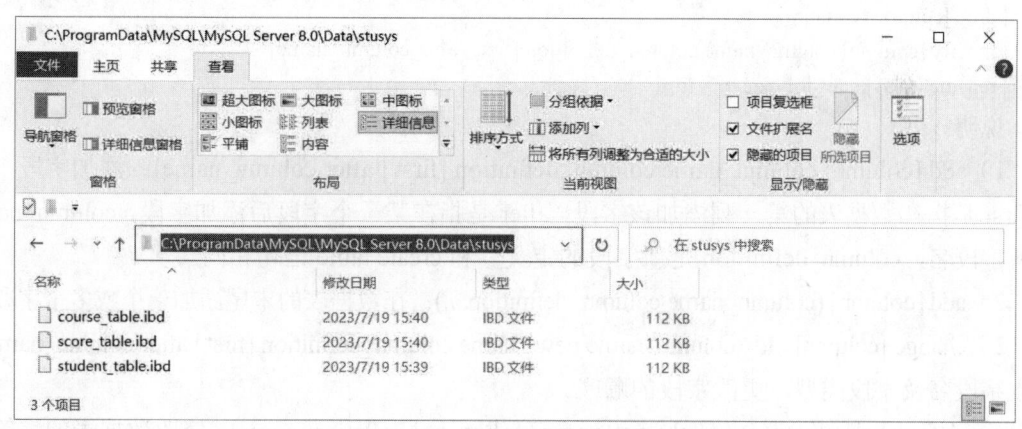

图 5.8　查看数据表文件

由于 stusys 数据库和数据表都是采用 InnoDB 存储引擎，课程表 course_table、选课成绩表 score_table 和学生表 student_table 的数据表文件分别是 course_table.ibd、score_table.ibd 和 student_table.ibd。存储引擎不同，文件的种类和数量也不同。

5.3.2　修改数据表的结构

在 MySQL 的数据库里创建数据表之后，可以修改数据表的结构，其工作量比较小，而且更为简单。如果要增加新的字段,则不需要重新加载数据,也不会影响正常的管理信息系统向外提供的服务。

1. 使用 alter table 语句修改数据表

alter table 语句用来修改数据表定义,包括修改数据表的名称、字段名称、数据类型、增加字段、删除字段,修改字段的排列位置、更改默认存储引擎、更改字符集/校对规则、删除数据表的外键约束等。

修改数据表的语法格式如下:

```
alter [ignore] table name_table
alter_specification [, alter_specification] ...
```

说明:

(1) name_table:指定要修改的数据表的名称。

(2) ignore:可选项,它是对标准 SQL 的 MySQL 扩展。如果新表中的唯一键存在重复项,或者在启用严格模式时出现警告,它会控制 alter table 的工作方式。如果未指定 ignore,则复制将中止并在出现重复键错误时回滚。如果指定了 ignore,则只有第一行是在唯一键上具有重复项的行。其他冲突行被删除,不正确的值被截断为最接近匹配的可接受值。

(3) alter_specification:修改项,是对数据表要进行的具体修改,可以是一个或多个。

修改项的语法格式如下:

```
add [column] column_name column_definition [first | after column_name]
| add [column] (column_name column_definition,...)
| change [column] old_column_name new_name column_definition [first | after column_name]
| [default] character set [=] charset_name [collate [=] collation_name]
| drop [column] column_name
| modify [column] column_name column_definition [first | after column_name]
| rename [to|as] new_tbl_name
```

说明:

1)add [column] column_name column_definition [first | after column_name]:添加字段,其中 first 是指在数据表的第一列添加该字段,after 是指在某一个字段后添加字段,column_name 是新字段名,column_definition 是新字段的定义,和 create table 语句相同。

2)add [column] (column_name column_definition,...):在数据表的末尾添加一个或多个字段。

3)change [column] old_column_name new_name column_definition [first | after column_name]:修改字段名及字段类型,更改字段的顺序。

4)[default] character set [=] charset_name [collate [=] collation_name]:修改数据表的字符集和校对规则。

5)drop [column] column_name:删除字段。

6)modify [column] column_name column_definition [first | after column_name]:修改字段的数据类型,并可以更改字段的顺序。

7)rename [to|as] new_tbl_name:修改数据表名称。

【例 5.4】在 stusys 数据库的 student_table 表的 wechat 字段后增加一个 email 字段,数据

类型为 varchar(20)。

在 MySQL 命令行客户端输入 SQL 语句并执行：

```
mysql> alter table student_table
    -> add email varchar(20) null after wechat;
Query OK, 0 rows affected (0.01 sec)
Records: 0  Duplicates: 0  Warnings: 0
```

可以使用"desc student_table;"语句来查看字段 email 是否插入成功。

【例 5.5】把 stusys 数据库的 student_table 表更名为 student_tbl。

在 MySQL 命令行客户端输入 SQL 语句并执行：

```
mysql> alter table student_table
    -> rename to student_tbl;
Query OK, 0 rows affected (0.01 sec)
```

可以使用"show tables;"语句来查看数据表更名是否成功。

【例 5.6】把 stusys 数据库的 student_table 表的 ssex 字段修改为"enum('男','女') default '男'"。

把数据表的名称改回 student_table，再在 MySQL 命令行客户端输入 SQL 语句并执行：

```
mysql> alter table student_table
    -> modify ssex enum('男','女') default '男';
Query OK, 0 rows affected (0.02 sec)
Records: 0  Duplicates: 0  Warnings: 0
```

【例 5.7】把 stusys 数据库的 student_table 表的 email 字段移到 major 字段后。

在 MySQL 命令行客户端输入 SQL 语句并执行：

```
mysql> alter table student_table
    -> modify email varchar(20) null after major;
Query OK, 0 rows affected (0.01 sec)
Records: 0  Duplicates: 0  Warnings: 0
```

在移动一个字段时，需要补充该字段的定义，这样才能更改字段的顺序，其本质是修改的一个变形。

【例 5.8】把 stusys 数据库的 student_table 表的 email 字段删除。

在 MySQL 命令行客户端输入 SQL 语句并执行：

```
mysql> alter table student_table
    -> drop email;
Query OK, 0 rows affected (0.02 sec)
Records: 0  Duplicates: 0  Warnings: 0
```

2. 使用 MySQL WorkBench 工具修改数据表

在 MySQL Workbench 主界面的导航窗格中展开相应数据库的 Tables 子项，选择要修改的数据表，右击，弹出快捷菜单，选择 Alter Table 命令，在工作区出现和创建数据表一样的界面和功能。

在导航窗格中选择数据库，然后在选择修改的数据表时，其右方出现三个图标，单击第二个带扳手的图标，同样可以进入修改数据表的界面，这是修改数据表的一种快捷方式。

5.3.3 删除数据表

删除数据表是指删除数据库中已存在的数据表。删除表结构的同时，也会删除数据表中的数据，即数据表的一切内容，所以用户在使用该功能时要特别小心。

1. 使用 drop table 语句删除数据表

在 MySQL 中，通过 drop table 语句来删除表，其语法格式如下：

drop table name_table

【例 5.9】在数据库 stusys 中创建一个 test 数据表，然后再将其删除。

在 MySQL 命令行客户端输入 SQL 语句并执行：

```
mysql> create table test(name char(8));
Query OK, 0 rows affected (0.02 sec)

mysql> show tables;
+-------------------+
| Tables_in_stusys  |
+-------------------+
| course_table      |
| score_table       |
| student_table     |
| test              |
+-------------------+
4 rows in set (0.00 sec)

mysql> drop table test;
Query OK, 0 rows affected (0.01 sec)

mysql> show tables;
+-------------------+
| Tables_in_stusys  |
+-------------------+
| course_table      |
| score_table       |
| student_table     |
+-------------------+
3 rows in set (0.00 sec)
```

一般备份一张数据表之后再做删除数据表的操作，如果数据还有用，再将其复制回来，这样就比较保险。

2. 使用 MySQL WorkBench 工具删除数据表

在 MySQL Workbench 主界面的导航窗格中展开相应数据库的 Tables 子项，选择要删除的数据表，右击弹出快捷菜单，选择 Drop Table 命令删除选择的数据表。

5.3.4 复制数据表

直接使用 SQL 语句复制已有数据表来创建一个新的数据表，更加方便和快捷。

采用复制数据表的方式创建数据表的语法格式如下：

```
create [temporary] table [if not exists] name_table
  { like databaseX.old_name_table l as(select_statement) };
```

说明：

（1）like databaseX.old_name_table：使用 like 关键字创建一个与数据库 databaseX 里的 old_name_table 数据表具有相同表结构的新表，但是 old_name_table 里的数据不会被复制到新表。如果新、旧两张数据表在相同的数据库内，数据库前缀可以省略。

（2）as(select_statement)：使用 as 关键字可以用 select 语句的输出来创建新数据表的结构及数据，但是新数据表没有任何的索引和完整性约束。

【例 5.10】在数据库 teaching 中，使用 like 关键字复制数据库 stusys 中的 course_table 表来创建一张新的数据表 temp_course，再显示该表的结构。

在 MySQL 命令行客户端输入 SQL 语句并执行：

```
mysql> use teaching;
Database changed
mysql> create table temp_course like stusys.course_table;
Query OK, 0 rows affected (0.02 sec)

mysql> show tables;
+--------------------+
| Tables_in_teaching |
+--------------------+
| temp_course        |
+--------------------+
1 row in set (0.00 sec)

mysql> desc temp_course;
+--------+-------------+------+-----+---------+-------+
| Field  | Type        | Null | Key | Default | Extra |
+--------+-------------+------+-----+---------+-------+
| cno    | char(6)     | NO   | PRI | NULL    |       |
| cname  | varchar(16) | NO   |     | NULL    |       |
| credit | tinyint     | YES  |     | NULL    |       |
+--------+-------------+------+-----+---------+-------+
3 rows in set (0.00 sec)

mysql> select * from temp_course;
Empty set (0.00 sec)
```

通过上面的执行情况分析，完整复制了数据表 course_table 的结构，包括主键等内容，但数据没有被复制过来。

【例 5.11】在数据库 teaching 中，使用 as 关键字复制数据库 stusys 中的 course_table 表来创建一张新的数据表 temp_course1，再显示该表的结构。

在 MySQL 命令行客户端输入 SQL 语句并执行：

```
mysql> create table temp_course as (select * from stusys.course_table);
Query OK, 11 rows affected (0.02 sec)
Records: 11  Duplicates: 0  Warnings: 0

mysql> select * from temp_course;
+--------+-----------------------+--------+
| cno    | cname                 | credit |
+--------+-----------------------+--------+
| 101101 | 计算机专业基础        |      2 |
| 101102 | C 程序设计语言        |      4 |
| 101103 | Linux 技术基础        |      4 |
| 101104 | 数据结构              |      4 |
| 101105 | 微机原理及应用        |      3 |
| 101106 | MySQL 数据库技术      |      3 |
| 101107 | Java 语言程序设计     |      4 |
| 101108 | Web 系统开发          |      4 |
| 101301 | 人工智能导论          |      3 |
| 101302 | C 程序设计语言        |      4 |
| 102201 | 自动化专业导论        |      2 |
+--------+-----------------------+--------+
11 rows in set (0.00 sec)

mysql> desc temp_course;
+--------+-------------+------+-----+---------+-------+
| Field  | Type        | Null | Key | Default | Extra |
+--------+-------------+------+-----+---------+-------+
| cno    | char(6)     | NO   |     | NULL    |       |
| cname  | varchar(16) | NO   |     | NULL    |       |
| credit | tinyint     | YES  |     | NULL    |       |
+--------+-------------+------+-----+---------+-------+
3 rows in set (0.00 sec)
```

通过上面的执行情况分析，按照 select 数据集的字段名和数据类型创建了新的表结构，把数据也复制过来了。虽然是否接受空值的字段属性被赋值过来了，但是主键等内容没有被复制过来。

项目小结

数据表是数据库的主要对象，能够存放业务数据，为业务活动数据服务。本项目介绍了创建数据表 create table、修改数据表的结构 alter table、删除数据表 drop table、查看数据表的结构 describe、查看数据库中的数据表 "show tables;" 语句的使用。创建/定义表结构是关键，说明每个字段定义的各个组成部分的内涵，特别是数据类型。掌握不同数据类型的区别和联系，是掌握数据库的重要部分，本项目练习了字符串、整数、浮点数、二进制、日期/时间类型的全方位的使用。

项目实训：创建与维护数据表

1. 使用 create table 语句在 mysql 交互式 SQL 工具中，在学生信息管理数据库 stusys 中，创建教师数据表 tb_teacher，并查看表结构。
2. 查看创建 tb_teacher 数据表语句的 SQL 信息。
3. 列出当前数据库中的所有数据表。
4. 将数据表 tb_teacher 更名为 tb_teacher_info。
5. 在数据表 tb_teacher_info 的末尾添加一个字段 tbirthday，类型为 date。
6. 修改数据表 tb_teacher_info 的结构，将 tteleno 字段的名称修改为 t_teleno。
7. 修改数据表 tb_teacher_info 的结构，将 tmobno 字段的类型修改为 char(20)。
8. 删除数据表 tb_teacher_info。

课外拓展：创建和维护图书管理系统的数据表

1. 使用 MySQL Workbench 工具创建图书管理数据库 Library 中的所有数据表。
2. 显示数据库 Library 中的数据表。
3. 修改数据库 Library 中的数据表。
4. 删除数据库 Library 中的测试数据表。

思 考 题

1. 数据库、数据表、字段的字符集、校对规则的设置名有什么优势？它们之间有什么关系？
2. MySQL 是如何实现每张数据表都有一个独立的存储引擎的？
3. 使用 InnoDB 存储引擎时，创建一张数据表，在 Windows 文件系统中创建了几个文件？各是什么类型？
4. 修改数据表的结构包含了哪些类型？
5. 一张数据表的 DDL 是什么？
6. 创建数据表时，if not exists 是如何使用的？它有什么优势？
7. 数据类型 datetime 和 timestamp 有什么区别和联系？
8. 数据类型 char 和 varchar 如何区别使用？

项目 6　数据更新及完整性

数据表的结构创建好后，需要按照表的格式要求向数据表里插入数据并进行初始化，这样才能为数据的使用打下基础。随着信息管理系统的使用，有些数据需要进行修改与删除。这些都是 MySQL 中更新数据的功能体现。数据不仅需要保证数据表内按照格式要求插入和修改数据，同时要保证数据表之间数据的正确性，这些都是数据库的完整性约束，都是 MySQL 按照用户设定自动提供的功能保护。

学习目标：

- 了解表结构与数据之间的关系
- 掌握插入数据多种的方法
- 掌握修改数据操作
- 掌握删除数据操作
- 掌握 MySQL 完整性约束条件的设置及应用

知识架构：

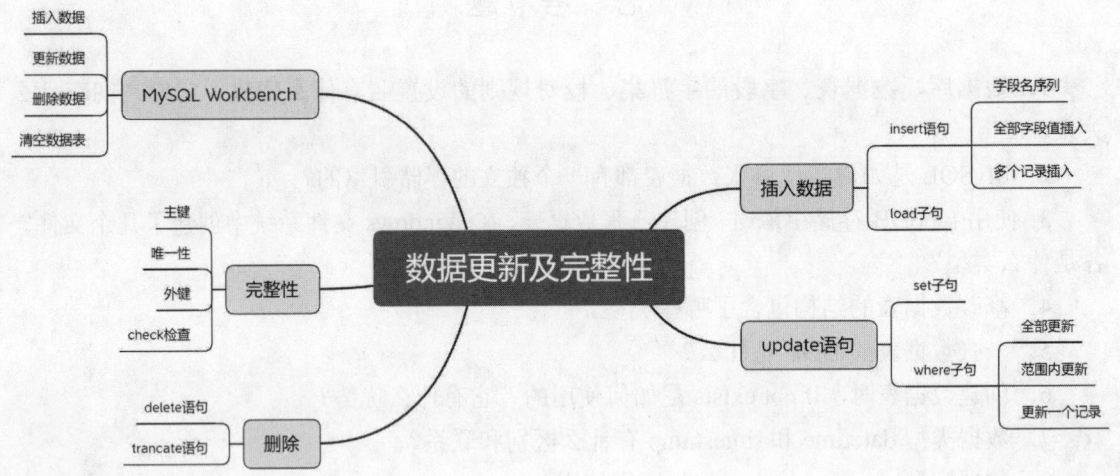

插入数据

任务 6.1　插　入　数　据

数据库与数据表创建完成之后，数据库中没有数据。按照用户需求和表的格式要求向数据表中插入数据后，可以修改、删除、查询数据。插入数据的方式有多种，可以使用 SQL 语句直接插入、批量数据导入、使用 MySQL Workbench 工具插入数据等，可根据具体的需求选择合适的插入数据的方式。

6.1.1 使用 SQL 语句插入数据

用户可以通过 insert 语句将字符串形式的数据添加到数据表中。insert 语句有三种形式：insert...values、insert...set 和 insert...select 语句。其中 insert...values 语句最常用，可以向数据表中插入所有字段或部分字段的数据，还可以一次向数据表中插入多条记录。insert...set 语句通过直接给数据表中的某些字段赋值来完成指定数据的插入，其他未赋值的字段的值为默认值。insert...select 语句可以完成向数据表中插入其他数据表中的数据，即将 select 语句的查询结果插入指定的数据表。

1. insert...values 语句的语法格式

insert | replace [into] name_table [(col_name [,...,col_name])]
values (value_list) [, ... , (value_list)];

说明：

（1）insert | replace：插入数据的关键字。replace 插入数据时，如果有了此记录（可以根据主键或 unique 索引进行判断，不需要两条记录的值完全相同），则删除表中的旧记录，再插入信息数据；而 insert 插入数据时，若发现有相同的记录，则直接报错，插入失败。

（2）into：关键字，省略时没有影响，使用时可以提高结果的可读性。

（3）name_table：指定要插入数据的数据表的名称。

（4）col_name：指定插入数据的字段名，如果完全不指定字段名，则按照创建数据表字段的顺序向数据表中插入所有字段的数据，即使有默认设置的字段，可以为空，但是逗号必须存在。

（5）values：关键字，表示后面是一个或多个数据。

（6）(value_list) [, ... , (value_list)]：要插入的字符格式数据列表，数据列表中数据的顺序要和字段列表的顺序一致，并且和字段的数据类型等约束条件相匹配。切记每条记录用圆括号括起来，内部的数据用逗号分开。多条记录之间也用逗号分开。

2. insert...set 语句的语法格式

insert [into] name_table set col_name = value [, ... , col_name = value];

说明：set col_name = value [, ... , col_name = value]是给数据表中指定的字段赋值，完成整条记录全部数据或部分数据的插入。

3. insert...select 语句的语法格式

insert [into] name_table [(col_name [,..., col_name])] select_statement;

说明：select_statement 是查询语句，返回的是一个查询到的结果集，insert 语句将查询到的这个结果集插入指定的数据表，注意结果集中的每条记录的字段数、字段的数据类型等都必须和被插入的数据表完全相容。这也是同时插入多条记录的方法，即成批插入数据的一种形式。

4. 插入数据实例

通过 SQL 语句的多种形式可以将记录插入数据表，下面给出多个例子逐一理解。

【例 6.1】 向数据库 stusys 的 student_table 表中插入一条完整的记录('202210101101', '张佳辉', '男', '2005-06-12', '计算机应用', '计算机 221', '68492023', 'Wjh0506','广州市荔湾区')。

在 MySQL 命令行客户端输入 SQL 语句并执行：

```
mysql> use stusys;
Database changed
mysql> insert into student_table
    -> values('202210101101','张佳辉','男','2005-06-12','计算机应用','计算机 221',
    ->         '68492023','Wjh0506','广州市荔湾区');
Query OK, 1 row affected (0.00 sec)
```

插入的数据值和 student_table 表中所创建的字段序列相同，不需要提供字段名列表。如果用户有自己的使用习惯，例如排列顺序为姓名、性别、出生日期、电话、微信号、家庭地址、专业、班级名称、学号，则需要提供对应的字段名称列表(sname, ssex, sbirthday,tele,wechat, address,major,class,sno)，插入值也要相应改变。

【例 6.2】 向数据库 stusys 的 student_table 表中插入一条完整的记录('刘永坚', '男', '2006-12-8', '68492023', 'Jly008009', '深圳市盐田区', '计算机应用', '计算机 221', '202210101102')。

在 MySQL 命令行客户端输入 SQL 语句并执行：

```
mysql> insert into student_table
    -> (sname, ssex, sbirthday, tele, wechat, address, major, class, sno)
    -> values('刘永坚','男','2006-12-8','68492023','Jly008009','深圳市盐田区',
    ->         '计算机应用','计算机 221','202210101102');
Query OK, 1 row affected (0.00 sec)
```

> **注意**
> 插入数据时，字符串类型和日期类型的数据要用英文标点符号——单引号或双引号括起来，整数和浮点数直接使用，不能插入二进制数据。主键和唯一性字段的值不能重复。

【例 6.3】 向数据库 stusys 的 student_table 表中插入一条不完整的记录('202210101201', '郑国军', '男', '2006-02-24', '计算机应用', '计算机 222', '韶关市新丰县')。

学号为 202210101201 的郑国军同学的电话和微信号暂时没有，可用 null 替代，使用例 6.1 的方式插入。也可以简化例 6.2，去掉字段名列表中的 tele 和 wechat 字段即可。

在 MySQL 命令行客户端输入 SQL 语句并执行：

```
mysql> insert into student_table
    -> (sno, sname, ssex, sbirthday, major, class, address)
    -> values('202210101201', '郑国军', '男', '2006-02-24', '计算机应用', '计算机 222', '韶关市新丰县');
Query OK, 1 row affected (0.00 sec)
```

使用 select 语句显示数据表 student_table，执行结果如图 6.1 所示。

```
mysql> select * from student_table;
+--------------+--------+------+------------+-----------+----------+----------+----------+--------------+
| sno          | sname  | ssex | sbirthday  | major     | class    | tele     | wechat   | address      |
+--------------+--------+------+------------+-----------+----------+----------+----------+--------------+
| 202210101101 | 张佳辉 | 男   | 2005-06-12 | 计算机应用| 计算机221| 68492023 | Wjh0506  | 广州市荔湾区 |
| 202210101102 | 刘永坚 | 男   | 2006-12-08 | 计算机应用| 计算机221| 68492023 | Jly008009| 深圳市盐田区 |
| 202210101201 | 郑国军 | 男   | 2006-02-24 | 计算机应用| 计算机222| NULL     | NULL     | 韶关市新丰县 |
+--------------+--------+------+------------+-----------+----------+----------+----------+--------------+
3 rows in set (0.00 sec)
```

图 6.1　数据表 student_table 中插入的不完整记录

select 语句中的星号"*"表示按照创建数据表 student_table 的字段顺序显示所有的数据，from 表示数据的来源——具体的数据表。从数据表的第三行发现，郑国军同学的电话和微信号数据用 NULL 替代。如果字段设置了 not null 约束，则该字段必须被赋值，否则会报错。

【例 6.4】向数据库 stusys 的 student_table 表中插入多条记录。

在 MySQL 命令行客户端输入 insert 和 select 语句，执行结果如图 6.2 所示。

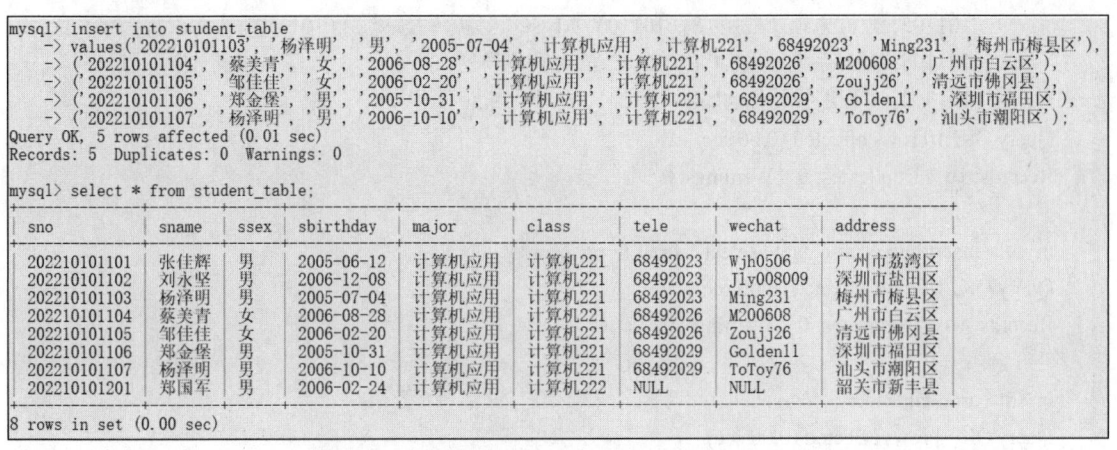

图 6.2　向数据表 student_table 一次插入多条记录

每个记录值用圆括号括起来，记录之间用逗号分开。虽然郑国军同学是第三个插入的，但显示在最后一行，这个问题后面会进行解释。

【例 6.5】向数据库 stusys 的 course_table 中表插入一条记录：课程号为 101101、课程名为计算机专业基础、学分为 2。

在 MySQL 命令行客户端输入 insert…set 和 select 语句并执行：

```
mysql> insert into course_table set cname='计算机专业基础', credit=2, cno='101101';
Query OK, 1 row affected (0.01 sec)

mysql> select * from course_table;
+--------+----------------+--------+
| cno    | cname          | credit |
+--------+----------------+--------+
| 101101 | 计算机专业基础 |      2 |
+--------+----------------+--------+
1 row in set (0.00 sec)
```

insert…set 语句可以与创建数据表顺序不同，也可以仅仅插入记录的部分值。和例 6.3 相比，该例更加清晰，字段名和字段值对应更直接，不容易出错。

【例6.6】创建一个与course_table表相同的临时数据表temp_course，插入多条课程记录。通过insert…select语句再把数据插入数据库stusys的course_table表中。

在MySQL命令行客户端输入create temporary table语句创建临时数据表temp_course，再批量插入课程记录。使用insert…select语句把数据从temp_course表批量插入course_table表中，其执行如下：

```
mysql> create temporary table temp_course
    -> ( tcno char(6), tcname varchar(16), tcredit tinyint);
Query OK, 0 rows affected (0.00 sec)

mysql> insert into temp_course
    -> values('101102', 'C 程序设计语言', 4),('101103', 'Linux 技术基础', 4), ('101104', '数据结构', 4) ,
    -> ('101105', '微机原理及应用', 3),('101106', 'MySQL 数据库技术', 3),('101107', 'Java 语言程序设计', 4),
    -> ('101108', 'Web 系统开发', 4),('101301', '人工智能导论', 3),
    -> ('101302', 'C 程序设计语言', 4),('102201', '自动化专业导论', 2) ;
Query OK, 10 rows affected (0.00 sec)
Records: 10   Duplicates: 0   Warnings: 0

mysql> insert into course_table select * from temp_course;
Query OK, 10 rows affected (0.00 sec)
Records: 10   Duplicates: 0   Warnings: 0

mysql> drop table temp_course;
Query OK, 0 rows affected (0.00 sec)
```

从insert语句执行的结果可以看出，已经批量插入10条记录到course_table表中。最后临时数据表temp_course完成使命，使用drop table语句删除它。

【例6.7】向course_table表中插入记录('101302', 'C 语言程序设计基础', 4)。

在MySQL命令行客户端输入insert…values语句插入数据，其执行如下：

```
mysql> insert into course_table
    -> values('101302', 'C 语言程序设计基础', 4);
ERROR 1062 (23000): Duplicate entry '101302' for key 'course_table.PRIMARY'
```

插入失败，因为例6.6已经向course_table表中插入该条记录，表中已经存在'101302'。再次插入一个同样的'101302'记录，因为主键冲突而失败。

在MySQL命令行客户端输入replace…values语句插入数据，其执行如下：

```
mysql> replace into course_table
    -> values('101302', 'C 语言程序设计基础', 4);
Query OK, 2 rows affected (0.01 sec)
```

replace语句可以在插入数据之前将与新记录冲突的旧记录删除，从而新记录能够正常插入，所以才有上面的2 rows affected (0.01 sec)结果的显示。此功能请用户慎重使用，避免数据丢失。

6.1.2 使用 MySQL Workbench 工具向数据表中插入数据

【例 6.8】使用 MySQL Workbench 工具向数据库 stusys 的 score_table 表中插入数据。

在 MySQL Workbench 主界面的导航窗格中打开数据库 stusys→Tables→score_table。右击弹出快捷菜单，选择 Select Rows - Limit 1000 命令，可以在右边的工作区中编辑 score_table 表的数据，如图 6.3 所示。选中导航窗格中的 score_table 表，其右边会出现三个图标，单击第三个图标，也可以实现同样的功能。

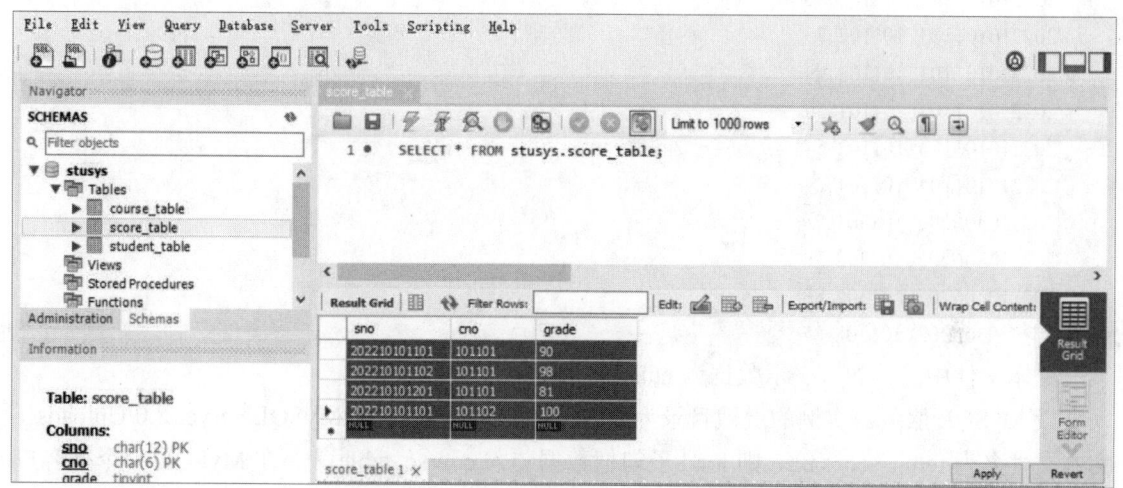

图 6.3　向 score_table 表里填写 4 行数据

向 score_table 表里按照表头字段含义依次逐行填写数据，也可以单击工作区中间的表格上面的图标，提示信息 Insert new row，实现在当前位置之前插入新记录。填写完毕后，单击 Apply 按钮，弹出一个对话框，再次审核予以确认提交，完成数据的插入。再次回到 MySQL Workbench 主界面，此时 Result Grid 区域的数据已经是 score_table 表的数据了。

6.1.3 使用 load 子句批量录入数据

如果需要向一张数据表中添加大量的记录，使用 SQL 语句输入数据是非常不方便的。MySQL 提供了 load data infile 语句，用于高速地从一个文本文件中读取行，并装入一张数据表。

load data infile 语句的语法格式如下：

```
load data [local] infile 'name_file.txt'
    [replace | ignore] into name_table;
```

语法说明：

（1）load data infile…into：必选项，表示从文本文件里读数据并装入数据表。

（2）local：可选项，如果没有指定，文件必须在 MySQL 服务器实例所在的计算机上。出于安全原因，当读取 MySQL 位于服务器上的文本文件时，文件必须处于数据库目录或设定的目录下，且用户在 MySQL 服务器上有读的权限。当在 MySQL 服务器主机上寻找文件时，优先使用绝对路径,相对路径先在 MySQL 服务器的数据库文件所在的目录下寻找,若没有路径仅仅是一个文件名,则在当前数据库文件所在的目录下寻找。

(3) replace | ignore:表示出现记录冲突时处理的方式。replace 表示替换已有的记录,ignore 表示忽略要插入的数据。

编辑一个文本文件时,用英文单引号括住字符串和日期类型,用英文逗号分隔字段,用回车换行分隔记录。例如,选课成绩表的部分数据如下:

```
'202210101102','101102',89
'202210101103','101101',86
'202210101103','101102',75
'202210101103','101104',\N
'202210101104','101101',56
'202210101104','101102',64
'202210101104','101104',\N
'202210306202','101301',79
'202210306202','101302',76
'202210306203','101301',83
'202210306203','101302',87
```

文本文件中的"\N"表示数据为 null(空值)。

设 MySQL 服务器实例的上载目录为 C:/ProgramData/MySQL/MySQL Server 8.0/Uploads/,文本文件名为 temp_score.txt,则 load 子句把数据装入 course_table 表,在 MySQL 命令行客户端输入 SQL 语句,执行如下:

```
mysql> use stusys;
Database changed
mysql> load data infile 'C:/ProgramData/MySQL/MySQL Server 8.0/Uploads/temp_score.txt'
    -> into table score_table
    -> fields terminated by ','
    -> optionally enclosed by '"'
    -> lines terminated by '\r\n';
Query OK, 49 rows affected (0.00 sec)
Records: 49  Deleted: 0  Skipped: 0  Warnings: 0
```

当执行 load 语句时,默认处理方式如下:

(1)在新行处寻找行的边界。

(2)不跳过任何行的前缀。

(3)在逗号处(没有指定则为制表符)把行分解为列。

(4)不希望列被包含在任何引号字符之中。

(5)出现制表符(\t)、回车(\r)、新行(\n)、或"\\"时,将它们视为文本字符作为值的一部分。

任务 6.2 修改和删除数据

修改和删除数据

把数据插入数据表，可能会出现意外，例如提交错误的数据；根据信息管理系统的工作需要，修改数据表中的数据，或者将失效的数据删除。用户在修改数据或删除数据时，一定要小心，最好做好备份，防止丢失有意义的数据。

6.2.1 修改数据

使用 update 语句修改数据表中的数据，语法格式如下：

```
update name_table
set col_name = value [, ... ,col_name = value]
[where where_condition] ;
```

说明：

（1）update：必选的关键字。

（2）name_table：指定要修改数据的数据表的名称。

（3）set col_name = value [, ... ,col_name = value]：用于指定要修改的字段的名称及值。可以是一个字段，也可以是多个字段，字段的值可以是表达式，也可以是默认值，如果指定字段的值是默认值，用关键字 default 表示。

（4）where where_condition：指定数据表中要修改的记录范围。如果不指定，则修改数据表中所有的行。

1. 修改数据表中的某个或某些字段为指定值

【例 6.9】将数据库 stusys 的 student_table 表的 class 字段的值都修改为"网络安全 226"。

在 MySQL 命令行客户端输入 use 和 update 两个 SQL 语句并执行：

```
mysql> use stusys;
Database changed
mysql> update student_table set class="网络安全 226";
Query OK, 8 rows affected (0.01 sec)
Rows matched: 8    Changed: 8    Warnings: 0
```

在修改字段值之前使用 use 语句，把 stusys 设定为当前数据库。如果修改其他数据库中的数据表，只要在表名前添加数据库名的前缀即可，例如，用"数据库名.数据表名"来指定数据表。

2. 根据条件修改字段的部分值

【例 6.10】将数据库 stusys 的 student_table 表的 class 字段的值都修改回原来的班级名称，即"郑国军"为"计算机 222"班，其他同学都是"计算机 221"班。

首先把所有记录的 class 字段修改为"计算机 221"，再把 sname 为"郑国军"的 class 字段值修改为"计算机 222"。在 MySQL 命令行客户端输入 update 语句并执行：

```
mysql> use stusys;
Database changed
```

```
mysql> update student_table set class="计算机 221";
Query OK, 8 rows affected (0.01 sec)
Rows matched: 8    Changed: 8    Warnings: 0


mysql> update student_table set class="计算机 222" where sname="郑国军";
Query OK, 1 row affected (0.01 sec)
Rows matched: 1    Changed: 1    Warnings: 0
```

3. 使用 MySQL Workbench 工具修改数据库中的数据表

在 MySQL Workbench 主界面的导航窗格中选择数据库 stusys→Tables→student_table，单击其右边出现的第三个图标；右边工作区的上部显示了 SQL 语句，中间表格显示 student_table 表的前 1000 条记录（SQL 默认选项），下部指示了 SQL 语句的执行情况。选择要编辑的记录（行），用第一列的"▶"来指示当前记录，单击工作区中部的编辑数据图标（提示信息为 Edit current row），则进入编辑状态，如图 6.4 所示。也可以单击要编辑的行与列，出现输入提示符，从键盘上输入数据，则第一列的"▶"变成编辑图示 ，只有在表格里改变了数据才能显示编辑图示。

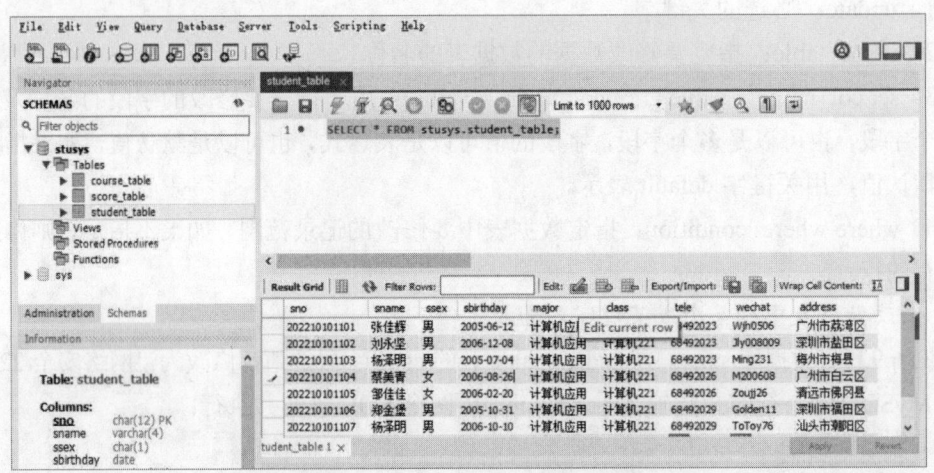

图 6.4　使用 MySQL Workbench 更新数据表数据

在图 6.4 中，编辑"蔡美青"的出生日期为"2006-08-24"，此时 Apply 和 Revert 两个按钮变得可用。如果要退回原来编辑前的数据状态，可以单击 Revert 按钮。如果要提交当前编辑的数据到数据库，则单击 Apply 按钮，弹出一个对话框供用户再次审核、再次提交执行相应的 SQL 语句。

MySQL Workbench 的 Result Grid 表格可以同 Excel 一样，选中某行或若干行，右击后在弹出的快捷菜单中进行选择，实现整行的多种方式的复制和粘贴，加快更新速度。但它不能像 Excel 一样可以删除选择的内容，可以使用"Set Field to NULL"功能，实现整列的值为 null。也可以选择 Mark Field Value as a Function/Literal 功能，标记为一个函数（func）值。

6.2.2　删除数据

在实际工作过程中，有时需要将错误或无效的数据记录（数据行）进行删除。

delete 语句删除数据记录的语法格式如下：

delete from name_table
[where where_condition]
[order by col_name [, … , col_name]]
[limit row_count]

说明：

（1）delete from：删除数据表中数据的关键字。

（2）name_table：指定要删除数据的数据表的名称。

（3）where where_condition：指定删除操作的记录要符合限定删除条件。如果不指定，则删除数据表中所有的行。

（4）order by col_name [, … , col_name]：配合 limit 子句使用，表示删除时，数据表中的各行数据先按照 order by 字句排序，再删除指定行数的数据。

（5）limit row_count：指定被删除数据的行数。

1. 删除符合条件的记录

【例 6.11】将数据库 stusys 的 student_table 表中班级名称为"计算机 222"的同学删除。在 MySQL 命令行客户端输入 delete 语句并执行：

mysql> delete from student_table where class="计算机 222";
Query OK, 1 row affected (0.01 sec)

修改 where 的条件，来删除满足指定条件的某条记录或某些记录。

2. 删除符合条件的前 n 条记录

插入"计算机 222"班 3 名同学数据。

【例 6.12】将数据库 stusys 的 student_table 表按 class dec 排序，删除前 2 条记录。

目前 student_table 表中只有"计算机 221"和"计算机 222"班同学数据，按 class dec 排序，则"计算机 222"班同学数据在前面；输入 delete 语句并执行：

mysql> select count(*) from student_table where class="计算机 222";
+----------+
| count(*) |
+----------+
| 3 |
+----------+
1 row in set (0.00 sec)

mysql> delete from student_table order by class desc limit 2;
Query OK, 2 rows affected (0.00 sec)

mysql> select count(*) from student_table where class="计算机 222";
+----------+
| count(*) |
+----------+
| 1 |
+----------+
1 row in set (0.00 sec)

delete…order by…limit n 语句先按照 order by 排序，再删除前 n 条记录。如果没有 order by，则按照默认顺序删除前 n 条记录。还可以添加 where 子句，先选择符合条件的记录，再排序，选择前 n 条记录删除。

3．删除所有记录

如果删除记录时没有使用 where、order by 和 limit 子句，则 delete 语句可以删除数据表中的所有记录。

【例 6.13】将数据库 stusys 的 student_table 表中的记录全部删除。

在 MySQL 命令行客户端输入 delete 语句，没有条件约束，则执行结果如下：

mysql> delete from student_table;
Query OK, 8 rows affected (0.00 sec)

mysql> select * from student_table;
Empty set (0.00 sec)

从 select 语句的执行结果可知，数据表 student_table 是空表，其中没有任何数据了。

4．使用 MySQL Workbench 工具删除记录

在 MySQL Workbench 主界面的导航窗格中打开数据库，选择 Tables 子项下的数据表。单击应数据表子项右边的第三个图标，在右边工作区的中间表格显示数据表中的数据，在 Filter Rows 文本框直接输入字符串进行行过滤，选择符合条件的一行或多行，右击，在弹出的快捷菜单中选择 Delete Row(s)命令；也可以单击表格上面的图标（提示信息为 Delete selected rows）实现删除。完成编辑操作后，仍然需要单击 Apply 按钮去执行真正的 SQL 删除功能，这样才能删除数据库中的数据。

6.2.3　清空数据

删除数据表中的所有数据，还可以使用 truncate 语句，其语法格式如下：

truncate [table] name_table

说明：

（1）truncate：必选项。

（2）table：可选项，不影响删除功能，仅仅影响结果的可读性。

（3）name_table：指定要清空数据的数据表的名称。

【例 6.14】将数据库 stusys 的 student_table 用 truncate 删除。

在 MySQL 命令行客户端输入 truncate 语句并执行：

mysql> truncate table student_table;
Query OK, 0 rows affected (0.02 sec)

mysql> select * from student_table;
Empty set (0.00 sec)

delete 语句与 truncate 语句的区别如下。

（1）受影响的行数不同：delete 语句返回的影响行数是记录数；truncate 语句返回的行数是 0。

（2）执行的方式不同：delete 语句执行的删除操作是逐行删除，并且将删除操作在日志中保存，因此可以对删除操作进行回滚；truncate 语句是删除数据表中的所有数据，并且无法恢复。

任务 6.3　表的数据完整性

表的数据完整性

通过管理信息系统的概念模型，可以知道实体之间具有 1:1、1:n、m:n 联系。把 E-R 概念模型转换为关系模型，表的内部、表之间存在一种或多种关系，表中的数据必须满足这种关系才能存在，否则数据无效也不能被保存，这就是表的数据完整性。

在定义表结构的同时，应该定义相应的完整性约束条件，包括实体完整性、参照完整性和用户完整性。这些完整性约束条件都被存入系统的数据字典，当用户操作表中的数据时，由数据库管理系统自动检查该操作是否违反这些完整性约束条件。如果违反完整性约束条件，则按照用户指定形式处理。

在 MySQL 中，完整性约束条件可以在字段定义时直接定义；如果涉及表的多个字段，则必须定义在表级别上，单字段的约束条件也可以定义在表级别上。这些约束条件主要包括 not null（非空约束）、primary key（主键约束）、foreign key（外键约束）、unique（唯一性约束）及 check（检查约束）。用户必须学习创建和修改这些约束条件的方法，掌握数据约束条件的实际应用，对实现数据完整性起到不可或缺的作用。

6.3.1　非空约束

在定义数据表时，每个字段都要有一个是否接收 null（空值）的选择，从而将为该字段的数据提出约束条件。

（1）null（接收空值）：表示数值未确定，并不是数字"0"或字符空格。如果空值参与比较运算，则结果值为空值。

（2）not null（拒绝空值）：表示字段的数据值不允许出现空值，从而可以确保每个数据都有实际的意义。如果插入一条新记录，则该字段值必须有一个实际值，否则插入失败，从而给该字段赋值为空也是失败的。

例如，学生在选课时，学号和课程号不能为空，这样才能保证选课这个操作有意义；成绩只有课程结束参加考试后才能有，上课期间没有成绩，所以该字段的值允许为空，而且必须为空，与用分数 0 表示该值的含义是不同的。

6.3.2　主键约束

主键值可以唯一标识数据表中的每一行，设置主键可以帮助 MySQL 以最快的速度定位记录在数据表的位置，获取该记录的所有字段的数据，加快了查询和使用的效率。primary key 可以在字段定义时直接指定一个字段为主键，如果将两个或两个以上的字段作为组合主键，需要使用表级别的主键定义，即 primary key(col_name1, col_name2, ...)。构成主键的字段的取值不能重复，而且不能取空值。

主键可以在定义表结构时指定，也可以通过 alter 语句对表中已有的主键进行修改，或者增加新的主键。这样可以完成单个字段的主键、多个字段的组合主键的指定，可以实现字段级完整性约束和表级完整性约束。

【例 6.15】以数据库 stusys 的 course_table 表的 select 数据集创建一张数据表 course_temp_table，修改表的主键。

用 select 语句的查询结果数据集创建一张表的主键约束，但是有 null 约束。此时可以使用 alter 语句添加主键，执行如下：

```
mysql> create table course_temp_table as select * from course_table;
Query OK, 11 rows affected (0.02 sec)
Records: 11  Duplicates: 0   Warnings: 0

mysql> desc course_temp_table;
+--------+-------------+------+-----+---------+-------+
| Field  | Type        | Null | Key | Default | Extra |
+--------+-------------+------+-----+---------+-------+
| cno    | char(6)     | NO   |     | NULL    |       |
| cname  | varchar(16) | NO   |     | NULL    |       |
| credit | tinyint     | YES  |     | NULL    |       |
+--------+-------------+------+-----+---------+-------+
3 rows in set (0.00 sec)

mysql> alter table course_temp_table add primary key(cno);
Query OK, 0 rows affected (0.06 sec)
Records: 0  Duplicates: 0   Warnings: 0

mysql> desc course_temp_table;
+--------+-------------+------+-----+---------+-------+
| Field  | Type        | Null | Key | Default | Extra |
+--------+-------------+------+-----+---------+-------+
| cno    | char(6)     | NO   | PRI | NULL    |       |
| cname  | varchar(16) | NO   |     | NULL    |       |
| credit | tinyint     | YES  |     | NULL    |       |
+--------+-------------+------+-----+---------+-------+
3 rows in set (0.00 sec)
```

如果表中有数据，添加主键时发现了主键值重复，则添加主键失败。可以通过"alter table course_temp_table drop primary key;"语句撤销主键。

6.3.3 外键约束

在关系数据库中，同一个数据库的表之间有多种关系，其中一种称为"父子关系"。例如选课成绩表 score_table 的学号 sno 和课程号 cno 都是依赖学生表 student_table 的学号 sno、课程表 course_table 的课程号 cno，所以称 score_table 表是 student_table 表和 course_table 表的子表。也就是说，有了学生、课程才有选课操作，score_table 表里不会出现 student_table 表里不存在的学号值。在 MySQL 中，通过将 score_table 表的学号 sno 和课程号 cno 设为外键，分别参照父表 student_table 的 sno、course_table 的 cno 字段，从而建立了由 MySQL 数据库管理系统自动维护的外键约束,这种关系也称为参照完整性约束。

外键的作用是通过父子表之间的关系,保证父子表之间数据的一致性。在父表中更新或删除数据时,子表的外键字段的值必须有相应的改变。设置外键的原则:必须依赖数据库中已经存在的父表的主键和子表的外键。与主键不同的是,允许一定条件下的外键为空值。

在 create table 语句中,通过 foreign key 关键字来指定外键,语法格式如下:

```
constraint [symbol] foreign key (col_name, ...)
    references name_table (col_name,...)
[on delete {restrict | cascade | set null | no action | set default }]
[on update {restrict | cascade | set null | no action | set default }]
```

说明:

(1) constraint [symbol]:用来指定外键约束的名称,如果省略 symbol,系统会自动分配一个名称。

(2) foreign key (col_name, ...):将子表中的字段作为外键的字段。

(3) references name_table (col_name,...):父表映射到子表的字段。

(4) [on delete reference_option]和 [on update reference_option]:指定当删除或修改父表的任何子表中存在或匹配的外键值时,最终动作取决于外键约束定义中的 on delete、on update 选项。支持以下五种不同的动作。

1) restrict:同 no action。

2) cascade:在父表中删除或更新记录时,同步删除或更新子表的匹配记录。

3) set null:在父表中删除或更新记录时,将子表中匹配记录的外键值设置为 null。

4) no action:如果子表中有匹配的记录,则不允许父表对外键进行任何更新或删除操作。

5) set default:在父表中删除或更新记录时,子表将外键值设置成一个默认值。

如果没有指定 on delete 或 on update,默认的动作为 restrict。

【例 6.16】将数据库 stusys 的 score_table 表的 sno 和 cno 字段设为外键,分别参照 student_table 表的 sno 字段和 course_table 表的 cno 字段。

从前面在定义 score_table 表结构可知,(sno, cno) student_table 表的主键,所以需要再为 cno 字段创建一个索引才可以,再逐个创建外键。在 MySQL 命令行客户端输入 alter 语句并执行:

```
mysql> alter table score_table add index fk2_idx(cno asc);
Query OK, 0 rows affected (0.01 sec)
Records: 0    Duplicates: 0    Warnings: 0

mysql> alter table score_table add constraint fk_stu_score foreign key(sno) references student_table(sno);
Query OK, 0 rows affected (0.03 sec)
Records: 0    Duplicates: 0    Warnings: 0

mysql> alter table score_table add constraint fk_cou_score foreign key(cno) references course_table(cno);
Query OK, 0 rows affected (0.03 sec)
Records: 0    Duplicates: 0    Warnings: 0
```

如果是创建 score_table 并添加索引和外键,其 SQL 语句如下:

```
create table `score_table` (
```

```
`sno` char(12) NOT NULL COMMENT '学号',   `cno` char(6) NOT NULL COMMENT '课程号',
`grade` tinyint DEFAULT NULL COMMENT '成绩',   PRIMARY KEY (`sno`,`cno`),   KEY `fk2_idx` (`cno`),
CONSTRAINT `fk_cou_score` FOREIGN KEY (`cno`) REFERENCES `course_table` (`cno`),
CONSTRAINT `fk_stu_score` FOREIGN KEY (`sno`) REFERENCES `student_table` (`sno`)
);
```

6.3.4 唯一性约束

唯一性是指所有记录中该字段的值不能出现重复。设置数据表的唯一性约束是指创建数据表时为字段添加唯一性约束。可以根据数据表的字段的含义需要，为多个字段各自设置唯一性约束。创建数据表之后，还可以通过 alter 语句为字段添加唯一性约束。

【例 6.17】为数据库 stusys 的 student_table 表的 wechat 字段设置唯一性约束。

在 MySQL 命令行客户端输入 alter 语句并执行：

```
mysql> alter table stusys.student_table add unique(wechat);
Query OK, 0 rows affected (0.02 sec)
Records: 0  Duplicates: 0  Warnings: 0
```

如果是创建 student_table 表添加唯一性约束，则表级别的约束为 unique key `wechat` (`wechat`)。

6.3.5 检查约束

利用主键、外键和唯一性约束，可以实现一些常见的完整性约束。在进行数据完整性管理的时候，还需要一些针对数据值的约束，例如分数在 0～100 之间，手机号为 11 位数码等，可以使用 MySQL 提供的检查约束来指定。检查约束在创建数据表时定义，也可以通过 alter 语句实现。

【例 6.18】为数据库 stusys 的 score_table 表的 grade 字段设置 0～100 的范围约束。

在 MySQL 命令行客户端输入 alter 语句并执行：

```
mysql> alter table score_table constraint ch_score check(grade>=0 and grade<=100);
Query OK, 0 rows affected (0.03 sec)
Records: 0  Duplicates: 0  Warnings: 0
```

在创建 score_table 表的结构时，添加一个约束即可，如下所示：

```
CONSTRAINT `ch_score` CHECK (((`grade` >= 0) and (`grade` <= 100)))
```

在后面的项目里将介绍用复杂的约束条件来实现功能更为强大的约束。

项 目 小 结

创建数据库、数据表都是对要存储的数据的说明，仅仅提供一个数据结构。把数据插入数据表才是真正的数据存储，这样才能真正提供业务活动的支持。

本项目练习了数据的更新，广义的更新数据操作为插入、修改、删除等。各种插入方式：单条记录、多条记录、文件式的批量数据插入，便于快速进行数据库的数据初始化。插入数据的 SQL 语句为 insert。插入数据时要满足数据之间的约束，不能违背数据的含义，例如在 score 表中插入一条记录，学生号或课程号若不存在，这个肯定是不允许的。这就要求对数据表的字段进行进一步约束，这就是完整性，它涉及主键、唯一性、外键、约束性检查等。

狭义的更新数据操作，仅仅是 update 语句，其对存在的数据记录进行更新，可以一条记录或多条记录同时更新，通常要注意更新的 where 子句的过滤条件，否则会产生意想不到的错误。

删除数据就是从数据库中删除记录，可以删除一条、多条记录，可以删除整张数据表的数据，使用 delete 语句来完成，删除数据表可以使用 truncate 语句来实现。

项目实训：更新数据及维护数据一致性

1．向数据表 tb_teacher 中插入两个数据。
2．查看数据表 tb_teacher 中的数据。
3．修改数据表 tb_teacher 中 tname 字段的值，并查看修改好后数据表中的数据。
4．修改数据表 tb_teacher 中 tbirthday 字段的值。
5．修改数据表 tb_teacher 中 tno = '1001' 的数据，将其 tbirthday 字段的值修改为 1978-10-12，professional 字段的值修改为"中级讲师"。
6．删除数据表 tb_teacher 中 ssex = '男' 的数据，并查看删除数据后的 tb_teacher 表。

课外拓展：更新图书管理系统的数据

1．向 tb_book 数据表中插入两个数据，使用文本文件把数据批量插入数据表。
2．对特定图书修改出版社信息。
3．修改图书的定价，并进行校验，定价要求在 0～2000 元的区间内。
4．删除丢失的图书。

思 考 题

1．创建数据表的信息保存到哪里？是否也是保存到数据库里？
2．什么是完整性约束条件？MySQL 有哪些完整性约束条件？
3．用 delete 和 truncate 语句删除数据表所有记录有什么区别？
4．外键约束的目的是什么？
5．使用 insert 语句插入数据时，能否插入二进制类型数据？
6．使用 insert 语句插入数据时，若字符串超过了定义的长度，整数超过了数据类型范围，则执行结果是什么？请思考，为什么这样处理？
7．删除一张数据表的主键，会带来什么影响？
8．更新数据表时应该注意什么？否则会带来什么影响？

高级应用

第 3 篇
高 级 应 用

项目 7　查询与维护学生信息管理数据

查询数据和信息是数据库操作中使用频率最高、最重要的操作。通过数据查询，用户可以从数据库中根据自身需要，使用不同的方式获得所需要的数据。

学习目标：

- 了解 MySQL 提高查询效率的基本原理
- 掌握单数据表查询
- 掌握条件查询
- 掌握模糊查询
- 掌握聚合函数和一般函数的使用方法
- 掌握多表查询
- 掌握查询结果的排序和分组

知识架构：

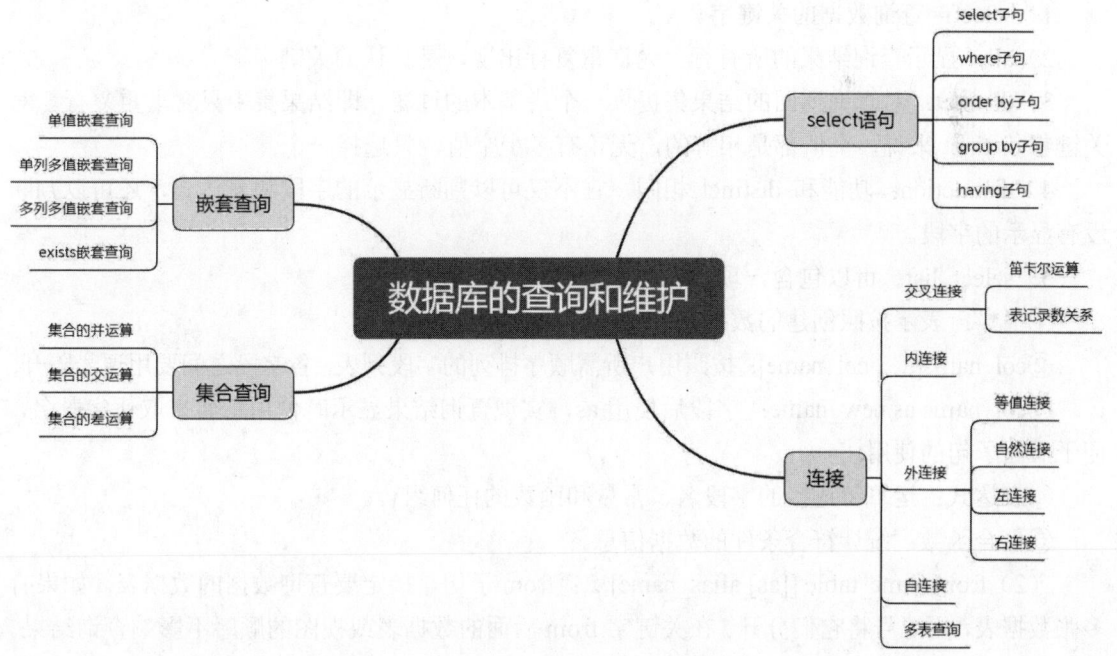

简单查询

任务 7.1　简 单 查 询

简单查询是从一张数据表中获得所需要字段的数据。为了能够更好地显示数据，可以为显示数据表的表头使用中文的别名、消除重复行等。

7.1.1　select 语句

查询数据是数据库操作中使用频道最高、最重要的操作，通过数据查询，用户可以从数据库中根据自身需要，使用不同的查询方式来获取不同的数据。在 MySQL 中，使用 select 语句来查询数据，其语法格式如下：

```
select [all | distinct | distinction] select_list
from name_table [[as] alias_name],...
[where where_condition]
[group by col_name,...]
[having where_condition]
[order by col_name [asc|desc],...]
[limit {[offset_start,] row_count | row_count offset offset_start }];
```

说明：

（1）select [all | distinct | distinction] select_list：select 子句，指定要显示的字段或表达式。

1）select：查询数据的关键字。

2）all：显示查询结果的所有行，允许重复行出现，是默认的关键字。

3）distinct：对查询返回的结果集提供一个最基本的过滤，即结果集中只含非重复行。对关键字 distinct 来说，空值都是相等的，无论有多少空值，只选择一个。

4）distinction：功能和 distinct 相同，它不仅可以判断显示的字段和表达式，还可以判断没有显示的字段。

5）select_list：可以包含一项或多项字段/表达式的内容。

①"*"：表示按照创建的数据表的顺序排列的所有字段。

②col_name[,..., col_name]：按照用户所需顺序排列的字段列表，各字段之间要用逗号隔开。

③col_name as new_name：字段后使用 as，实现查询结果显示时使用别名来取代字段名，便于后面子句的使用。

④表达式：运算符连接的字段名、常量和函数的任何组合。

⑤聚合函数：统计符合条件的数据信息。

（2）from name_table [[as] alias_name],...：from 子句，指定要查询数据的数据表。如果有多张数据表，用逗号将它们分开。在关键字 from 后面的数据表或视图的顺序不影响查询结果。数据表名、视图名可以用 as 子句给出相关别名，以便使表达清晰，便于后面子句的使用。

（3）where where_condition：where 子句，是一个可选项，它用来指定查询数据的查询条件。如果不指定条件，则返回所有的记录。通常使用比较运算符和逻辑运算符组成复杂的查询条件，以获得用户所需要的数据。

（4）group by col_name,...：group by 子句，是一个可选项，它可以根据一个或多个字段对查询结果进行分组，通常和聚合函数复合使用。

（5）having where_condition：having 子句，是一个可选项，通常和 group by 子句一起使用，对分组后的数据进行过滤，支持 where 子句中所有的查询条件。

（6）order by col_name [asc|desc],...：order by 子句，是一个可选项，它将查询结果中的数据按照一定的顺序进行排列。col_name 表示需要排序的字段名称，多个字段用逗号隔开。asc 表示字段按升序排列，desc 表示字段按降序排列，其中 asc 为默认值。

（7）limit {[offset_start,] row_count | row_count offset offset_start }：limit 子句，是一个可选项，它用于指定查询结果从哪条记录开始显示，一共显示多少条记录，这是 MySQL 里的非标准 SQL 语句，非常实用。offset_start 为初始位置，表示从哪条记录开始显示，第一条记录的位置是 0，第二条记录的位置是 1，后面的记录依此类推，如果默认则从 0 开始。row_count 为记录数，表示显示记录的条数。

select 完整语句的所有子句执行的先后顺序：根据 where 子句的条件，从 from 子句指定的数据表或视图中选择满足条件的行或记录，再按照 select 子句指定的字段及其顺序排列；若有 group by 子句，则将查询结果按字段值分组；如果 group by 子句后面有 having 子句，则只保留 having 条件的行或字段；若有 order by 子句，则将查询结果按照字段值排序；最后若有 limit 子句，则按照指定的行数的行输出。

7.1.2 无条件查询数据

1. 查询数据表的所有列

在 select 子句指定的位置上使用"*"时，可以查询数据表中所有的列。

【例 7.1】查询数据库 stusys 的数据表 course_table 中所有的字段。

在 MySQL 命令行客户端输入 select 语句并执行：

```
mysql> select * from course_table;
+--------+----------------+--------+
| cno    | cname          | credit |
+--------+----------------+--------+
| 101101 | 计算机专业基础 |      2 |
| 101102 | C 程序设计语言 |      4 |
| 101103 | Linux 技术基础 |      4 |
+--------+----------------+--------+
3 rows in set (0.00 sec)
```

如果数据表位于当前数据库，则可以直接使用数据表名；否则需要在数据表前面增加所属数据库名的前缀，例如本例：stusys.course_table。

列出数据表 course_table 中所有的字段还有一种方法是把其字段名全部列出来，作为一个显示列表的形式。例如，在例 7.1 中还可以使用"select cno, cname, credit from course_table;"语句来等价 SQL 语句。可以按照用户自己的意愿对显示的字段排序，例如先排课程名、学分，最后为课程号，这样的方式比较适合学生选课的时候使用。其 SQL 语句为"select cname, credit, cno from course_table;"。

2. 更改显示的表头标题

若没有特别指定，使用 select 语句返回结果数据表的字段名称或视图中定义的字段名称作为标题。字段名称通常为英文。为了增加结果的可读性，可以为每个显示的字段名更改标题。

（1）采用"col_name as 标题"的形式，给字段起了一个别名，该别名可以在 SQL 语句的其他子句中使用，例 7.1 的 SQL 语句的执行结果如下：

```
mysql> select cname as  课程名, credit as  学分, cno as  课程号  from course_table;
+----------------------+----------+----------+
| 课程名               | 学分     | 课程号   |
+----------------------+----------+----------+
| 计算机专业基础       | 2        | 101101   |
| C 程序设计语言       | 4        | 101102   |
| Linux 技术基础       | 4        | 101103   |
+----------------------+----------+----------+
3 rows in set (0.00 sec)
```

（2）采用"col_name 标题"的形式，本方法只能作为此处的标题来使用，例 7.1 的 SQL 语句的执行结果如下：

```
mysql> select cname 课程名, credit 学分, cno 课程号  from course_table;
+----------------------+----------+----------+
| 课程名               | 学分     | 课程号   |
+----------------------+----------+----------+
| 计算机专业基础       | 2        | 101101   |
| C 程序设计语言       | 4        | 101102   |
| Linux 技术基础       | 4        | 101103   |
+----------------------+----------+----------+
3 rows in set (0.00 sec)
```

在 select 子句的字段显示列表里有了字段名才可以更改显示标题，使用 select * from name_table 模式只能按照创建数据表字段顺序显示内容，也不能更改表头标题。

说明

改变的只是查询结果的标题，并没有改变数据表中的字段名。

3. 查询指定的字段（列）

使用 select 语句选择数据表的一个或多个字段（用逗号分隔），显示要查询的列。

【例 7.2】查询数据库 stusys 的数据表 course_table 中的"课程名"和"学分"字段。

在 MySQL 命令行客户端输入 select 语句并执行：

```
mysql> select cname 课程名, credit 学分 from course_table;
+----------------------+----------+
| 课程名               | 学分     |
+----------------------+----------+
```

```
| 计算机专业基础      |     2      |
| C 程序设计语言      |     4      |
| Linux 技术基础      |     4      |
+--------------------+------------+
3 rows in set (0.00 sec)
```

4. 去掉重复记录

select 子句默认显示所有结果。若要去掉重复记录，则需要在 select 关键字之后添加 distinct 或 distinction 关键字。

【例 7.3】查询数据库 stusys 的数据表 course_table 中的"学分"字段。

仅仅显示课程的学分，对比显示所有记录和去掉重复记录的 SQL 语句，执行如下：

```
mysql> select credit 学分 from course_table;
+--------+
| 学分   |
+--------+
|   2    |
|   4    |
|   4    |
+--------+
3 rows in set (0.00 sec)

mysql> select distinct credit 学分 from course_table;
+--------+
| 学分   |
+--------+
|   2    |
|   4    |
+--------+
3 rows in set (0.00 sec)
```

5. 使用计算列

在查询结果中，需要经常对结果中的字段数据进行再计算处理。

【例 7.4】查询数据库 stusys 的数据表 course_table 的课程名称和学时（学分的 16 倍）。

在 MySQL 命令行客户端输入 select 语句并执行：

```
mysql> select cname 课程名, credit * 16 学分 from course_table;
+-----------------------+------------+
| 课程名                | 学分       |
+-----------------------+------------+
| 计算机专业基础        |    32      |
| C 程序设计语言        |    64      |
| Linux 技术基础        |    64      |
+-----------------------+------------+
3 rows in set (0.00 sec)
```

MySQL 允许直接在 select 子句中进行字段运算，从而产生新的字段。运算符包括算数运算符：+（加）、-（减）、*（乘）、/（除）和%（求余），以及使用系统内嵌的函数或用户自定义的函数。

注意

计算仅仅发生在每个记录被查询到用于显示，计算结果并不自动存储。

6. 限制查询的行数

获得查询结果，通常要显示给用户。如果查询得到的行数太多，例如有成千上万行，用户根本看不过来。通常采用分屏的方式，逐页显示内容，这样就需要使用"limit 行数"子句。

【例 7.5】显示数据库 stusys 的数据表 score_table 的前 2 条记录。

在 MySQL 命令行客户端输入 select 语句并执行：

```
mysql> select sno 学号,cno 课程号,grade 成绩 from score_table limit 2;
+--------------+--------+------+
| 学号         | 课程号 | 成绩 |
+--------------+--------+------+
| 202210101101 | 101101 |   90 |
| 202210101101 | 101102 |  100 |
+--------------+--------+------+
3 rows in set (0.00 sec)
```

【例 7.6】显示数据库 stusys 的数据表 score_table 的第 3~6 条记录。

在 MySQL 命令行客户端输入 select 语句并执行：

```
mysql> select sno 学号,cno 课程号,grade 成绩 from score_table limit 3, 4;
+--------------+--------+------+
| 学号         | 课程号 | 成绩 |
+--------------+--------+------+
| 202210101102 | 101102 |   89 |
| 202210101103 | 101101 |   86 |
| 202210101103 | 101102 |   75 |
| 202210101103 | 101104 | NULL |
+--------------+--------+------+
3 rows in set (0.00 sec)
```

本例使用"limit 记录初始位置,记录条数"方法，初始位置是从第 0 条开始的。

limit 子句还有另外一种使用方法，即"limit 记录条数 offset 记录初始位置"，添加一个关键字 offset，参数放置交叉。等价的 select 语句如下：

select sno 学号,cno 课程号,grade 成绩 from score_table limit 4 offset 3;

7. 使用聚合函数

聚合函数通常是用来对某个字段进行统计，把计算结果作为一个新字段出现在结果集中，统计记录数的 count，结果集中的最大值 max、最小值 min、总和 sum、平均值 avg 等。

其语法格式如下：

聚合函数名([all | distinct] 字段名 | 表达式)

说明：

（1）all：对所有字段值或表达式的计算值进行聚合计算。all 是默认值。

（2）distinct：去掉字段值或表达式计算结果里的重复值，再进行聚合计算。

【例 7.7】统计数据库 stusys 的数据表 score_table 中选课的学生人数和被选课程数。

在 MySQL 命令行客户端输入 select 语句并执行：

```
mysql> select count(distinct sno) 选课人数, count(distinct cno) 被选课程数 from score_table;
+-----------+-------------+
| 选课人数  | 被选课程数  |
+-----------+-------------+
|    22     |      7      |
+-----------+-------------+
1 row in set (0.00 sec)
```

因为每名同学可以选择多门课程，每门课程可以被多名同学选择，所以要使用关键字 distinct 进行区分。

count(*)是一个特殊行数统计函数，无论某个字段的值是否为 null。count(字段名)用来统计 not null 的行数。

【例 7.8】统计数据库 stusys 的数据表 score_table 中的最高分、最低分、学生选课人数、not null 成绩学生人数、总分、平均分。

在 MySQL 命令行客户端输入 select 语句并执行：

```
mysql> select max(grade) 最高分, min(grade) 最低分, count(*) 选课人数,count(grade) 考试有成绩人数,
sum(grade) 总分, avg(grade) 平均分 from score_table;
+--------+--------+----------+-----------------+------+---------+
| 最高分 | 最低分 | 选课人数 | 考试有成绩人数  | 总分 | 平均分  |
+--------+--------+----------+-----------------+------+---------+
|  100   |   42   |    53    |       44        | 3585 | 81.4773 |
+--------+--------+----------+-----------------+------+---------+
1 row in set (0.00 sec)
```

7.1.3 where 子句

使用 where 子句的目的就是使用有字段参与的表达式过滤符合条件的记录或行。比较运算的结果就是真（1）和假（0）两个值；如果有 null 参与了比较运算，则结果都是 null。真假逻辑值通过逻辑运算符组成了表达能力更强的逻辑表达式，用于 where 条件，过滤出用户所需要的数据。

表 7.1 中的范围是简化了的比较运算和逻辑运算的综合，例如"x between y and z"等价于"x>=y && x<=z"，使用 between…and 语句的可读性更强。in 用于判断一个值是否属于一个集合，这个集合用圆括号括起来，用逗号分隔元素；或者 select 语句获得的数据集。例如"3 in (1,2,3,4,5,6)"的结果为真。"a like b"用于判断字符串 a 是否符合模式串 b 的规范，若符合则为真，否则为假。

表 7.1　常用的查询条件

查询条件	运算符符号
关系运算符	=、>、<、>=、<=、<>、!=
逻辑运算符	and（&&）、or（||）、not（!）、xor
范围	between…and、not between…and
判断是否为数据集的元素	in、not in
字符串匹配	like、not like
空值	is null、is not null

1. 使用关系表达式查询

【例 7.9】查询数据库 stusys 的数据表 student_table 中"计算机 222"的同学。

使用关系运算符"="来判断字段值是否等于"计算机 222"，输入的 SQL 语句和执行结果如下：

```
mysql> select sno, sname,ssex,address from student_table where class="计算机 222";
+---------------+---------+------+-----------------+
| sno           | sname   | ssex | address         |
+---------------+---------+------+-----------------+
| 202210101201  | 郑国军   | 男   | 韶关市新丰县     |
| 202210101202  | 叶坤明   | 男   | 佛山市顺德区     |
| 202210101203  | 曹雄豪   | 男   | 湛江市霞山区     |
+---------------+---------+------+-----------------+
3 rows in set (0.00 sec)
```

说明

对于 char、varchar、text、date 和 datetime 类型的数据常数，要用英文单引号引起来。

【例 7.10】查询数据库 stusys 的数据表 student_table 中年龄超过 17 岁的同学。

数据表 student_table 的 sbirthday 字段的数据类型 date，需要用 curdate()函数和当前日期比较才能求出年龄超过 17 岁的学生信息。使用 timestampdiff()函数求解出两个日期相差的年份，不能使用减法运算符。输入的 SQL 语句和执行结果如下：

```
mysql> select curdate();
+------------+
| curdate()  |
+------------+
| 2023-09-15 |
+------------+
1 row in set (0.00 sec)

mysql> select sno, sname, ssex, sbirthday, class from student_table
    -> where timestampdiff(YEAR,date(sbirthday),curdate())>17;
+---------------+---------+------+-----------+---------+
```

```
+---------------+--------+------+------------+--------------+
| sno           | sname  | ssex | sbirthday  | class        |
+---------------+--------+------+------------+--------------+
| 202210101101  | 张佳辉 | 男   | 2005-06-01 | 计算机 221   |
| 202210101103  | 杨泽明 | 男   | 2005-07-04 | 计算机 221   |
| 202210101202  | 叶坤明 | 男   | 2005-07-07 | 计算机 222   |
| 202210101301  | 郭东宇 | 男   | 2005-06-06 | 计算机 223   |
| 202210203101  | 吴顺宇 | 男   | 2004-09-13 | 电气 221     |
| 202210306201  | 李东旭 | 男   | 2005-04-21 | 人工智能 222 |
| 202210306202  | 张家维 | 男   | 2005-07-16 | 人工智能 222 |
| 202210306203  | 赵亮   | 男   | 2005-08-07 | 人工智能 222 |
+---------------+--------+------+------------+--------------+
8 rows in set (0.00 sec)
```

> **注意**
>
> curdate()系统函数是对前期日期的获取，不同时间其执行结果不同，所以例 7.10 的执行结果也是不同的。

2. 使用逻辑表达式查询

【例 7.11】查询数据库 stusys 的数据表 student_table 中"计算机应用"专业的女同学。

where 子句的条件"ssex='女'"和"major='计算机应用'"应该同时满足才可以，这时需要使用逻辑运算符"and"把这两个关系表达式连接起来。输入的 SQL 语句和执行结果如下：

```
mysql> select sno, sname, ssex, major, class from student_table where ssex='女'and major='计算机应用';
+---------------+--------+------+------------+--------------+
| sno           | sname  | ssex | major      | class        |
+---------------+--------+------+------------+--------------+
| 202210101104  | 蔡美青 | 女   | 计算机应用 | 计算机 221   |
| 202210101105  | 邹佳佳 | 女   | 计算机应用 | 计算机 221   |
+---------------+--------+------+------------+--------------+
2 rows in set (0.00 sec)
```

3. 使用搜索范围条件

MySQL 支持范围搜索，即使用 between…and 语句判断条件是否在两个可比值表示的范围内，若在范围内则表示真，否则表示假。

【例 7.12】查询数据库 stusys 的数据表 score_table 中成绩在 97～100 之间的学生学号及课程号。

输入的 SQL 语句和执行结果如下：

```
mysql> select * from score_table where grade between 97 and 100;
+---------------+--------+--------+
| sno           | cno    | grade  |
+---------------+--------+--------+
| 202210101101  | 101101 |    90  |
| 202210101101  | 101102 |   100  |
| 202210101102  | 101101 |    98  |
```

```
| 202210306102        | 101301     |     99     |
+---------------------+------------+------------+
```
4 rows in set (0.00 sec)

4. 使用 in 判断集合的元素

若干数据组成了一个集合，从而可以使用 in 判断一个数据是否属于集合，其使用起来非常方便，语法简洁。添加 not 可以判断元素不属于集合。

【例 7.13】查询数据库 stusys 的数据表 score_table 中成绩为 60、70、80、90、100 的学生学号及课程号。

使用"grade in(60,70,80,90,100)"条件简洁明了，结果的可读性更强。输入的 SQL 语句和执行结果如下：

```
mysql> select * from score_table where grade in (60, 70, 80, 90, 100);
+---------------------+------------+------------+
| sno                 | cno        | grade      |
+---------------------+------------+------------+
| 202210101101        | 101101     |     90     |
| 202210101101        | 101102     |    100     |
| 202210101105        | 101101     |     80     |
| 202210203101        | 102202     |     90     |
| 202210203203        | 101302     |     90     |
+---------------------+------------+------------+
```
5 rows in set (0.00 sec)

5. 使用模式匹配

在对数据库中的字符串数据进行查询时，往往需要使用到模糊查询，仅仅需要用户输入字符串的一部分，就可以查询到匹配的所有记录或行，这是 SQL 查询功能强大的体现之一。在 MySQL 中，可使用 like 关键字，构造模式匹配，其语法格式如下：

<表达式> [not] like <模式字符串>

说明：

（1）表达式：表达式字符串是要被判断的目标字符串或字符类型的字段。

（2）模式字符串：表达式是否匹配的检索模式字符串。

（3）like：关键字，表示模式匹配，与模式字符串一起使用。只有模式字符串内使用了通配符，才能真正起到模糊查询/模式匹配的效果。MySQL 的通配符只有两个：%（百分号）和_（下画线）。

1) %（百分号）：表示零个或多个任意的字符，即零串和任意长度的字符串。

2) _（下画线）：表示单个的任意字符，目标串必须相应地存在一个确切的字符。

例如："like 'stu%'"表示配备以"'stu%'"开始的任意字符串；"like '%ment'"表示配备以"'%ment'"结束的任意字符串；"like '%gh%'"表示配备包含"'gh'"的任意字符串。"like 'stu_ent'"表示配备以"'stu'"开始、以"'ent'"结束、长度为 7 的任意字符串。

（4）not：一个可选项，用于表示模式匹配的否定式。

【例 7.14】查询数据库 stusys 的数据表 student_table 中姓"郑"的同学。

输入的 SQL 语句和执行结果如下：

```
mysql> select sno,sname,ssex,class from student_table where sname like '郑%';
+---------------+--------+------+-----------+
| sno           | sname  | ssex | class     |
+---------------+--------+------+-----------+
| 202210101106  | 郑金堡 | 男   | 计算机221 |
| 202210101201  | 郑国军 | 男   | 计算机222 |
+---------------+--------+------+-----------+
2 rows in set (0.00 sec)
```

【例 7.15】查询数据库 stusys 的数据表 student_table 中非班级"221"的同学。输入的 SQL 语句和执行结果如下：

```
mysql> select sno,sname,class from student_table where class not like '%221%';
+---------------+--------+-------------+
| sno           | sname  | class       |
+---------------+--------+-------------+
| 202210101201  | 郑国军 | 计算机222   |
| 202210101202  | 叶坤明 | 计算机222   |
| 202210101203  | 曹雄豪 | 计算机222   |
| 202210101301  | 郭东宇 | 计算机223   |
| 202210203201  | 卢超凡 | 电气222     |
| 202210203202  | 蔡美青 | 电气222     |
| 202210306201  | 李东旭 | 人工智能222 |
| 202210306202  | 张家维 | 人工智能222 |
| 202210306203  | 赵亮   | 人工智能222 |
+---------------+--------+-------------+
9 rows in set (0.00 sec)
```

【例 7.16】查询数据库 stusys 的数据表 student_table 中学号为"202210_0_101"的同学。由学号编码规则可知，"202210_0_101"模式串是 2022 级学生所有专业的第一个班级的第一号同学。输入的 SQL 语句和执行结果如下：

```
mysql> select sno,sname,class from student_table where sno like '202210_0_101';
+---------------+--------+-------------+
| sno           | sname  | class       |
+---------------+--------+-------------+
| 202210101101  | 张佳辉 | 计算机221   |
| 202210203101  | 吴顺宇 | 电气221     |
| 202210306101  | 罗红丽 | 人工智能221 |
+---------------+--------+-------------+
3 rows in set (0.00 sec)
```

6. 使用 null 和 not null 查询

空值是数据库中一个特殊的值，它参与运算的结果也是 null。为此设定了 is null 和 is not null 来进行空值的判断，两者可以在数据表的任意数据类型的字段中使用。

【例 7.17】查询数据库 stusys 的数据表 score_table 中哪些同学还没有成绩？

数据表 score_table 的 grade 字段的值为 null 表示学生选课了，目前还在学习课程的过程中，还没有参加考试，也就是没有成绩。输入的 SQL 语句和执行结果如下：

```
mysql> select * from score_table where grade is null;
+----------------+--------+-------+
| sno            | cno    | grade |
+----------------+--------+-------+
| 202210101103   | 101104 | NULL  |
| 202210101104   | 101104 | NULL  |
| 202210101105   | 101104 | NULL  |
| 202210101106   | 101104 | NULL  |
| 202210101107   | 101104 | NULL  |
| 202210101201   | 101104 | NULL  |
| 202210101202   | 101104 | NULL  |
| 202210101203   | 101104 | NULL  |
| 202210101301   | 101104 | NULL  |
+----------------+--------+-------+
9 rows in set (0.00 sec)
```

7.1.4　order by 子句

order by 子句可以对 select 语句获得的数据集按照某种要求进行排序，便于用户阅读和使用。

其语法格式如下：

order by <排序项> [asc | desc] [,…, <排序项> [asc | desc]]

说明：

（1）order by：必选关键字，指示排序。

（2）排序项：指用于排序的字段名，或者有别名的计算列；排序项可以是一个或多个，多个排序项需要用逗号隔开。排序时先按照第一个排序项进行排序，等值内再按照第二个排序项进行排序，这样依次类推，直到执行所有的排序项。

（3）asc | desc：asc 是指排序项为升序关键字，默认选择项；desc 指降序的关键字。

【例 7.18】将数据库 stusys 的数据表 course_table 按照学分降序排列课程。

输入的 SQL 语句和执行结果如下：

```
mysql> select * from course_table order by credit desc;
+--------+------------------+--------+
| cno    | cname            | credit |
+--------+------------------+--------+
| 101102 | C 程序设计语言   |   4    |
| 101103 | Linux 技术基础   |   4    |
| 101101 | 计算机专业基础   |   2    |
+--------+------------------+--------+
3 rows in set (0.00 sec)
```

【例 7.19】将数据库 stusys 的数据表 course_table 按照课程名降序、学分升序排列课程。

输入的 SQL 语句和执行结果如下：

```
mysql> select * from course_table order by cname desc,credit asc;
+--------+------------------+--------+
| cno    | cname            | credit |
```

```
+-----------+------------------------+-----------+
| 101101    | 计算机专业基础         | 2         |
| 101103    | Linux 技术基础         | 4         |
| 101102    | C 程序设计语言         | 4         |
+-----------+------------------------+-----------+
3 rows in set (0.00 sec)
```

> **注意**
>
> 字段为空值（null），按最小值处理。升序时，字段为空值排在最前面；降序时，字段为空值排在最后面。

7.1.5　group by 子句

如果要按照某种规则分组，再对组内的值进行统计函数计算，则需要使用 group by 子句。其语法格式如下：

group by <分组项>

说明：分组项可以是一个字段名，或者一个包含 SQL 函数的计算列，但是不能包含字段名的表达式。当指定 group by 时，输出查询项的任何一个非聚合函数内的所有列都应该在分组项内，或者与输出表达式完全匹配。

1. 单个字段的分组

【例 7.20】统计数据库 stusys 的数据表 course_table 内，学分相同的课程数。

输入的 SQL 语句和执行结果如下：

```
mysql> select credit 学分, count(credit) 课程数 from course_table group by credit;
+--------+----------+
| 学分   | 课程数   |
+--------+----------+
|   2    |   2      |
|   4    |   6      |
|   3    |   4      |
+--------+----------+
3 rows in set (0.00 sec)
```

2. 多个字段的分组

【例 7.21】统计数据库 stusys 的数据表 student_table 中，每个班级内的男、女同学人数。

输入的 SQL 语句和执行结果如下：

```
mysql> select class,ssex,count(sno) from student_table group by class,ssex;
+-------------+--------+------------+
| class       | ssex   | count(sno) |
+-------------+--------+------------+
| 计算机 221  | 男     | 5          |
| 计算机 221  | 女     | 2          |
```

```
| 计算机 222            | 男       |         3         |
| 计算机 223            | 男       |         1         |
| 电气 221              | 男       |         3         |
| 电气 222              | 男       |         1         |
| 电气 222              | 女       |         1         |
| 人工智能 221          | 女       |         1         |
| 人工智能 221          | 男       |         2         |
| 人工智能 222          | 男       |         3         |
+----------------------+----------+-------------------+
10 rows in set (0.00 sec)
```

在 MySQL 的分组处理中，还可以使用 group_concat(字段名)函数把每个分组的字段值都显示出来，输入的 SQL 语句和执行结果如下：

```
mysql> select class 班级,ssex 性别,count(sno) 人数, group_concat(sname) 姓名
    -> from student_table group by class,ssex;
+----------------------+-------+-------+-------------------------------------+
| 班级                 |性别   |人数   | 姓名                                |
+----------------------+-------+-------+-------------------------------------+
| 人工智能 221         | 女    |1      | 罗红丽                              |
| 人工智能 221         | 男    |2      | 邱达超,王源                         |
| 人工智能 222         | 男    |3      | 李东旭,张家维,赵亮                  |
| 电气 221             | 男    |3      | 吴顺宇,赵伟峰,陈西川                |
| 电气 222             | 女    |1      | 蔡美青                              |
| 电气 222             | 男    |1      | 卢超凡                              |
| 计算机 221           | 女    |2      | 蔡美青,邹佳佳                       |
| 计算机 221           | 男    |5      | 张佳辉,刘永坚,杨泽明,郑金堡,杨泽明   |
| 计算机 222           | 男    |3      | 郑国军,叶坤明,曹雄豪                |
| 计算机 223           | 男    |1      | 郭东宇                              |
+----------------------+-------+-------+-------------------------------------+
10 rows in set (0.00 sec)
```

3. 分组的汇总

group by 子句和 with rollup 关键字一起使用将会在所有记录的最后加上一条记录，实现对上面的汇总。通常发生在多个关键字的分组里，单个关键字的分组汇总是对所有记录的汇总。

【例 7.22】统计数据库 stusys 的数据表 student_table 中，每个班级内男、女同学人数及班级人数，以及数据表中的所有人数。

输入的 SQL 语句和执行结果如下：

```
mysql> select class 班级,ssex 性别,count(sno) 人数 from student_table group by class,ssex with rollup;
+----------------------+-----------+-----------+
| 班级                 | 性别      | 人数      |
+----------------------+-----------+-----------+
| 人工智能 221         | 女        |    1      |
| 人工智能 221         | 男        |    2      |
| 人工智能 221         | NULL      |    3      |
| 人工智能 222         | 男        |    3      |
```

```
| 人工智能 222     | NULL        | 3       |
| 电气 221        | 男          | 3       |
| 电气 221        | NULL        | 3       |
| 电气 222        | 女          | 1       |
| 电气 222        | 男          | 1       |
| 电气 222        | NULL        | 2       |
| 计算机 221       | 女          | 2       |
| 计算机 221       | 男          | 5       |
| 计算机 221       | NULL        | 7       |
| 计算机 222       | 男          | 3       |
| 计算机 222       | NULL        | 3       |
| 计算机 223       | 男          | 1       |
| 计算机 223       | NULL        | 1       |
| NULL           | NULL        | 22      |
+----------------+-------------+---------+
18 rows in set (0.00 sec)
```

> **注意**
>
> 没有或没有办法显示的值用 null 来代替，不是真实的值。

7.1.6　having 子句

having 子句专门用于 group by 子句的分组或聚合计算的搜索条件，因为 group by 子句不能使用 where 子句进行记录的过滤，所以专门设计了 having 子句。having 子句只能用在 group by 子句中，其语法和 where 子句一样。

【例 7.23】统计数据库 stusys 的数据表 score_table 中，每门课程超过 80 分的平均成绩。输入的 SQL 语句和执行结果如下：

```
mysql> select cno 课程号, avg(grade) 平均成绩 from score_table group by cno having avg(grade)>80.0;
+-----------+-------------+
| 课程号     | 平均成绩     |
+-----------+-------------+
| 101101    | 83.7273     |
| 101102    | 80.1818     |
| 101301    | 84.1667     |
| 101302    | 88.3333     |
+-----------+-------------+
4 rows in set (0.00 sec)
```

> **注意**
>
> where 子句用于对源数据表或视图的行或记录进行过滤，条件是字段名组成的表达式。而 having 子句是分组，再使用聚合函数作为条件进行过滤，使用其他条件表达式则输出错误。

多表连接查询

任务 7.2　多表连接查询

如果需要查询的数据来自多张数据表或多个视图，就要使用多表连接查询。有时需要两张表共有的字段值的记录的连接；有时需要获取左表的所有的记录和右表对应数据的连接；有时需要获取左表对应数据和右表的所有的记录的连接。因此，多表连接分为交叉连接、内连接、外连接和自连接。多表连接的语法格式有以下两种。

格式 1：

select col_list from 表 1 连接类型 表 2 [on 连接条件]

格式 2：

select col_list from 表 1，表 2
[where 表 1.字段名 连接操作符 表 2.字段名]

说明：

（1）col_list：字段列表，来自表 1 或表 2，如果字段名相同，则需要加上表名的前缀；还可以是计算列。

（2）连接类型：内连接为[inner] join，其中 inner 可以省略；外连接为 outer join；交叉连接为 cross join。

（3）连接操作符：通常为关系运算符。

（4）连接条件：通常是两张表的两个字段名。

7.2.1　交叉连接

交叉连接又称为笛卡儿积，使用 cross join 连接两张数据表，结果为两张数据表任意两行的连接。例如表 A 有 10 行数据，与有 30 行数据的表 B 无任何关系，表 A 和表 B 的交叉连接 A cross join B 有 10×30=300 行数据，且包含表 A 和表 B 的所有字段。

交叉连接无实际意义，通常用于测试一个数据库的执行效率。交叉连接较少使用，通常不需要连接条件。

【例 7.24】数据库 stusys 的数据表 course_table 和 score_table 的交叉连接。

输入的 SQL 语句和执行结果如下（中间省略了 152 行）：

```
mysql> select * from course_table cross join score_table;
+--------+------------------+--------+--------------+--------+-------+
| cno    | cname            | credit | sno          | cno    | grade |
+--------+------------------+--------+--------------+--------+-------+
| 101103 | Linux 技术基础    |   4    | 202210101101 | 101101 |  90   |
| 101102 | C 程序设计语言    |   4    | 202210101101 | 101101 |  90   |
| 101101 | 计算机专业基础    |   2    | 202210101101 | 101101 |  90   |
| 101103 | Linux 技术基础    |   4    | 202210101101 | 101102 | 100   |
| ...    | ...              |  ...   | ...          | ...    | ...   |
| 101103 | Linux 技术基础    |   4    | 202210306203 | 101302 |  87   |
| 101102 | C 程序设计语言    |   4    | 202210306203 | 101302 |  87   |
```

```
| 101101          | 计算机专业基础           | 2     |202210306203            | 101302    | 87        |
+-----------------+-------------------------+-------+------------------------+-----------+-----------+
```
159 rows in set (0.01 sec)

从以上执行结果中可知，每门课程都与所有的成绩行连接，从而总行数为两张表的行数乘积。显而易见，course_table 和 course_table 没有任何意义，只有学生选课，才能使两张表发生联系，而且只能通过 score 表才能有关系，所以交叉连接有数学的含义，但实际用处不大。

7.2.2 内连接

两张表之间的连接，最为常用的是内连接。通过连接条件使两张表有用的行连接到一起。内连接可以在交叉连接的基础上，使用 on 的过滤条件，实现相同的功能。内连接分为等值连接、非等值连接和自然连接三类。使用连接操作符"="，则为等值连接；使用非"="条件运算符，则为非等值连接；等值连接中去掉重复行，则称为自然连接。

【例 7.25】数据库 stusys 的数据表 score_table 和 course_table 的内连接，显示 score_table 表中的前六个成绩信息。

以数据表 score_table 和 course_table 的 cno 字段的相等作为条件，实施两张表的内连接。仅显示课程号、课程名和学分，但需要使用数据表名作为前缀来区分，若没有重复的字段名则不需要使用数据表的前缀，例如 cname 和 credit 字段。使用 as 关键字给表起一个短别名。输入的 SQL 语句和执行结果如下：

```
mysql> select C.cno, cname,credit from score_table as SC inner join course_table as C
    -> on C.cno = SC.cno limit 6;
+----------------+-------------------------+-----------+
| cno            | cname                   | credit    |
+----------------+-------------------------+-----------+
| 101101         | 计算机专业基础          | 2         |
| 101102         | C 程序设计语言          | 4         |
| 101101         | 计算机专业基础          | 2         |
| 101102         | C 程序设计语言          | 4         |
| 101101         | 计算机专业基础          | 2         |
| 101102         | C 程序设计语言          | 4         |
+----------------+-------------------------+-----------+
6 rows in set (0.00 sec)
```

内连接使用了等值"="连接条件，比交叉连接的记录数少了很多。但发现有很多重复行，因为一门课程被多名同学选择，为此可以使用 distinct 关键字去掉重复行。

【例 7.26】数据库 stusys 的数据表 student_table、score_table 和 course_table 的内连接，显示"计算机 222"班的课程成绩。

[inner] join 是两张表的内连接，其实可以让三张表进行内连接，连接条件可以通过两个 on，也可以使用逻辑与实现连接；再使用班级和成绩条件进行选择过滤。输入的 SQL 语句和执行结果如下：

```
mysql> select S.sno 学号,S.sname 姓名, C.cname 课程名, SC.grade 成绩 from student_table as S join course_table as C join score_table as SC
    -> on C.cno =SC.cno and S.sno=SC.sno where S.class='计算机 222' and grade is not null;
```

```
+---------------+--------+------------------+--------+
| 学号          | 姓名   | 课程名           | 成绩   |
+---------------+--------+------------------+--------+
| 202210101201  | 郑国军 | 计算机专业基础   | 81     |
| 202210101201  | 郑国军 | C 程序设计语言   | 95     |
| 202210101202  | 叶坤明 | 计算机专业基础   | 88     |
| 202210101202  | 叶坤明 | C 程序设计语言   | 71     |
| 202210101203  | 曹雄豪 | 计算机专业基础   | 75     |
| 202210101203  | 曹雄豪 | C 程序设计语言   | 65     |
+---------------+--------+------------------+--------+
6 rows in set (0.00 sec)
```

也可以用两张表的内连接实现上面的功能，但是逻辑比较复杂。

如果多次使用长的表名，为了便于编写 SQL 语句，可以使用数据表的别名，简化 SQL 语句，有利于提供 SQL 的可读性，保证了 SQL 的正确性。

7.2.3 外连接

在内连接查询中，不满足条件的元素不能连接，也不能作为查询结果输出。使用外连接很容易知道哪些学生没有选课、哪些课程没有被学生选择。在外连接查询中，参与连接的表有主、从之分，以主表的每行的字段值去匹配从表（也称子表）的每条记录，符合连接条件的数据将直接返回到结果集中；对于那些从表中没有符合条件的主表记录，添上 null 后，再返回到结果集中。

外连接查询分为左外连接查询和右外连接查询两种。以主表所在的方向区分外连接查询，主表在左边，则称为左外连接（left outer join）；主表在右边，则称为右外连接查询（right outer join）。还有一个全连接（full outer join），目前 MySQL 8.0 版本还不支持。

【例 7.27】在数据库 stusys 中，根据数据表 score_table 和 course_table，查询哪些课程没有被学生选择。

以 course_table 为主表，在左边；score_table 为从表，在右边；以课程号 cno 为等值连接。course_table 的第一行，都去匹配 score_table 的每一行，如果有相等的课程号值，则放入结果集；如果 score_table 中没有一行可以匹配，则将 score_table 的每个字段都放入 null 和该行连接。再依次以相同的方式处理 course_table 后面的每一行。SQL 语句使用了 left outer join，在 MySQL 命令行客户端输入并执行（因为数据有 58 行，太多了，故只截取了部分数据）：

```
mysql> select C.cno, C.cname, SC.sno, SC.grade from course_table as C left join score_table as SC
    -> on C.cno =SC.cno;
+--------+------------------+---------------+--------+
| cno    | cname            | sno           | grade  |
+--------+------------------+---------------+--------+
| 101101 | 计算机专业基础   | 202210101301  | 96     |
| 101101 | 计算机专业基础   | 202210101203  | 75     |
```

```
| 101101          | 计算机专业基础           | 202210101202    |  88    |
| 101101          | 计算机专业基础           | 202210101201    |  81    |
| 101101          | 计算机专业基础           | 202210101107    |  96    |
| 101101          | 计算机专业基础           | 202210101106    |  75    |
| 101101          | 计算机专业基础           | 202210101105    |  80    |
| 101101          | 计算机专业基础           | 202210101104    |  56    |
| 101101          | 计算机专业基础           | 202210101103    |  86    |
| 101101          | 计算机专业基础           | 202210101102    |  98    |
| 101101          | 计算机专业基础           | 202210101101    |  90    |
| 101102          | C 程序设计语言          | 202210101301    |  88    |
| …               | …                      | …               | …      |
| 101102          | C 程序设计语言          | 202210101101    | 100    |
| 101103          | Linux 技术基础          | NULL            | NULL   |
+-----------------+------------------------+-----------------+--------+
23 rows in set (0.00 sec)
```

从执行结果可以看出,"Linux 技术基础"课程没有同学选。同样的功能可以使用右连接,把 course_table 作为主表,在右边;score_table 作为从表,在左边;以课程号 cno 为等值连接。

7.2.4 自连接

当一张表与其自身连接查询时,称为表的自连接查询。因为一张表有不同的用途,通常要给表起一个别名,从而当成两张表来使用。

【例 7.28】在数据库 stusys 的数据表 course_table 中,查询哪些课程比"计算机专业基础"课程的学分更高。

SQL 语句中使用了[inner] join,在 MySQL 命令行客户端输入 SQL 语句并执行:

```
mysql> select C.cno, C.cname, C.credit from (course_table as C) join (course_table as CC)
    -> on c.credit > CC.credit and (CC.cname='计算机专业基础');
+----------+------------------+--------+
| cno      | cname            | credit |
+----------+------------------+--------+
| 101102   | C 程序设计语言    |   4    |
| 101103   | Linux 技术基础    |   4    |
+----------+------------------+--------+
2 rows in set (0.00 sec)
```

7.2.5 多表查询

外连接和内连接都是非常耗时的操作。MySQL 使用 from 子句,把需要连接的数据表通过逗号分开;where 子句再采用等值或非等值表达式把表连接起来;这样可以方便实现多张数据表的数据的拆分、组合,提炼出用户所需的信息,这也称为多表查询。多表查询和多表连接查询,合称为多关系查询,它们都是通过各张表之间相同或兼容字段的关联性来查询数据,目的都是通过连接字段将多张表拼接起来,便于从多张表的字段中获得所需的数据。

多表查询的语法格式如下:

select col_name|表达式 [, …, col_name|表达式]

```
from 表 1 [as 别名 1], 表 2 [as 别名 2] ,..., 表 n [as 别名 n]
[where  连接字段逻辑表达式条件]
```

说明：

（1）没有 where 子句，则为交叉连接，执行结果集的记录数为各张表的行数的乘积。

（2）有了 where 子句，就称为内连接，把"on 连接条件"放到 where 里实现。

在例 7.26 中，使用了内连接，实现了"在数据库 stusys 中查询'计算机 222'班的课程成绩"。使用多表查询，其简化的 SQL 语句如下：

```
select S.sno  学号, S.sname  姓名, C.cname  课程名, SC.grade  成绩
    from student_table as S, course_table as C, score_table as SC
    where (C.cno=SC.cno and S.sno=Sc.sno)and(S.class='计算机 222' and grade is not null);
```

where 子句分为两个部分（分别用圆括号括起来），前一个圆括号内为三张表的连接运算，后一个圆括号内为过滤条件，这样的多表查询才便于使用。因为内、外连接的功能很强，所以使用 from 和 where 子句的多表连接只能实现绝大多数替代，不能做到完全替代。

任务 7.3 嵌 套 查 询

在实际应用中，虽然可以通过多表查询或多表连接查询实现综合信息的获取，但是连接操作非常耗时，性能较差，建议尽量少使用。在实际开发中，经常使用嵌套查询来部分地替代多表查询。

在一条 SQL 语句中，将一个 select 的查询结果集作为另一个 select 的条件选择的一部分，或者其他子句的部分，则称为嵌套查询或子查询。外层的 select 语句称为外部查询或父查询，内层的 select 语句称为内部查询或子查询。通过子查询，可以实现多表之间的查询。嵌套查询可以使用 in、not in、any、all、exists 和 not exists 等关键字，还可以使用条件运算符和逻辑运算符构成复杂的语句。

嵌套查询的语法格式如下：

```
select  子句  from  子句
where 字段或表达式  in ( select  子句  from 子句
                              where 子句);
```

嵌套查询的执行顺序是由里向外，即先执行子查询再执行父查询。SQL 允许使用多层嵌套，但嵌套的层次不要太多，否则逻辑复杂，也容易出错。

7.3.1 单值嵌套查询

单值嵌套就是将子查询返回的查询结果集的值作为唯一值，从而可以参与到父查询的算术表达式和逻辑表达式等计算中，一般使用=，还可以使用>、>=、<、<=、=、!=、<>等。

【例 7.29】在数据库 stusys 的数据表 score_table 和 student_talbe 中，查询最高成绩学生的姓名。

首先在 score_table 表中使用聚合函数获得最高分；其次用此最高分，去查学生的学号；最后用该学生的学号在 student_talbe 表中查询学生的姓名。在 MySQL 命令行客户端输入 SQL 语

句并执行：

```
mysql> select S.sno 学号, S.sname 姓名 from student_table as S
    -> where S.sno = (select sno   from score_table
    ->                              where grade= (select max(grade) from score_table) limit 1 );
+----------------+--------+
| 学号           | 姓名   |
+----------------+--------+
| 202210101101   | 张佳辉 |
+----------------+--------+
1 row in set (0.00 sec)
```

注意

因为父查询使用了"="，所以查询得到的结果集必须为一个唯一值，否则程序执行出错。

7.3.2 单列多值嵌套查询

如果子查询的返回结果是属于同一个字段的多个值组成的集合（即单列多个值），则嵌套查询称为多值嵌套查询。多值嵌套查询经常要使用 in、any、all 等关键字。

1. 使用带有 in 的嵌套查询

in 可以判断一个值是否属于一个集合，即一个表达式的值是否属于一个单列多值的子查询。not in 是它的否定式。

【例 7.30】在数据库 stusys 的数据表 score_table 和 student_talbe 中，查询成绩超过平均分的学生。

首先在 score_table 表中使用聚合函数获得平均分；其次用此平均分，去查超过该平均分的学号；最后用这些学生的学号在 student_talbe 表中查询学生的姓名。在 MySQL 命令行客户端输入 SQL 语句并执行：

```
mysql> select distinct S.sno 学号, S.sname 姓名  from student_table as S
    -> where S.sno in (select sno from score_table where grade>= (select avg(grade) from score_table) );
+----------------+--------+
| 学号           | 姓名   |
+----------------+--------+
| 202210101101   | 张佳辉 |
| 202210101102   | 刘永坚 |
| 202210101103   | 杨泽明 |
| 202210101105   | 邹佳佳 |
| 202210101107   | 杨泽明 |
| 202210101201   | 郑国军 |
| 202210101202   | 叶坤明 |
| 202210101301   | 郭东宇 |
| 202210203101   | 吴顺宇 |
| 202210203102   | 赵伟峰 |
| 202210203103   | 陈西川 |
```

```
| 202210203202           | 蔡美青    |
| 202210306101           | 罗红丽    |
| 202210306102           | 邱达超    |
| 202210306103           | 王源      |
| 202210306201           | 李东旭    |
| 202210306203           | 赵亮      |
+------------------------+----------+
17 row in set (0.00 sec)
```

上例使用了两层嵌套：最里层为平均成绩求解，外层为超过平均分的学号组成的集合。

【例 7.31】在数据库 stusys 的数据表 course_table 和 score_talbe 中，查询没有被选择的课程。

首先在 score_table 表中获得被选课程的课程号；其次用此课程号集合，去 course_table 表中查找不在该集合的课程信息。在 MySQL 命令行客户端输入 SQL 语句并执行：

```
mysql> select C.cno 课程号, C.cname 课程名, C.credit 学分  from course_table as C
    -> where C.cno not in ( select distinct cno from score_table );
+----------+---------------------+--------+
| 课程号   | 课程名              | 学分   |
+----------+---------------------+--------+
| 101103   | Linux 技术基础      | 4      |
| 101105   | 微机原理及应用      | 3      |
| 101106   | MySQL 数据库技术    | 3      |
| 101107   | Java 语言程序设计   | 4      |
| 101108   | Web 系统开发        | 4      |
+----------+---------------------+--------+
5 rows in set (0.00 sec)
```

2. 使用带有 any、some 和 all 的嵌套查询

any、some 和 all 和关系运算符一起使用（其中 any 和 some 是等效的），其语法格式如下：

字段名|表达式 关系运算符 [any | some| all] 子查询

any 和 all 关键字的使用方式是一样的，但两者本身的区别很大。使用 any 时，只要子查询的结果集中存在一个满足条件即可。而使用 all 时，需要子查询的结果集中的每个值都满足条件才可以。any 和 all 的用法和含义如表 7.2 所示。

表 7.2 any 和 all 的用法和含义

用法	含义
= any	字段值或表达式值是子查询集合的元素，等价于 in
> any（>= any）	大于（大于或等于）子查询结果的最小值
< any（<= any）	小于（小于或等于）子查询结果的最大值
> all（>= all）	大于（大于或等于）子查询结果的所有值
< all（<= all）	小于（小于或等于）子查询结果的所有值
!= any（<>any）	不是子查询集合的某个元素，这个和 not in 不等价
!= all（<>all）	不是子查询集合的元素，这个和 not in 等价

3. 使用带有 any 的嵌套查询

【例 7.32】在数据库 stusys 中，查询"计算机应用"专业学生的年龄大于"人工智能"专业学生年龄的学生，显示他们的学号、姓名和出生日期。

日期数据类型表示年龄，值越大年龄越小。按照表 7.2 语义分析可知，需要使用"< any"来比较每个"计算机应用"专业的学生年龄和所有"人工智能"专业学生的年龄。在 MySQL 命令行客户端输入 SQL 语句并执行：

```
mysql> select sno  学号, sname  姓名, sbirthday  出生日期  from student_table
    -> where major='计算机应用' and sbirthday < any (select sbirthday from student_table
    ->                                                where major='人工智能');
```

学号	姓名	出生日期
202210101101	张佳辉	2005-06-01
202210101103	杨泽明	2005-07-04
202210101105	邹佳佳	2006-02-20
202210101106	郑金堡	2005-10-31
202210101201	郑国军	2006-02-24
202210101202	叶坤明	2005-07-07
202210101203	曹雄豪	2006-02-18
202210101301	郭东宇	2005-06-06

8 row in set (0.00 sec)

4. 使用带有 all 的嵌套查询

【例 7.33】在数据库 stusys 中，是否存在"人工智能"专业学生的年龄比"计算机应用"专业学生年龄都大的学生？如果存在，请显示他们的学号、姓名和出生日期。

按照表 7.2 语义分析可知，需要使用"< all"来比较每个"人工智能"专业的学生年龄和所有"计算机应用"专业学生的年龄。在 MySQL 命令行客户端输入 SQL 语句并执行：

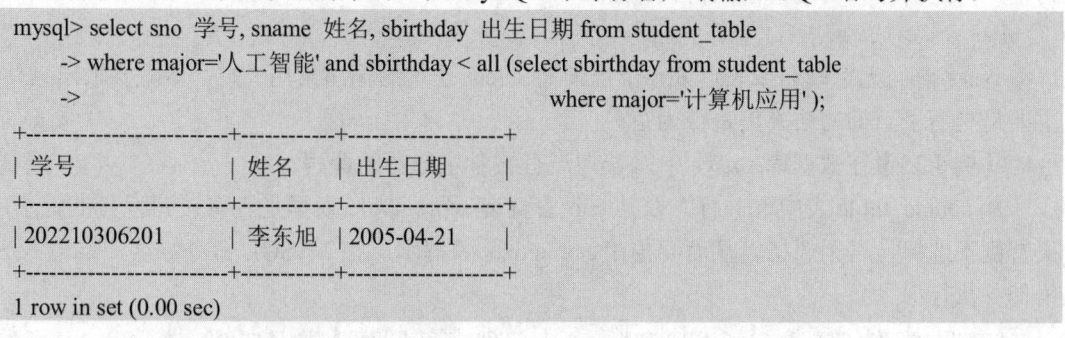

```
mysql> select sno  学号, sname  姓名, sbirthday  出生日期 from student_table
    -> where major='人工智能' and sbirthday < all (select sbirthday from student_table
    ->                                              where major='计算机应用' );
```

学号	姓名	出生日期
202210306201	李东旭	2005-04-21

1 row in set (0.00 sec)

7.3.3 多列多值嵌套查询

当子查询的返回结果集为多行多个字段时，该子查询一般会在父查询语句的 from 子句中，作为一张临时表来使用。

【例 7.34】在数据库 stusys 中，查询每门课程的最高分。

可以使用聚合函数从 score_table 表中求出每门课程的最高分，作为一张临时表和

course_table 多表查询，获得课程号相同的记录连接，显示课程号、课程名和最高分。在 MySQL 命令行客户端输入 SQL 语句并执行：

```
mysql> select C.cno 课程号, C.cname 课程名, SC.maxgrade 最高分
    -> from course_table as C, (select cno, max(grade) as maxgrade from score_table group by cno
    ->                having maxgrade is not null) as SC
    -> where C.cno = SC.cno;
+--------+------------------+---------+
| 课程号 | 课程名           | 最高分  |
+--------+------------------+---------+
| 101101 | 计算机专业基础   |    98   |
| 101102 | C 程序设计语言   |   100   |
| 101301 | 人工智能导论     |    99   |
| 101302 | C 程序设计语言   |    96   |
| 102201 | 自动化专业导论   |    91   |
| 101103 | Linux 技术基础   |    90   |
+--------+------------------+---------+
6 rows in set (0.00 sec)
```

7.3.4　exists 嵌套查询

exists 为关键字的嵌套查询不同于前面的查询，其查询和父查询交叉进行。其执行过程如下。

（1）先取父查询的第一行。

（2）根据取出的行的字段值，用于子查询的 where 条件表达式，若子查询满足条件，则父查询此行进入结果集。

（3）再取父查询的下一行，执行步骤（2）的内容，直到父查询结束。

（4）输出父查询的结果集。

exists 主要是测试父查询的行的字段值是否满足子查询条件，若满足则子查询的结果集不为空，即逻辑值为真。其语法格式如下：

[not] exists (子查询)

exists 前面无字段名或表达式，子查询的 select 子句的输出常用"*"，不需要输出具体值，主要是判断子查询的结果集是否为空。

【例 7.35】在数据库 stusys 中，查询没有被学生选择的课程。

从 course_table 表中取一行，以其 cno 去查询 score_table 表里是否有该课程号的记录，如果有则不选择，否则选择，从而要使用 not exists 关键字。在 MySQL 命令行客户端输入 SQL 语句并执行：

```
mysql> select C.cno 课程号, C.cname 课程名, C.credit 学分 from course_table as C
    ->where not exists (select * from score_table as SC where C.cno = SC.cno ) ;
+--------+------------------+------+
| 课程号 | 课程名           | 学分 |
+--------+------------------+------+
| 101103 | Linux 技术基础   |   4  |
| 101105 | 微机原理及应用   |   3  |
| 101106 | MySQL 数据库技术 |   3  |
```

```
| 101107        |Java 语言程序设计       |      4     |
| 101108        |Web 系统开发          |      4     |
+---------------+----------------------+------------+
```
6 rows in set (0.00 sec)

任务 7.4　集 合 查 询

集合查询

select 的查询结果是一个集合。如果多个集合的字段序列兼容，则 MySQL 可以实现两个 select 查询的结果集的集合运算：并运算（union）、交运算（intersect）和差运算（except）等运算，从而产生一个新的集合，以满足用户的使用需求。

集合查询的语法格式有以下两种：

格式 1：

select　字段名列表 1　from 子句

集合运算符

格式 2：

select　字段名列表 2　from 子句;

说明：

（1）两条查询语句有相同的字段数，而且相应字段的数据类型兼容，最好相同。

（2）集合查询最后的字段名来自第一条 select 语句的字段名列表。

（3）需要对集合查询结果进行排序时，必须使用第一条查询语句的字段名。

7.4.1　集合的并运算

union 是集合查询中应用最多的一种操作符。使用 union 可以把多张表的查询结果组合为一个结果集，默认时去掉两个结果集的重复行。如果添加了 all 可选项，即 union all 返回所有的行数据。

【例 7.36】在数据库 stusys 中，查询"人工智能"专业和"电气技术应用"专业的学生。

从 student_table 表中各自查询两个专业的学生，再用 union 合并在一起，因为学生太多，所以使用 limit 各取两个专业的 2 名学生。在 MySQL 的命令行客户端输入 SQL 语句并执行：

```
mysql> (select sno,sname,ssex,major,class from student_table where major='人工智能' limit 2) union
    -> (select sno,sname,ssex,major,class from student_table where major='电气技术应用' limit 2);
+--------------+--------+------+--------------+-------------+
| sno          | sname  | ssex | major        | class       |
+--------------+--------+------+--------------+-------------+
| 202210306101 | 罗红丽 | 女   | 人工智能     | 人工智能 221 |
| 202210306102 | 邱达超 | 男   | 人工智能     | 人工智能 221 |
| 202210203101 | 吴顺宇 | 男   | 电气技术应用 | 电气 221    |
| 202210203102 | 赵伟峰 | 男   | 电气技术应用 | 电气 221    |
+--------------+--------+------+--------------+-------------+
```
4 rows in set (0.00 sec)

7.4.2 集合的交运算

交运算就是查询两张表的相同的行。

【例 7.37】在数据库 stusys 中，查询"人工智能"专业中的男同学。

从 student_table 表中各自查询"人工智能"专业学生和男同学，再用 intersect 合并在一起，最后按照 sname 排序。在 MySQL 的命令行客户端输入 SQL 语句并执行：

```
mysql> select sno,sname,ssex,major,class from student_table where major='人工智能' intersect
    -> select sno,sname,ssex,major,class from student_table where ssex='男';
+--------------+--------+------+----------+--------------+
| sno          | sname  | ssex | major    | class        |
+--------------+--------+------+----------+--------------+
| 202210306102 | 邱达超 | 男   | 人工智能 | 人工智能 221 |
| 202210306103 | 王源   | 男   | 人工智能 | 人工智能 221 |
| 202210306201 | 李东旭 | 男   | 人工智能 | 人工智能 222 |
| 202210306202 | 张家维 | 男   | 人工智能 | 人工智能 222 |
| 202210306203 | 赵亮   | 男   | 人工智能 | 人工智能 222 |
+--------------+--------+------+----------+--------------+
5 rows in set (0.00 sec)
```

7.4.3 集合的差运算

差运算是在第一个 select 的结果集中去掉两个结果集重复的部分。

【例 7.38】在数据库 stusys 中，查询"计算机应用"专业的女同学。

第一条 select 语句从 student_table 表中查询"计算机应用"专业，第二条 select 语句从 student_table 表中查询女同学，再用 except 合并在一起，最后按照 sname 排序。在 MySQL 的命令行客户端输入 SQL 语句并执行：

```
mysql> select sno,sname,ssex,major,class from student_table where major='计算机应用' except
    -> select sno,sname,ssex,major,class from student_table where ssex='男';
+--------------+--------+------+------------+------------+
| sno          | sname  | ssex | major      | class      |
+--------------+--------+------+------------+------------+
| 202210101104 | 蔡美青 | 女   | 计算机应用 | 计算机 221 |
| 202210101105 | 邹佳佳 | 女   | 计算机应用 | 计算机 221 |
+--------------+--------+------+------------+------------+
2 rows in set (0.00 sec)
```

项 目 小 结

数据库的核心为数据共享的综合查询，在进行各种操作之前，进行查询非常必要，这样才能做到精准操作。select 语句是 SQL 的核心语句，它包含了 select 子句、from 子句、where 子句、group by 子句、having 子句、order by 子句和 limit 子句，实现了关系代数的各种操作，以简洁的形式实现了投影、连接操作。只有经过大量的练习，才能真正掌握 select 语句，才能把数据库的理论和实践结合在一起。

项目实训：实现综合查询

1. 在数据表 tb_student 中查询所有女生的姓名。
2. 在数据表 tb_student 中，查询年龄大于 18 岁的学生名单。
3. 在数据表 tb_student 中，查询姓"王"的学生的姓名、性别。
4. 在数据表 tb_student 中，查询男、女生的人数。
5. 在数据表 tb_student 中，按照性别进行分组，查询每个分组中年龄最小和最大的学生的出生日期。
6. 在数据表 tb_student 和 tb_grade 中，查询只在 tb_student 表中出现过，而在 tb_grade 表中未出现过的学生的姓名。
7. 在数据表 tb_student 和 tb_grade 中，查询所有学生的成绩，要求显示学号、姓名、课程号、综合成绩，并按照综合成绩由高到低进行排列。
8. 利用 in 和 or 两种方式，查询姓名为"刘嘉宁""王苗苗"的成绩单。

课外拓展：对图书管理系统进行数据查询

1. 对图书进行各种选择排序。
2. 对图书进行分类汇总。
3. 对图书进行模糊查询，获得相关的图书内容。

思 考 题

1. 简述应用聚合函数的 SQL 语句的基本结构。
2. 对比内、外连接和 from、where 子句查询的区别和联系。
3. SQL 语句的优化执行，主要是针对哪些操作？
4. 简述 select 所有子句的执行顺序。
5. 简述 limit 子句的使用方法。
6. 嵌套查询有哪些方面的应用？
7. 简述基于 select 查询结果的集合运算。
8. MySQL 的存储引擎使用哪些算法来提升 select 查询速度？
9. select 子句的 as 的使用和 from 子句的 as 的使用有什么区别？
10. 使用 exits 关键字时的执行次序，和使用 in、any、all 等关键字时的执行次序有什么区别？

项目8　优化查询学生信息管理数据库

随着信息管理系统使用时间的推移，数据表里的数据越来越多，提高查询效率成为必要的路径。索引是提高数据库性能的重要方式，它是依据数据表的一列或多列的数值创建的，如同图书附录的核心术语索引一样。MySQL 查询引擎无须全部遍历数据表，根据数据值快速定位满足条件的目标数据所在的位置，因此 SQL 语句的查询速度有所提升。当下数据库的用户有很多，不需要、也没有必要都使用整张数据表。视图就是一种虚拟存在的数据表，可以从一张数据表或多张数据表或多个视图中选取用户所需的信息，隐藏对用户没用、没有权限知道的信息和数据表结构，既能保障数据库的安全性，又能大大提高查询的效率。

学习目标：

- 理解视图和索引的适用场景
- 了解优化查询的路径
- 掌握索引类型的选择方法
- 掌握索引的创建、修改、删除
- 掌握索引的使用
- 掌握视图的创建、修改、删除
- 掌握视图的使用

知识架构：

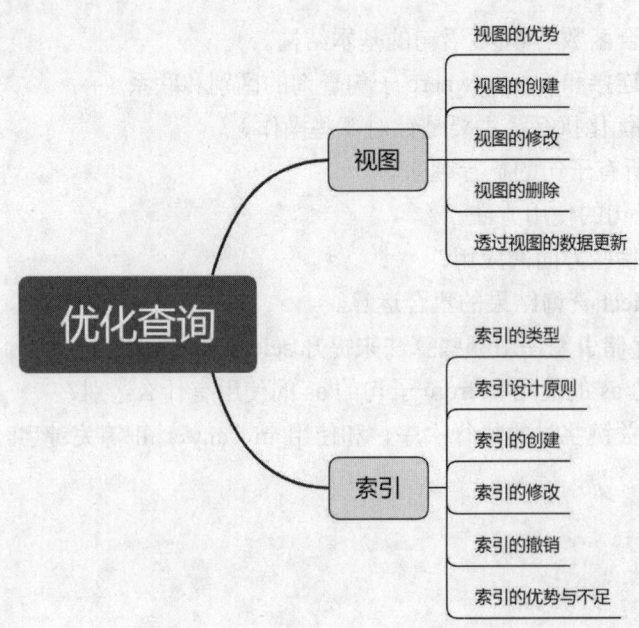

任务 8.1 使用视图优化查询性能

使用视图优化查询性能

在数据查询过程中，经常需要隐藏一些数据，或者使复杂的查询易于理解和使用，这时需要创建视图，根据实际需求，完成创建视图、查看视图、修改视图、更新视图中的数据和删除视图等操作。

8.1.1 视图概述

视图是一种通过 select 语句生成的虚拟数据表，数据库中仅存放视图的 SQL 语句定义，所涉及的数据还是存放在定义视图时所引用的基本数据表中，只有在使用视图时才动态地临时生成。基本数据表中的数据一旦发生改变，可以直接、自动地反映到视图中。因此，可以称视图是数据库系统的相关业务的外模式。

8.1.2 视图的特点

视图一经定义，就可以像数据表一样被查询、修改和删除，为查看和存取数据提供了一种新途径。但更新视图中的数据时有一定的约束。

1. 视图的优点

（1）关注特定的数据。视图创建了一种可以控制的环境，对于不同的用户定义了不同的视图，使每个用户只能看到他有权看到的数据。视图让用户集中精力关注他们自己感兴趣的特定数据和所负责的特定业务，不必要的数据不会出现在用户的视图中，具有保障数据库系统安全性的作用。

（2）简化操作。视图是数据库中保存的一条可以很复杂的、多表查询的 select 语句，这样用户可以直接反复使用，从而隐藏数据表之间的复杂联系和连接操作，大大简化用户对数据的操作。

（3）屏蔽数据库的复杂性。用户直接使用数据，不需要关心复杂的表结构；视图提供了一种外模式，将数据库设计的复杂性和用户的使用方式屏蔽开来。随着业务的变化，数据库结构和业务处理数据的逻辑相应改变，只要外模式输出不变，用户就感觉不到系统的变化，用户无须做任何改变就可以适应业务处理的提升。也就是说，数据库的逻辑结构和物理结构的改变不会影响用户的使用。

（4）实现数据的即时更新。视图每次提取的数据都是从数据表里获得的，避免了数据的不一致性。当数据表更新数据时，视图也能够保持同步的变化。

（5）视图的创建和删除不影响数据表。

2. 视图的缺点

（1）性能不高。使用视图时，需要 MySQL 存储引擎把定义视图的 SQL 语句转换为实际数据表的查询。如果视图是一个涉及多表的复杂逻辑操作，即使是一个简单查询，也需要较多的 SQL 耗时操作。

（2）更新数据的限制。虽然视图也允许插入、修改和删除数据，但同样需要 MySQL 的存储引擎转换为实际数据表的更新。如果视图基于单张数据表，那么对于视图的更新影响不大；如果多表综合查询，多表之间有多种完整性约束，一般视图不能完成更新操作，只能作为一般的查询来使用。

8.1.3 创建视图

创建视图是指在若干数据表或已经存在的视图上建立视图。

1. 使用 SQL 语句创建视图

使用 SQL 语句创建视图的语法格式如下：

```
create view name_view [col_name, … , col_name]
as select_statement
[ with [ cascaded | local ] check option]
```

说明：

（1）create view：创建视图的关键字。

（2）name_view：要创建的视图的名称，不能与已有的视图、数据表同名。

（3）col_name, … , col_name：视图的字段名或列名，如果省略了该部分定义，则视图的字段名为 select_statement 子句的字段名。有两种情况必须为视图定义新字段名：当字段是从算法表达式、函数或常量得到的；有同名的冲突。视图的字段名必须和 select 的结果集的字段列表在位置上一一对应，这样才能真正获得对应字段的数据类型和数据。

（4）as：指定视图的数据来源和选择的关键字。

（5）select_statement：视图的查询语句，该 select 不能包含系统/用户变量和处理语句参数，from 不能包含子查询，也不能使用临时表创建视图。如果视图依赖的基本数据表被删除或更名，那么视图的使用会出错。可以通过"check table 表名"来检查基本数据表的状态，避免出错。

（6）with [cascaded | local] check option：可选项，表示从视图更新、修改和插入时，只有满足检查条件操作才能执行。

【例 8.1】在数据库 stusys 中，创建一个女同学视图。

在 MySQL 的命令行客户端执行的 SQL 语句及执行结果如下：

```
mysql> create view female_student_view as select * from student_table where ssex='女';
Query OK, 0 rows affected (0.01 sec)
```

成功创建视图后，可以使用 desc 语句查询视图的虚表结构：

```
mysql> desc female_student_view;
+-----------+-------------+------+-----+---------+-------+
| Field     | Type        | Null | Key | Default | Extra |
+-----------+-------------+------+-----+---------+-------+
| sno       | char(12)    | NO   |     | NULL    |       |
| sname     | varchar(4)  | NO   |     | NULL    |       |
| ssex      | char(1)     | NO   |     | 男      |       |
| sbirthday | date        | NO   |     | NULL    |       |
| major     | varchar(20) | NO   |     | NULL    |       |
| class     | varchar(12) | NO   |     | NULL    |       |
```

```
| tele         | char(11)     | YES    |      | NULL    |       |
| wechat       | varchar(20)  | YES    |      | NULL    |       |
| address      | varchar(30)  | YES    |      | NULL    |       |
+--------------+--------------+--------+------+---------+-------+
```
9 rows in set (0.00 sec)

查询视图 female_student_view 中"计算机应用"专业的学生，其 SQL 语句及执行结果如下：
```
mysql> select sno,sname,ssex,class from female_student_view where major='计算机应用';
+---------------+--------+------+-----------+
| sno           | sname  | ssex | class     |
+---------------+--------+------+-----------+
| 202210101104  | 蔡美青 | 女   | 计算机221 |
| 202210101105  | 邹佳佳 | 女   | 计算机221 |
+---------------+--------+------+-----------+
```
2 rows in set (0.00 sec)

为了正确地定义视图，首先测试其对应的 select 语句，执行后若能够满足用户的需求，再创建视图。

【例 8.2】 在数据库 stusys 中，创建一个女同学选课视图。

连接查询 student_table、course_table、score_table 这三张数据表的女同学生成视图，在 MySQL 的命令行客户端执行的 SQL 语句及查询"计算机应用"专业女同学的课程结果如下：
```
mysql> create view female_course_view(fsno,fsname,fclass,fmajor,fcname,fgrade) as
    -> select S.sno, S.sname, S.class, S.major, C.cname, SC.grade
    -> from student_table as S, course_table as C, score_table as SC
    -> where s.ssex='女' and S.sno= SC.sno and C.cno= SC.cno;
Query OK, 0 rows affected (0.01 sec)
mysql> select fsno, fsname, fclass, fcname, fgrade from female_course_view where fmajor='计算机应用';
+---------------+--------+-----------+----------------+--------+
| fsno          | fsname | fclass    | fcname         | fgrade |
+---------------+--------+-----------+----------------+--------+
| 202210101104  | 蔡美青 | 计算机221 | 计算机专业基础 | 56     |
| 202210101104  | 蔡美青 | 计算机221 | C程序设计语言   | 64     |
| 202210101105  | 邹佳佳 | 计算机221 | 计算机专业基础 | 80     |
| 202210101105  | 邹佳佳 | 计算机221 | C程序设计语言   | 82     |
+---------------+--------+-----------+----------------+--------+
```
4 rows in set (0.00 sec)

2. 使用 MySQL Workbench 工具创建视图

在 MySQL Workbench 软件主界面的导航窗格中选择 stusys→views 子项，右击，弹出快捷菜单，选择 Create View 命令，显示创建视图的窗格。也可以通过快捷方式，即单击图标（提示信息为 Create a new view in the active schema in the connected server）选择该功能。

在视图创建的 Name 文本框内输入 information_depart_view（信息技术系视图），再输入 select 子句。根据学号的编制规律可知，年份之后的"101"属于信息技术系，从而 where 子句的过滤条件为"sno like '____101%' "，如图 8.1 所示。输入 SQL 语句后，再选择快捷键提示信息为 Beautify/reformat the SQL script 的功能，则格式化创建视图的 SQL 语句，便于用户再次校对语句内容。单击 Apply 按钮，弹出一个对话框，核对 SQL 语句无误后再单击 Apply 按钮，即可创建信息技术系视图。在导航窗格的数据库 stusys 下的 Views 子项下面，出现了新建的视图对象 information_depart_view。

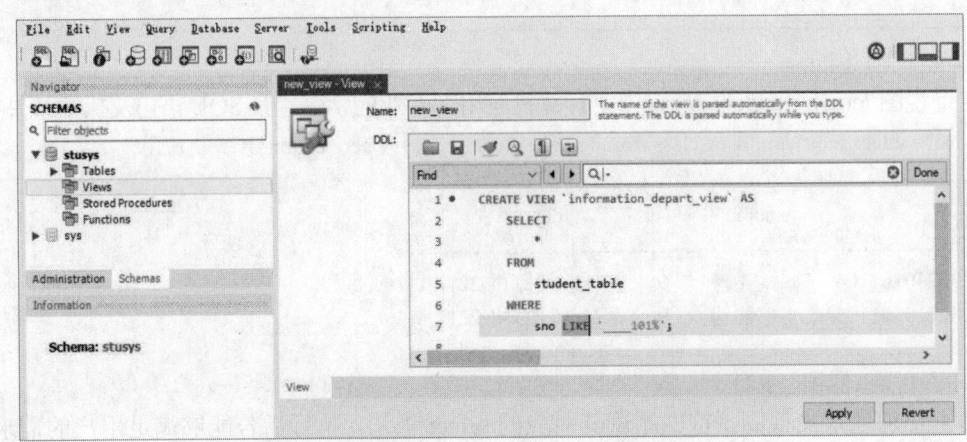

图 8.1　创建 information_depart_view 信息技术系视图

8.1.4　查看视图

创建视图后，可以查看视图的定义信息，前面使用了 desc|describe 语句来查看视图这张虚拟表的结构，还可以使用 show create view 语句来查看创建视图的 SQL 语句内容，使用 show table status 语句来查看视图的状态，也可以使用 MySQL Workbench 工具来查看视图信息。

1. 使用 show create view 语句查看创建视图的 SQL 语句内容

使用 show create view 语句可以查看创建视图的 SQL 语句内容，其语法格式如下：

show create view name_view;

【例 8.3】查看 female_student_view 视图信息。

在 MySQL 的命令行客户端执行的 SQL 语句及执行结果如下：

mysql> show create view female_student_view \G
*************************** 1. row ***************************
                View: female_student_view
         Create View: CREATE ALGORITHM=UNDEFINED DEFINER=`root`@`localhost` SQL SECURITY DEFINER VIEW `female_student_view` AS select `student_table`.`sno` AS `sno`,`student_table`.`sname` AS `sname`,`student_table`.`ssex` AS `ssex`,`student_table`.`sbirthday` AS `sbirthday`,`student_table`.`major` AS `major`,`student_table`.`class` AS `class`,`student_table`.`tele` AS `tele`,`student_table`.`wechat` AS `wechat`,`student_table`.`address` AS `address` from `student_table` where (`student_table`.`ssex` = '女')
character_set_client: utf8mb4
collation_connection: utf8mb4_0900_ai_ci
1 row in set (0.00 sec)

2. 使用 show table status 语句查看视图的状态

使用 show table status 语句可以查看视图的创建时间、更新时间和注释等信息，其语法格式如下：

show table status like name_view;

【例 8.4】查看 female_student_view 视图状态。

在 MySQL 的命令行客户端执行的 SQL 语句及执行结果如图 8.2 所示。

```
mysql> show table status like 'female_student_view' \G
*************************** 1. row ***************************
           Name: female_student_view
         Engine: NULL
        Version: NULL
     Row_format: NULL
           Rows: NULL
 Avg_row_length: NULL
    Data_length: NULL
Max_data_length: NULL
   Index_length: NULL
      Data_free: NULL
 Auto_increment: NULL
    Create_time: 2023-07-25 16:46:49
    Update_time: NULL
     Check_time: NULL
      Collation: NULL
       Checksum: NULL
 Create_options: NULL
        Comment: VIEW
1 row in set (0.00 sec)
```

图 8.2　查看 female_student_view 视图状态

3. 使用系统表查询视图的元信息

当 MySQL 创建一个视图后，把视图的信息保存到 information_Schema 数据库的 views 数据表中。可以使用 select 语句从 views 中获取信息，信息内容和使用 show create view 语句获取的信息类似，但使用行格式显示了视图定义的信息，比 show create view 语句获取的信息的可读性更强。

4. 使用 MySQL Workbench 工具查看视图

在 MySQL Workbench 软件主界面的导航窗格中选择 stusys→Views 子项，列出 stusys 的所有视图名，选择要查看的视图，在视图名的右边有三个图标，单击第一个图标则出现 view 的 Tab 信息框。图 8.3 显示了视图 information_depart_view 的信息，它与数据表的信息显示一样，用多个 Tab 显示视图的信息，内容更为丰富。

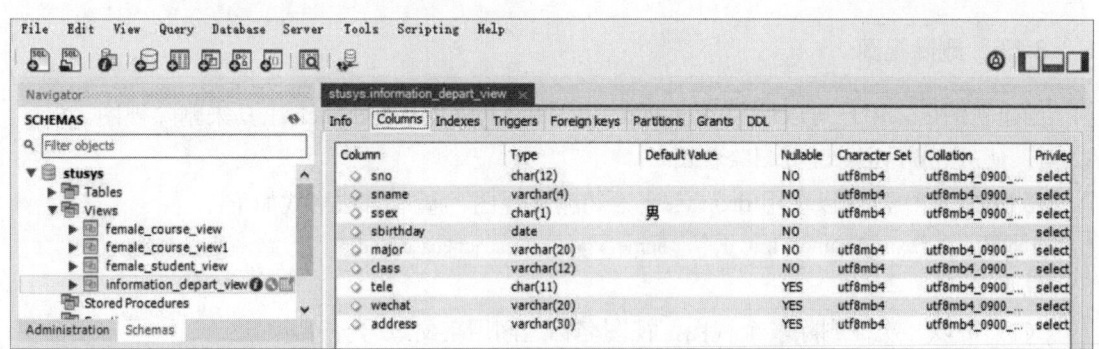

图 8.3　视图 information_depart_view 的信息

8.1.5　修改视图

创建视图后，因为相关的业务需求发生了变化或视图涉及的数据表的结构发生了变化，需要修改视图的定义，此时可以使用 replace view、alter view 语句和 MySQL Workbench 工具来修改视图。

1. 使用 replace view 语句修改视图

使用 replace view 语句可以用来修改视图，其语法格式为：

replace view name_view [col_name, … , col_name]
as select_statement
[with [cascaded | local] check option]

replace view 语句的格式、参数与 create view 语句完全相同。replace view 语句实际上就是创建一个新视图来替换旧视图。

2. 使用 alter view 语句修改视图

在 MySQL 中，使用 alter view 语句来修改视图，语法格式如下：

alter view name_view [col_name, … , col_name]
as select_statement
[with [cascaded | local] check option]

同样，alter view 语句的格式、参数与 create view 语句完全相同。如果修改了视图名为一般不存在的视图名，则会出错；若为一个存在的视图名，则会替换那个视图。

【例 8.5】修改 information_depart_view 视图信息，仅显示学号、姓名、性别、专业和年级。

在 MySQL 的命令行客户端执行的 SQL 语句及执行结果如下：

mysql> alter view information_depart_view(v_sno, v_sname, v_ssex, v_major, v_class) as
    -> select sno, sname,ssex,major,class from student_table where sno   like   '____101%';
Query OK, 0 rows affected (0.01 sec)

3. 使用 MySQL Workbench 工具修改视图

在 MySQL Workbench 软件主界面的导航窗格中选择 stusys→Views 子项，列出 stusys 的所有视图名，选择要修改的视图，右击弹出快捷菜单，选择 Alter View 命令，则打开修改视图窗格，显示原来的 SQL 语句，如图 8.1 所示。使用快捷方式选择要修改的视图时，在视图的名称右边有三个图标，单击第二个图标即可。按照业务需要修改视图定义，不要修改视图名。

8.1.6 删除视图

创建视图后，用户可以使用 drop view 语句和 MySQL Workbench 工具来删除视图。

1. 使用 drop view 语句删除视图

在 MySQL 中，可以使用 drop view 语句删除视图，基本语法格式如下：

drop view [if exists] name_view_1, … , name_view_n [restrict | cascaded];

说明：

（1）可以一次性删除多个视图，视图名称之间用英文逗号分开。

（2）if exists：可选参数，如果选择该参数，删除不存在的视图，系统不会报错。

（3）restrict | cascaded：可选参数，其中 restrict 为默认参数。若有 restrict 参数，且有其他视图依赖本视图，则该参数保证删除操作不能被执行。cascaded 参数会指示 MySQL 系统把其他依赖本视图的视图一起删除，所以该参数要慎重使用。

【例8.6】删除数据库 stusys 中女同学选课视图 female_course_view。

在 MySQL 的命令行客户端执行的 drop view 语句及执行结果如下:

```
mysql> drop view female_course_view
Query OK, 0 rows affected (0.01 sec)
```

2. 使用 MySQL Workbench 工具删除视图

在 MySQL Workbench 软件主界面的导航窗格中选择要修改的视图,右击弹出快捷菜单,选择 drop views 命令,则进入删除视图的对话框,如图 8.4 所示。

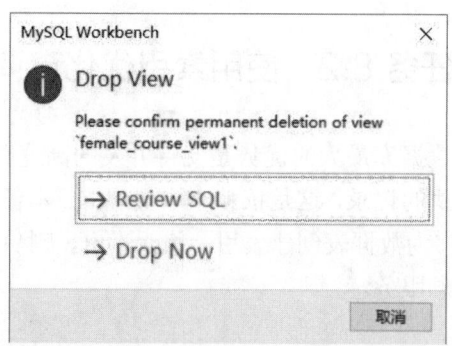

图 8.4　MySQL Workbench 删除视图对话框

单击 Drop Now 按钮则立即删除;单击 Review SQL 按钮则弹出一个对话框,显示删除视图的 SQL 语句,核对要删除视图的信息,如果确实需要删除视图,则单击取消按钮即可。

8.1.7　视图的使用

创建视图后,视图可以像数据表一样被使用。

1. 在学生信息管理系统中应用视图

【例8.7】使用数据库 stusys 的女同学选课视图 female_course_view,计算全部女同学的人数、平均成绩、最高成绩。

使用视图的字段名,用聚合函数来计算成绩和人数信息,在 MySQL 的命令行客户端执行的 SQL 语句及执行结果如下:

```
mysql> select count(*) 人数,avg(fgrade) 平均分, max(fgrade) 最高分 from female_course_view;
+--------+---------+---------+
| 人数   | 平均分  | 最高分  |
+--------+---------+---------+
|    4   | 70.5000 |   82    |
+--------+---------+---------+
1 row in set (0.00 sec)
```

2. 利用视图更新数据

【例8.8】使用数据库 stusys 的女同学视图 female_student_view,插入一名新同学,其对应的信息为('202210203104', '罗莹莹', '女', '2005-05-24', '电气技术应用', '电气 221', '68492058', 'Bealeaf5524', '湛江市徐闻县')。

在 MySQL 的命令行客户端执行的 SQL 语句及执行结果如下:

```
mysql> insert into female_student_view
    -> values('202210203104', '罗莹莹', '女', '2005-05-24', '电气技术应用', '电气 221', '68492058', 'Bealeaf5524', '湛江市徐闻县');
Query OK, 1 row affected (0.01 sec)
```

可以通过 update、delete 语句删除 female_student_view 里的视图信息，能够直接把数据更新到它所依赖的数据表 student_table 里。如果视图由多个数据表生成，则不能更新该视图；更新只能操作在哪些来自一个数据表的视图，而且不能更新计算列。如果指定了 with check option 选项，必须保证修改后的数据满足视图定义的范围。

任务 8.2　使用索引优化查询性能

使用索引优化查询性能

数据库最大的优势是支持并发的高速查询，在几亿条记录中，根据关键字能够迅速定位到要查找的记录，这是依赖索引实现的。本任务首先要认识索引、理解索引的本质、索引的种类，能够为数据表创建索引、修改索引、删除索引，能够在实际业务中正确设置索引，创造优质的信息服务。

8.2.1　索引的作用

在大多数信息系统中，数据库的读取次数远远大于数据库的写入和更新次数，因此提高数据库的读取效率是数据库优化的核心工作。索引采用了键值对的数据结构，加快了检索的速度。索引的键由数据表或视图的一个字段或多个字段生成，既存储了键值也存储了相应记录的存储位置。如果把数据库看作字典，可以将偏旁部首和笔画作为索引，再在小范围内找到对应的字及其所在的页码。通过索引能够缩小查询的范围，避免逐页顺序查找，加快访问速度。字典中还有拼音的索引，所以数据库中也可以建立多种索引，满足用户的不同需求，提高检索的效率。

实际上，索引是一种以空间代价提高时间效率的方法，它采用预建的键值结构，根据查询条件，来快速定位目标记录。在 MySQL 中，一旦建立了索引，则索引由 DBMS 自动管理和维护，需要 MySQL 在后台来维护索引，特别消耗计算资源和存储资源。特别是对于数据的更新操作，需要把涉及的表或视图的索引结构都做相应的修改，这样才能保持索引的效率。索引的建立要根据实际情况，避免建立不必要的大量索引，避免更新数据时，MySQL 需要消耗大量的资源，造成服务质量的下降。另外在用 select 语句查询时，只有 where 子句里的条件涉及索引字段，这样索引才能起到作用。因此，在信息管理系统开发时，如何设计索引，才是提高数据库使用效率的关键。

在 MySQL 中，数据库、数据表都可以使用不同的存储引擎，不同的存储引擎使用不同的索引和数据存储方式。例如，MyISAM 存储引擎将索引和数据分开存储，而 InnoDB 存储引擎把两者合并。这样就需要数据库系统设计者要掌握存储引擎的特性，为不同的数据库、数据表设置相应的存储引擎，提高查询效率。

在 MySQL 中，使用了 B-Tree 和 Hash 两种技术实现索引，其中 B-Tree 为默认索引存储技术。MySQL 的不同存储引擎支持不同的索引存储技术，MyISAM 和 InnoDB 两种存储引擎支持 B-Tree 索引，Memory 存储引擎只支持 Hash 索引。

8.2.2 索引的类型

可以从不同的角度对索引进行分类，便于理解索引和掌握索引存储技术。

1. 根据索引特征分类

（1）普通索引。普通索引是 MySQL 中的基本索引类型，在创建索引时不附加任何约束和限制条件，它是由 index 或 key 定义的索引，可以在任何数据类型中创建。普通索引允许在定义索引的字段中插入重复值和空值。

（2）唯一索引。唯一索引是由 unique 定义的索引，唯一索引字段的值必须唯一，至多允许有一个空值。如果是组合索引，则字段值的组合必须唯一。

（3）主键索引。主键索引是指建立数据表时依据主键自动建立的索引，很少有修改表结构时再创建主键索引。该索引要求数据表中该字段的值唯一而且非空。MySQL 的数据表的主键索引，每张表只能有一个，其他类型的索引可以有多个。

（4）全文索引。全文索引是由 fulltext 关键字定义的索引，主要用来查找数据量较大的文本中的关键字，只能在 char、varchar 或 text 类型的字段上创建。全文索引允许在索引字段中插入重复值和空值。

（5）空间索引。空间索引是由 spatial 关键字定义的索引，是对 geometry、point、linestring 和 polygon 等空间数据类型的字段建立的索引。目前，只有 MyISAM 存储引擎支持空间索引，创建空间索引的字段必须将其声明为 not null。

2. 根据索引涉及的字段数分类

（1）单列索引。单列索引是指数据表或视图的单个字段上创建的索引。

（2）复合索引。复合索引是指数据表或视图的多个字段上创建的索引。复合索引创建时字段的出现顺序决定了索引的使用方式，只有 where 子句的查询条件中使用了复合索引的第一个字段，复合索引才能生效。

复合索引和单列索引都只能在单张数据表或单个视图上建立，不能跨表或跨视图建立。

3. 根据索引的存储方式分类

（1）B-Tree 索引。B-Tree 索引是指使用了 B-Tree 数据结构的索引，它是一种支持范围查询的平衡多叉树，查询效率高。目前多数关系数据库都支持 B-Tree 索引存储方式。

（2）Hash 索引。Hash 索引是指使用了 Hash 结构的索引。对于单个值的查询，Hash 索引的速度比 B-Tree 快，但它不支持不等式的范围查询，只有 Memory 存储引擎使用 Hash 索引。

4. 根据索引与物理存储记录的关系分类

（1）聚集型索引。聚集型索引是指每个索引值都对应唯一的记录位置，通常为主键索引采用的模式。

（2）非聚集型索引。非聚集型索引是指一个索引值对应了多条记录，需要通过额外的字段或字段集合建立记录的索引。通常为非主键索引采用的模式。

8.2.3 索引设计的原则

索引能有效提高查询的效率，但索引的自动维护也消耗了 MySQL 服务器的大量资源。因此，在建立索引时，要结合业务的实际查询需要，综合索引特征及存储方式，设计合适的索引。设计索引的原则有以下几条。

（1）严格限制同一张表或同一个视图上的索引数量。索引增多将会大大影响数据更新操作的执行性能。对于使用频率较低或不再使用的索引，需要及时删除。

（2）若数据表的数据量较大，且对数据表的更新较少而且查询较多，可以通过创建多个索引来提高查询性能。对于重复值较多的字段，即使创建索引查询的时间会较长，也不建议建立索引。

（3）对于排序、分组或多表之间连接涉及的字段建立索引，可以有效提高数据的查询速度。

（4）对视图建立索引也可以提高其检索的效率。

8.2.4 创建索引

MySQL 提供了三种创建索引的方法：在创建数据表（create table）时创建索引，使用 create index 语句在已存在的数据表上创建索引，使用 alter table 语句在已存在的数据表上创建索引。此外，还可以使用 MySQL Workbench 工具创建索引。

1. 在创建数据表（create table）时创建索引

在使用 create table 语句创建数据表时，所有字段定义之后可以定义索引序列，多个索引定义之间用逗号隔开，单个索引定义的语法格式如下：

[unique | fulltext | spatial] index|key [index_name] (col_name [(length)] [asc | desc] [,…])

说明：

（1）unique | fulltext | spatial：可选参数，用于指定索引类型，如果没有指定，则为普通索引。

（2）index|key：指明是索引定义的关键字，两个是等价的，择一即可。

（3）index_name：索引名称，如果默认，MySQL 数据库实例自动生成一个名称，不能重复。

（4）col_name [(length)] [asc | desc]：索引依赖的数据表或视图的字段名，其他属性定义。length 表示使用字符串类型字段值前缀的长度，如果没有指明，则使用整个字段；asc | desc 表明是升序还是降序。

（5）圆括号内为一个或多个索引使用的字段名。多个字段需要使用逗号分开。

【例 8.9】在数据库 stusys 中，创建一个 teacher_table 数据表（教师编号 tno,教师姓名 tname,性别 tsex,出生日期 tbirthday,职称 title,学历 education,教研室 trs,入职时间 entryday,电话 ttele,简历 cv），主键为 tno，唯一索引为 tname，普通索引为 trs，全文索引为 cv。

在 MySQL 命令行客户端输入 SQL 语句并执行：

```
mysql> create table if not exists teacher_table( tno char(6) not null comment '教师编号',
    -> tname varchar(4) not null comment '教师姓名', tsex char(1) not null default '男' comment '性别',
    -> tbirthday date comment '出生日期', title varchar(7) comment '职称',
    -> education char(7)    comment '学历', trs varchar(12) not null comment '教研室',
    -> entryday date comment '入职时间', ttele char(11) not null comment '电话', cv text comment '简历',
    -> primary key(tno), unique index tname_index(tname), index (trs(6)), fulltext (cv) );
Query OK, 0 rows affected (0.15 sec)
```

2. 使用 create index 语句在已存在的数据表上创建索引

如果数据表或视图已经定义完毕，可以使用 create index 语句建立索引。其语法格式如下：

```
create [unique | fulltext | spatial] index|key [index_name]
on name_table (col_name [(length)] [asc | desc] [,…])
```

其中 on 指明在已经定义的数据表或视图 name_table 上创建索引,其他的和定义数据表创建索引相同。

【例 8.10】在数据库 stusys 的数据表 student_table 的 sname 字段前的三个字符上创建普通索引,在 wechat 字段上创建唯一索引。

在 MySQL 命令行客户端输入 SQL 命令并执行:

```
mysql> create index sname_index on student_table(sname(3));
Query OK, 0 rows affected (0.03 sec)
Records: 0    Duplicates: 0    Warnings: 0

mysql> create index wechat_index on student_table(wechat);
Query OK, 0 rows affected, 1 warning (0.03 sec)
Records: 0    Duplicates: 0    Warnings: 0。
```

3. 使用 alter table 语句在已存在的数据表上创建索引

使用 alter table 语句在已存在的数据表上创建索引的语法格式如下:

```
alter table name_table
add [unique | fulltext | spatial] index|key [index_name_1] (col_name [(length)] [asc | desc] [,…]),
…
add [unique | fulltext | spatial] index|key [index_name_n] (col_name [(length)] [asc | desc] [,…]);
```

说明:

(1)使用 alter table 语句创建索引的参数的含义与 create index 语句创建索引的相同。

(2)使用 alter table 语句可以一次性创建一个或多个索引,多个索引定义用逗号分开。

【例 8.11】在数据库 stusys 的数据表 student_table 的 class 和 major 字段上分别创建普通索引 class_index、major_index。

在 MySQL 命令行客户端输入 SQL 命令并执行:

```
mysql> alter table student_table add key major_index(major), add key class_index(class(6) desc);
Query OK, 0 rows affected (0.04 sec)
Records: 0    Duplicates: 0    Warnings: 0
```

4. 使用 MySQL Workbench 工具创建索引

在 MySQL Workbench 主界面的导航窗格中选中要创建索引的数据表,右击,在弹出的快捷菜单中选择 Alter Table 命令,Indexes 子窗格创建、修改、删除索引。

【例 8.12】在数据库 stusys 的数据表 course_table 的 tname 和 credit 字段上创建复合索引 tname_credit_index。

打开 course_table 数据表的 Indexes 界面,如图 8.5 所示。单击 Index Name 下的 PRIMARY 下面的空白行,进入编辑状态,输入索引名,再在第二列 Type 选择索引类型,在 Index Columns 栏选择索引的字段及其三个参数(#、Order、Length),分别表示索引中该字段的顺序位置、排序类型、字符串的前缀串的长度。索引还有其他参数:Storage Type(存储类型)、Key Block Size(字段块的大小)、Parser(分析器)、Visible(可见性)及 Index Comment(字段描述)等,用户可以根据需要进行修改。

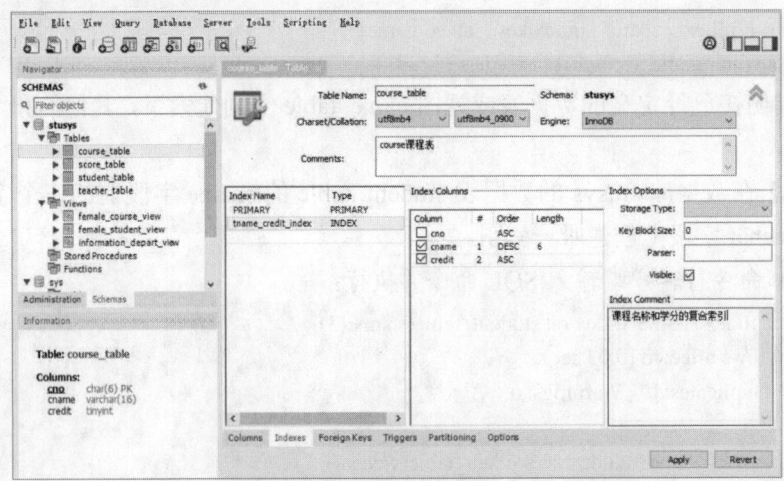

图 8.5　course_table 表结构上的复合索引的编辑

编辑后再次确认，无误后单击 Apply 按钮，弹出一个对话框，用户再次确认后，可以执行该 SQL 语句，在 MySQL 服务器实例上添加该索引。

8.2.5　查看索引

通过 describe|desc name_table、show create table name_table \G 的方式可以查看索引的结构，用户也可以使用 MySQL Workbench 工具来查看，如图 8.5 所示。用户还可以通过 show index 语句详细查看数据表或视图上的每个索引的信息，其语法格式如下：

```
show index from name_table [from name_database];
```

说明：from name_database 指明了查询索引的数据库名，默认只能显示当前数据库的索引。也可以采用数据库名前缀的方式显示指定数据库中数据表或视图上定义的索引。

【例 8.13】查看数据库 stusys 的数据表 student_table 的索引信息。

在 MySQL 命令行客户端输入 SQL 语句并执行，如图 8.6 所示。

选择 管理员: cmd.exe - mysql -h 127.0.0.1 -u root -p

```
mysql> show index from student_table from stusys;
```

Table	Non_unique	Key_name	Seq_in_index	Column_name	Collation	Cardinality	Sub_part	Packed	Null	Index_type	Comment	Index_comment	Visible	Expression
student_table	0	PRIMARY	1	sno	A	22	NULL	NULL		BTREE			YES	NULL
student_table	0	wechat_index	1	wechat	A	22	NULL	NULL	YES	BTREE			YES	NULL
student_table	1	sname_index	1	sname	A	22	3	NULL		BTREE			YES	NULL

3 rows in set (0.00 sec)

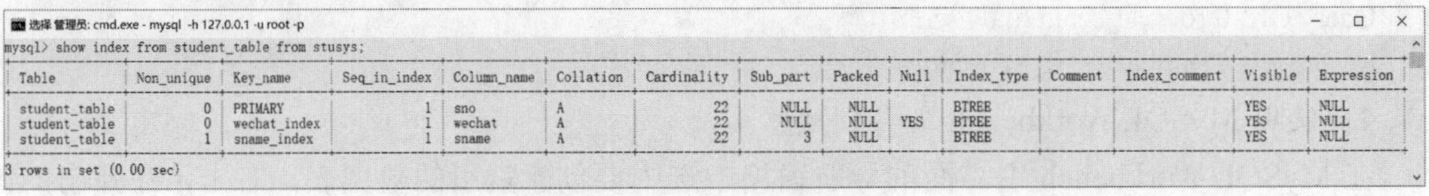

图 8.6　表格形式显示数据库 stusys 下的数据表 student_table 的索引信息

用户还可以使用“\G”参数以多行的形式显示索引内容。

8.2.6　删除索引

成功创建索引后，可以根据业务的变化，删除索引。可以使用 drop index、alter table 语句和 MySQL Workbench 工具，删除指定的索引。

1. 使用 drop index 语句删除索引

使用 drop index 语句删除指定索引的语法格式如下：

```
drop index name_index on name_table;
```

【例 8.14】删除数据库 stusys 数据表 student_table 的 sname_index 索引。

在 MySQL 命令行客户端输入 SQL 语句并执行：

mysql> drop index sname_index on student_table;
Query OK, 0 rows affected (0.01 sec)
Records: 0　Duplicates: 0　Warnings: 0

2. 使用 alter table 语句删除索引

使用 alter table 语句删除指定索引的语法格式如下：

alter table name_table drop index name_index;

【例 8.15】删除数据库 stusys 的数据表 student_table 的 wechat_index 索引。

在 MySQL 命令行客户端输入 SQL 语句并执行：

mysql> alter table student_table drop index wechat_index;
Query OK, 0 rows affected (0.01 sec)
Records: 0　Duplicates: 0　Warnings: 0

【例 8.16】删除数据库 stusys 的数据表 teacher_table 的主键索引。

在 MySQL 命令行客户端输入 SQL 命令并执行：

mysql> alter table teacher_table drop primary key;
Query OK, 0 rows affected (0.017sec)

> **注意**
>
> 如果索引所依赖的字段被删除，则该字段也会从索引中自动删除。

3. 使用 MySQL Workbench 工具删除索引

在 MySQL Workbench 主界面的导航窗格中选中要删除索引的数据表，右击，在弹出的快捷菜单中选择 Alter Table 命令在其 Indexes 窗格选择指定的索引，右击，弹出一个快捷菜单，选择其唯一选项即可，如图 8.7 所示。

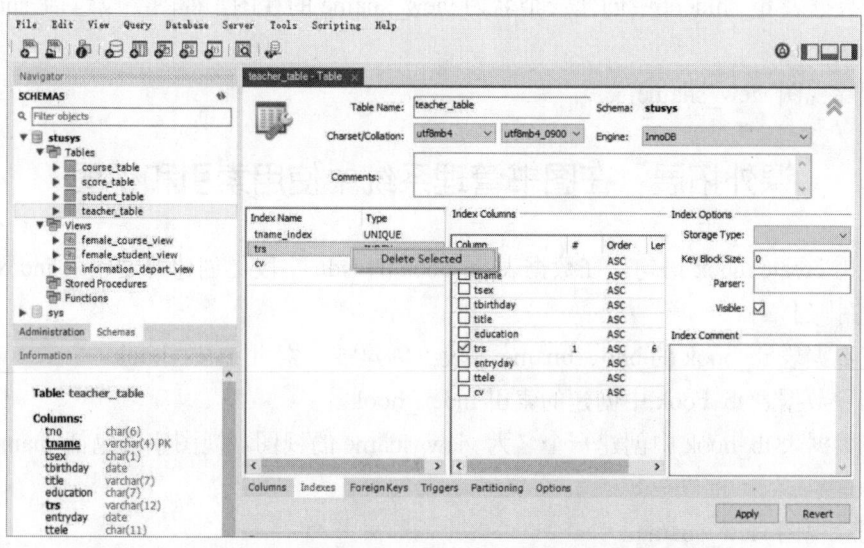

图 8.7　删除数据表 teache_table 上指定的索引 trs

> **注意**
>
> 不存在修改索引的语句。在 MySQL Workbench 工具中可以修改索引，提交 SQL Script 给 Database 时就会发现，其实是通过删除索引再添加索引来实现的。

项 目 小 结

本项目引入了视图和索引的概念、作用和设计原则。通过案例引入了 MySQL 中使用的 SQL 语句和 MySQL Workbench 工具创建、修改和删除视图和索引的操作方法。

视图和索引都属于数据库优化的技术。视图以虚拟表的形式出现，仅仅在数据库实例中保存 SQL 语句，可以提高用户操作的便捷性，提高系统的数据独立性和安全性。索引采用键值对的方式，以 B-Tree 和 Hash 存储结构进行存储和排序，通过牺牲空间和后台维护索引结构的时间为代价，提高检索效率。

通常视图用于查询数据，不用于更新数据。索引的数据并非越多越好，要根据业务需要进行设置。这样视图和索引才能真正提高数据库的性能。

项目实训：索引和视图的创建与管理

1．使用 create index 语句，在数据表 tb_grade 的 sno 字段上创建普通索引 index_ grade_sno，索引按照降序排列。

2．在数据表 tb_student 的 sno、sname 字段上创建唯一索引 index_student。

3．删除数据表 tb_student 中创建的索引 index_student。

4．在数据表 tb_student 中创建一个名为 view_sname 的视图，视图字段包括 sname，字段名为 v_sname。

5．删除视图 view_sname。

课外拓展：在图书管理系统中使用索引和视图

1．使用 create index 语句，在数据表 tb_book 的 isdn 字段上创建普通索引 index_isdn，索引按照升序排列。

2．在数据表 tb_book 的 bno、bname 字段上创建唯一索引 index_book。

3．删除数据表 tb_book 中创建的索引 index_book。

4．在数据表 tb_book 中创建一个名为 view_sname 的视图，视图字段包括 sname，字段名为 v_sname。

5．删除视图 view_sname。

思 考 题

1．在视图上创建索引时，键值对是如何存储和使用的？
2．视图的优势和劣势是什么？
3．索引是如何进行分类的？使用的原则有哪些？
4．删除一个字段时，依赖该字段的索引如何处理？
5．如何修改一个索引？

项目 9　以程序的方式处理学生信息管理数据表

　　MySQL 使用的语言具有较完整的基本语法、流程控制语句的语法要素，包括常量、变量、关键字、运算符、函数、表达式和控制语句，能够通过编写程序控制数据库对象的创建、使用，实现数据表的插入、修改、删除及查询。编程中最为常用的是函数、存储过程，它们是 MySQL 支持的过程式数据库对象，能将复杂的 SQL 语句封装在一起，简化用户的使用，提高 SQL 编程的效率和数据库的处理速度。通过游标能够把提取的数据集进行逐条数据处理，便于用户对数据的操纵。

学习目标：

- 了解 SQL 的语法基础
- 了解 MySQL 的流程控制语句
- 掌握 MySQL 的常用函数
- 掌握 MySQL 的存储过程的创建与管理
- 掌握 MySQL 的触发器的创建与管理

知识架构：

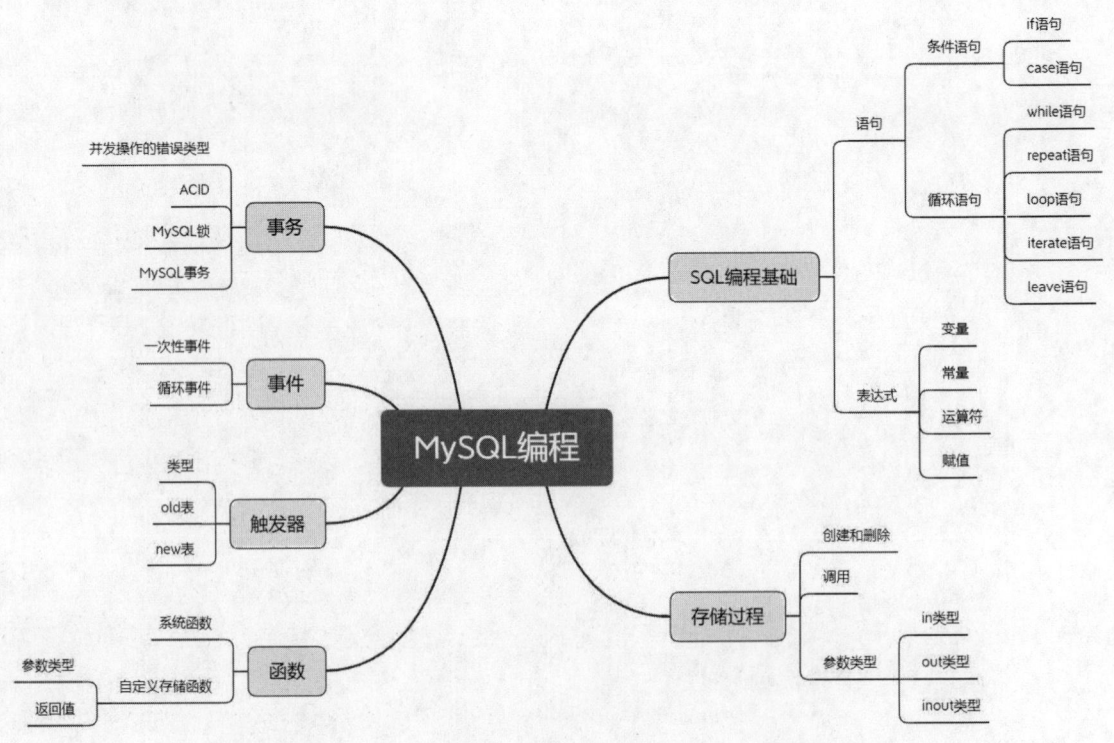

任务 9.1　MySQL 的编程基础

MySQL 的编程基础

MySQL 的编程和一般的程序设计语言一样，语法基本要素有变量、常量、数据类型、字符集、表达式；流程控制分为顺序控制、选择控制和循环控制。

9.1.1　MySQL 编程的基础概念

1. 字符集和转换过程

MySQL 的编程基础有字符集，它是数据库的核心概念之一，关系到数据库的存储、处理、传输和显示。合理使用字符集，掌握数据库处理中涉及的多种编码规则和字符串比较原则，从而能够避免处理中文、英文和其他文字时出现的混乱。

MySQL 的字符集支持可以细化到四个层次，服务器（Server）、数据库（Table）、数据表（Table）和连接层（Connection）。还可以把字符集的选择细化到数据表的字段/列，以及查询结果的返回集，它们之间的依赖关系如图 9.1 所示。可以通过 set 语句完成各个层次字符集的设定。

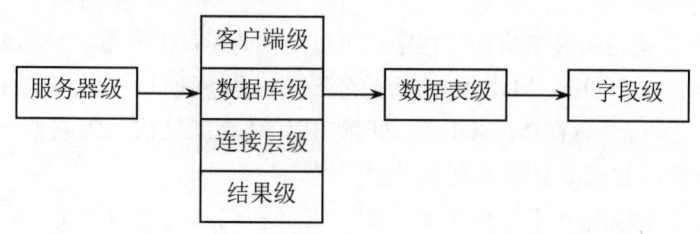

图 9.1　字符集的依赖关系

2. 标识符和关键字

MySQL 的脚本由一条或多条 SQL 语句组成，保存时脚本文件名一般为"*.sql"；这些 SQL 语句中最常用的就是标识符和关键字。

（1）标识符。标识符用来命名一些对象，如数据库、数据表、列、变量等，以便在脚本的其他地方引用。MySQL 标识符命名规则稍微有点烦琐，其通用的命名规则是：标识符由以字母或下画线开头的字母、数字或下画线（_）序列组成。

对于标识符是否区分大小写取决于运行的操作系统，Windows 操作系统下对字母大小写不敏感，但对于 Mac OS、Linux\UNIX 操作系统来说，这些标识符是要区分大小写的。

（2）关键字。MySQL 的关键字较多，不同版本的 MySQL，关键词也略有变化。MySQL 5.7 大约有 600 个关键词，MySQL 8.0 在此基础上增加了 90 多个。所有关键字都有自己特定的含义，尽量避免作为标识符。

3. 常量和变量

程序设计中最为基础的数据就是常量和变量。

（1）常量。常量也称为文字值或标量值，是指程序执行过程中值始终不变的量。MySQL 的常量如表 9.1 所示。

表 9.1 MySQL 的常量

常量类型	常量表示说明	示例
字符串	包括在单引号('')或双引号中(" ")，由字符（a～z、A～Z）、数字字符（0～9）及特殊字符（如!、@、#等）组成	'School' "teacher" N'root'（Unicode 字符串常量只能用单引号）
十进制整型	使用不带小数点的十进制数据表示	136、+2023、-273
十六进制整型	使用前缀 0x 后跟十六进制数据表示	0x8ABCD、0x7FE、0x108
日期	使用单引号('')将日期时间字符串括起来。MySQL 是按年-月-日的顺序表示日期的，间隔符可以是半字线、正斜线、反斜线、@、#等特殊符号	'2023-8-27' '1997/7/1' '1921@7@23'
实型	有定点表示和浮点表示两种方式	3.14、-0.618、3.8E5、1.2E-8
位字段	使用 b'value'符号表示位字段值，value 只能是 0 或 1 的二进制。不能直接显示位字段值	b'1010'、b'111100001'
布尔型	布尔常量只有两个值 true（整数 1）和 false（整数 0）	使用 select 语句可以显示布尔值
null	表示没有值、无数据等不确定的值，不同于 0、空字符串	null

（2）变量。变量就是在程序执行过程中值可以变化的量，由变量名来标识。变量还有数据类型、生存周期和作用域范围。MySQL 的变量有三类：系统变量、会话变量和局部变量。

1）系统变量。系统变量在 MySQL 启动时被初始化为默认值，影响整个 MySQL 实例的全局设置，对系统变量的修改会影响到整个服务器。

大多数的系统变量应用于其他 SQL 语句时，必须在名称前加两个@。例如：

select @@version, current_date;

使用变量名的模式，可以显示系统变量清单：

show [global|session] variables [like '模式字符串']

例如，查看以字符 a 开头的系统变量：

show variables like 'a%';

在 MySQL 中，有的系统变量的值是不能改变的，如@@version 和系统日期，而有些系统变量的值是可以通过 set 语句来修改的。

例如，将系统变量 sort_buffer_size 的值修改为 25000：

set @@global.sort_buffer_size=25000;

2）会话变量。会话变量是在每次建立一个新的连接时，由 MySQL 实例来初始化的变量。会话变量在定义时前面应加一个@，可以随时定义和使用，会话结束就全部释放所有会话变量。也就是说，对会话变量的修改，只会影响到当前的会话，即当前的数据库连接，只能影响到该用户本次会话。

在 MySQL 编程过程中，会话变量无须提前定义和赋值，以"@变量名"直接使用即可。如果没有初始化则值为 null。可以使用 set 语句来初始化，select 语句显示值。

【例 9.1】将会话变量@num 初始化为整数值 100 并显示变量值。

在 MySQL 命令行客户端输入 set 语句并用 select 语句显示,SQL 语句的执行结果如下:

```
mysql> set @num=100;
Query OK, 0 rows affected (0.00 sec)

mysql> select @num;
+------+
| @num |
+------+
|  100 |
+------+
1 row in set (0.00 sec)
```

说明

　　set 语句可以使用 "=表达式" 和 ":=表达式" 实施赋值,两者没有区别。

在同一个会话期间,同一个变量可以被再次赋值,赋一个不同数据类型的变量也是可以的。

【例 9.2】将会话变量@num 再次赋值为一个字符串 "广东省省会广州市" 并显示。
其 SQL 语句及执行结果如下:

```
mysql> set @num:="广东省省会广州市";
Query OK, 0 rows affected (0.00 sec)

mysql> select @num;
+------------------+
| @num             |
+------------------+
| 广东省省会广州市  |
+------------------+
1 row in set (0.00 sec)
```

select 语句不仅可以显示会话变量的值,还可以通过 ":= 表达式" 对变量赋值。通过逗号分隔,可以一次实现多个会话变量的赋值,set 语句也可以通过逗号分隔实施多个变量的赋值。

【例 9.3】使用 select 语句分别为@date1 和@f 赋值日期常量和浮点数常量,并使用 year( ) 函数取日期会话变量的年分值并显示。
其 SQL 语句及执行结果如下:

```
mysql> select @date1:='2023-7-28',@f:=3.14;
+---------------------+----------+
| @date1:='2023-7-28' | @f:=3.14 |
+---------------------+----------+
| 2023-7-28           |     3.14 |
+---------------------+----------+
1 row in set, 2 warnings (0.00 sec)

mysql> select year(@date1);
+--------------+
```

```
| year(@date1)        |
+---------------------+
|        2023         |
+---------------------+
1 row in set (0.00 sec)
```

select 语句用来赋值并以表格的形式显示用户会话变量的值。select 语句还有另外一种赋值形式，即添加关键字 into。

【例 9.4】把一个十六进制的常数 0xFFffEE 赋值给@addr 用户会话变量。

其 SQL 语句及执行结果如下：

```
mysql> select 0xFFffEE into @addr;
Query OK, 1 row affected (0.00 sec)

mysql> select @addr;
+---------------------+
| @addr               |
+---------------------+
| 0xFFFFEE            |
+---------------------+
1 row in set (0.00 sec)
```

使用 select…into 语句赋值时，只能赋值一个用户会话变量，而且不直接显示变量的值。注意在 SQL 语句中十六进制常数的前缀由 0 和小写字母 x 组成。

4. 数据类型

数据类型是数据的一种属性，决定了数据的存储字节数、存储格式和取值范围。MySQL 的变量数据类型有整数类型、浮点数类型、字符串类型、日期/时间类型、文本类型及二进制类型；但是没有布尔类型。在 MySQL 中，所有数据不为 0 且不为 null 的值可以认为是真值（true）；数据为 0 的值则认为是假值（false）；为 null 则既不是真值也不是假值，就是一个 null。

【例 9.5】使用 set 语句给用户会话变量@a 和@b 赋值为布尔常量 true 和 false，并用 select 语句显示数据值。

其 SQL 语句及执行结果如下：

```
mysql> set @a=true, @b=false;
Query OK, 0 rows affected (0.00 sec)

mysql> select @a, @b;
+------+------+
| @a   | @b   |
+------+------+
|  1   |  0   |
+------+------+
1 row in set (0.00 sec)
```

5. 运算符和表达式

运算符是用来连接表达式中各个操作数的符号，指明对操作数所进行的运算。MySQL 使用运算符，不但可以使其功能更加强大，而且可以更加灵活地使用数据表中的数据。

MySQL 的运算符有算数运算符、条件运算符、逻辑运算符和位运算符。前面项目中已经介绍了算数运算符、条件运算符、逻辑运算符。下面介绍位运算符、表达式和运算符的优先级。

（1）位运算符。位运算符是在二进制上进行计算的运算符，把整数或字符类型的操作数变为二进制进行计算，将结果再转换回去。MySQL 支持六种类型的位运算符：按位与（&）、按位或（|）、按位取反（~）、按位异或（^）、按位右移（>>）和按位左移（<<），其中按位取反是单目运算符，其他的都是双目运算符，后面有一个整数参与运算。

【例 9.6】六种位运算符实例。

在 MySQL 命令行客户端输入 SQL 语句并执行，如图 9.2 所示。

```
mysql> select 0xF7&5, 0x60|5, 0x100>>5, 0x6<<4, ~5, 6^4;
+--------+--------+----------+--------+----------------------+-----+
| 0xF7&5 | 0x60|5 | 0x100>>5 | 0x6<<4 | ~5                   | 6^4 |
+--------+--------+----------+--------+----------------------+-----+
|      5 |    101 |        8 |     96 | 18446744073709551610 |   2 |
+--------+--------+----------+--------+----------------------+-----+
1 row in set (0.00 sec)
```

图 9.2　位运算符实例运行结果

（2）表达式和运算符的优先级。常量、变量、字段名、函数和运算符按照规则复合在一起就是表达式。表达式经过计算通常有一个值。常见的表达式有算术表达式、字符表达式和日期时间类型表达式。

当一个复杂的表达式有多个运算符时，运算符的优先级决定执行运算的先后次序。在一个表达式中，按先高后低的顺序进行运算。MySQL 运算符的优先级如表 9.2 所示。按照从高到低、从左到右的级别进行运算操作。如果优先级相同，则表达式左边的运算符先运算。

表 9.2　MySQL 的运算符的优先级

优先级	运算符	含义
1	!	逻辑否定符
2	~	按位取反位运算符
3	^	按位异或位运算符
4	*、/、div、%、mod	算术乘除、整除、余数
5	+、-	算术加减运算符
6	<<、>>	按位左移、按位右移位运算符
7	&	按位与位运算符
8	|	按位或位运算符
9	>、>=、<、<=、=、!=、<>、in、is、null、like、表达式	比较运算符、属于、无值、匹配、表达式
10	between and、case、when、then、else	范围、条件语句关键字
11	not	逻辑否运算符
12	&&、and	逻辑与运算符
13	||、or、xor	逻辑或、逻辑异或运算符
14	:=	赋值符号

9.1.2 MySQL 程序的流程控制

MySQL 不仅支持标准的 SQL 语句，实现顺序控制；而且有多种类型的分支语句和循环语句，便于用户实施功能较为复杂的操作，并且可以使程序获得更好的逻辑性和结构性。MySQL 的流程控制语句只能在存储函数或存储过程之中。下面例子中的代码是截取了存储过程和存储函数的片段，为了使学习更加有系统性而设计的。

1. 分支语句

在 MySQL 中，分支语句有两种：if 语句和 case 语句。

（1）if 语句。if 语句用来进行条件判断，根据是否满足条件（可包含多个条件），将执行不同的语句。它是流程控制中最常用的条件判断语句。其语法格式如下：

```
if condition_1 then
    statement_list_1
[elseif condition_2 then
    statement_list_2]
...
[elseif condition_n then
    statement_list_n]
[else statement_list_n+1]
end if ;
```

说明：

1）if 语句从 if 关键字开始，到 end if 关键字，并以分号结束。

2）condition_1…condition_n 表示条件，当条件为真（true）的时候，执行对应的 statement_list_1~ statement_list_n 语句块。当前面 n 个条件都为假（false）时，执行 else 子句部分的语句块；如果没有该子句，则 if 中什么语句块都不执行。

3）condition_1~ condition_n 的条件从 1~n 的编号依次检查条件，若出现的第一个条件为真，则执行对应的语句块，执行完毕后跳转到 end if 语句后，表示 if 语句执行完毕。即使后面也有条件为真，也不执行。

4）最简单的 if 语句是一个条件、一个语句块和以 end if 结束；其次加上 else 子句多一个选择分值，条件为假的时候执行 else 子句。

5）语句块可以由一条语句或多条语句组成，多条语句组成语句块时，最好使用 begin…end。

【例 9.7】对 stusys 数据库的选课成绩表 score_table 的课程号 "101102" 所对应课程的平均成绩进行判断，如果大于或等于 90 则输出 Good，如果大于或等于 60 则输出 Pass，否则输出 Fail。

实现以上功能的 SQL 语句如下：

```
begin
    if(select avg(grade) from score_table where cno='101102')>=90 then
        set @infor="Good";
    elseif (select avg(grade) from score_table where cno='101102')>=60 then
        set @infor="Pass";
    else
```

```
            set @infor="Fail";
        end if;
        select @infor;
    end
```

> **注意**
>
> 例 9.7 的 SQL 语句不能在 MySQL 的命令行客户端里输入并执行。流程控制语句必须在存储过程或存储函数里才能被执行。

（2）case 语句。case 语句也是用来进行条件判断的，它提供了多个条件供用户选择，可以实现比 if 语句更复杂的条件判断。case 语句有两种语法格式，第一种语法格式如下：

```
case case_value
    when when_value_1 then statement_list_1
    [when when_value_2 then statement_list_2]
    ...
    [when when_value_n then statement_list_n]
    [else statement_list_n+1]
end;
```

说明：

1) case 语句从关键字 case 开始，并以分号结束。

2) case_value 表示条件表达式，when_value_1~when_value_n 也是条件表达式，它们都是相同的数据类型或兼容数据类型。

3) 计算 case_value 的值，依次与 when_value_1~when_value_n 的值相比，寻找第一个相等的值，则执行 then 后面的语句块，执行完毕则跳出 case 语句，结束该语句。如果 when_value_1~when_value_n 中没有一个值与 case_value 值相等，则执行 else 子句后面的语句；如果没有 else 子句，则 case 语句执行失败，将返回 null。

【例 9.8】将 stusys 数据库的学生表 student_table 的性别的值从中文更换为英文，且字段名更换为 sex。

实现以上功能的 SQL 语句如下：

```
begin
    select sno,
        case ssex
            when '男' then 'Male'
            when '女' then 'Female'
        end
        as sex
    from student_table;
end
```

需要注意的是：case 语句的结束即 end 关键字之后没有分号，因为 select 语句中不允许存在这样的语法格式。

case 的第一种语法格式是判断 case 的条件表达式的值是否相等，约束了其使用的场景。case 的第二种语法格式如下：

```
case
when when_value_1 then statement_list_1
[when when_value_2 then statement_list_2]
...
[when when_value_n then statement_list_n]
[else statement_list_n+1]
end;
```

说明：依次计算 when_value_1~ when_value_n 的值，寻找第一个真值，则执行 then 后面的语句块，执行完毕则跳出 case 语句，结束该语句。如果 when_value_1~ when_value_n 中没有一个真值，则执行 else 子句后面的语句；如果没有 else 子句，则 case 语句执行失败，将返回 null。

【例 9.9】对 stusys 数据库的学生表 score_table 的"成绩"字段的整数值进行判断，大于或等于 90 输出"优秀"，小于 90 且大于或等于 80 输出"良好"，小于 80 且大于或等于 70 输出"中等"，小于 70 且大于或等于 60 输出"及格"，小于 60 且大于或等于 0 输出"不及格"，值为 null 再输出"未考"，同时将性别的值从中文更换为英文，且字段名更换为 point。

实现以上功能的 SQL 语句如下：

```
begin
    select sno,cno,grade,
        case
            when grade is null then '未考'
            when grade>=90 then '优秀'
            when grade>=80 then '良好'
            when grade>=70 then '中等'
            when grade>=60 then '及格'
            else '不及格'
        end
        as point
    from score_table;
end
```

注意

如果 when 的条件没有做到状态的完全划分，则会出错。例 9.9 利用了 when 语句的先真则执行的特性，进行了条件的简化。

2. 循环语句

MySQL 的循环语句有 while、repeat、loop、leave 和 iterate 语句五种，它们有各自的优势与不足，适应的场景不同。

（1）while 语句。while 语句是有条件控制的循环语句。当满足条件时，执行循环内的语句，否则退出循环。其语法格式如下：

```
[begin_label:] while condition do
    statement_list
end while [begin_label];
```

说明：

1）while…do…end while：while 语句的关键字，标识 while 语句的开始，并用分号结束。

2）condition：表示循环执行的条件表达式。若表达式的值为真，则执行循环体 statement_list；若为假则跳出循环。执行完循环体语句，则再次计算条件表达式 condition，如果为真则继续执行循环体，就这样循环执行，直到条件表达式的值为假则 while 语句执行完毕。一般在循环体的语句块中，应该有一条改变条件表达式的语句，或者影响条件表达式改变的语句，否则将进入无限循环的状态，影响数据库系统的使用。

3）begin_label：语句标签，可以省略。如果有语句标签，则必须成对出现，而且 while 前的语句标签要有一个冒号作为后缀。

【例 9.10】编程计算 2+4+6+…+200 的值。

设置两个会话变量@i 和@sum，分别作为循环控制条件和累加器，@i 的值在循环体语句块中有改变。实现以上功能的 SQL 语句如下：

```
begin
    set @i=2;
    set @sum=0;
    while (@i<=200) do
        set @sum := @sum+@i;
        set @i := @i+2;
    end while;
    select @sum;
end
```

（2）repeat 语句。repeat 语句是有条件控制的循环语句，每次语句执行完毕后，再对条件表达式进行判断。如果条件表达式的值为真，则循环结束；否则重复执行循环体中的语句。其语法格式如下：

```
[begin_label:]repeat
    statement_list
until condition
end repeat [begin_label];
```

说明：

1）repeat … until…end repeat：repeat 语句的关键字，标识语句的开始，并用分号结束。

2）begin_label、condition 和 statement_list：repeart 语句的组成部分，和 while 语句相同；statement_list 也需要一条能够影响条件表达式的语句。

3）repeat 与 while 语句的不同：repeat 语句先执行循环体再判断条件，repeat 语句的循环体至少执行一次，while 语句的循环体可能一次都不执行；repeat 语句的条件表达式的值为假则循环，而 while 语句的条件表达式的值为真才循环。

【例 9.11】编程计算 8!。

设置两个会话变量@i 和@sum，分别作为循环控制条件和累乘器，@i 的值在循环体语句块中有改变，使用了循环语句的标签。实现以上功能的 SQL 语句如下：

```
begin
    set @i=1;
    set @sum=1;
    label1:repeat
        set @sum := @sum*@i;
        set @i := @i+1;
        until (@i>8)
    end repeat label1;
    select @sum;
end
```

（3）loop 语句。while 和 repeat 语句都是使用条件表达式的值决定是否循环，loop 语句只实现一个简单的循环，并不进行条件判断，本身没有停止循环的语句，必须使用 leave 语句等才能停止循环，跳出循环。其语法格式如下：

```
[begin_label:] loop
    statement_list
end loop [begin_label];
```

说明：

1）loop…end loop：loop 语句的关键字。

2）begin_label 和 statement_list：与 while、repeat 语句相同。

（4）leave 语句。leave 语句主要用于跳出循环。其语法格式如下：

```
leave label;
```

说明：

1）leave：关键字，表示执行顺序要改变，跳转到 label 标记处的语句继续执行。

2）label：语句标签，定义在一条语句的开始处，并用冒号作为后缀，label 是 leave 语句的一个必选项，表示无条件跳出 label 标识的循环语句或 begin…end 标记的语句块。

【例 9.12】求斐波那契数列累加值不超过 1000 的最大项。

斐波那契数是一个递推公式求解值：F(1)=1，F(2)=1，F(3)=F(1)+F(2)=2，F(4)=F(3)+F(2)=3,…,将各值进行累加并输入会话变量@sum，当 F(i+1)+sum>1000，停止执行，显示 i 的值和 F(i)的值，为此需要设计会话变量@F1 和@F2 及临时会话变量@F，用于求解。实现以上功能的 SQL 语句如下：

```
begin
    set @F1=1, @F2=1, @i=1;
    set @sum=@F1+@F2;
    label1:loop
        if @sum>1000 then
            leave label1;
        end if;
        set @F := @F1 + @F2;
        set @F1 := @F2;
        set @F2 := @F;
```

```
            set @i = @i+1;
            set @sum = @sum+@F2;
        end loop label1;
        select @i, @F1, @F2, @sum;
end
```

因为@F2累加到@sum中超出了1000，所以@F2前面一个斐波那契数@F1才是所求的项，i是其序列的序号值。

（5）iterate 语句。iterate 是"再次循环"的意思，用来跳出本次循环，直接进入下一次循环。其语法格式如下：

iterate label

说明：

1）iterate：iterate 语句的关键字。

2）label：表示循环的标志，iterate 语句就是中断 label 标记的循环语句，进入下一次循环，只能用于 while、repeat 和 loop 语句。

【例 9.13】求 200 以内的素数之和。

大于 2 的素数定义为只能被 1 和本身整除的数。实现以上功能的 SQL 语句如下：

```
begin
    set @i=3;
    set @sum=2;
    label1: while(@i<200) do
        set @j=2;
        label2:while @j<@i do
            if @i mod @j =0 then
                set @i = @i +1;
                iterate label1;
            else
                set @j = @j+1;
            end if;
        end while label2;
        set @sum = @sum + @i;
        set @i = @i +1;
    end while label1;
    select @sum;
end
```

上述代码中，2 为素数没有进行判断直接进入累加器@sum，从 3 开始判断素数。外层的 while 循环用于控制 200 以内的数，内层的 while 循环用来判断@i 是否为素数，如果不是素数，则直接进入下一个数的判断，使用了 iterate 语句进入外层 while 的下一个循环的条件判断。

9.1.3 MySQL 的常用函数

函数是能够完成特定功能并返回处理结果的一组代码，处理结果称为"返回值"，处理过程称为"函数体"。为了方便用户计算，MySQL 提供了许多系统内置函数，用户在编程过程中，可以直接调用这些内置函数，同时 MySQL 允许用户根据自己的业务需要定义自己的函数。

MySQL 的函数包括数学函数、字符串函数、日期和时间函数、系统信息函数、加密函数等。MySQL 8.0 中还新增了窗口函数。

1. 数学函数

数学函数主要用于处理数值，包括整数、浮点数等。数学函数包括绝对值函数 abs()、正弦函数 sin()、余弦函数 cos()、获取随机数的函数 rand()、四舍五入函数 round()等。数学函数可以作为表达式或表达式的一部分使用。

2. 字符串函数

字符串函数主要用于处理字符串数据和表达式，MySQL 中的字符串函数包括计算字符串长度函数 length()、合并函数 concat()、替换函数 replace()、子字符串函数 substring()等。

3. 日期和时间函数

日期和时间函数主要用于处理表中的日期和时间数据。日期和时间函数包括获取当前日期的函数 curdate()、获取当前时间的函数 curtime()、计算日期的函数和计算时间的函数等。

4. 系统信息函数

系统信息函数用来查询 MySQL 数据库的系统信息。例如，查询数据库的版本（version）、查询数据库的当前用户（user）、获取当前数据库名（database）等。

5. 加密函数

MySQL 8.0 的加密函数主要用来对数据进行加密和界面处理，如 MD5()加密函数、sha()和 sha2()加密函数。这些函数主要用于保证数据库的安全。

6. 窗口函数

窗口函数是 MySQL 8.0 新增的函数，可以用于实现很多新的查询方式。窗口函数类似于 sum()、count()的聚合函数，但不会将多行查询结果合并为一行，而是将结果放回多行当中。也就是说，窗口函数是不需要 group by 子句的。

根据工作需要，用户可以创建和定义窗口函数，还可以利用流程控制语句编写较为实用的程序，以提高程序开发和运行的质量。

创建与使用存储过程和存储函数

任务 9.2　创建与使用存储过程和存储函数

存储过程和存储函数是 MySQL 支持的过程式数据库对象，可以加快数据库的处理速度，提高数据库编程的灵活性。

9.2.1　存储过程和存储函数概述

1. 存储过程

存储过程是一组为了完成特定功能的 SQL 语句集合，即存储在数据库实例中的一段代码，由声明式语句（如 create、select、insert、update、delete 等）和过程式语句（如 if…then…else、case、while、repeat、loop 等）组成。存储过程将常用或复杂的工作预先用 SQL 语句写好并用一个指定名称存储起来，这个过程经编译和优化后存储在数据库服务器中；当以后需要数据库提供与已定义好的存储过程的功能相同的服务时，只需使用存储过程名就可以实现多次调用。如果存储过程中带有参数，输入相应的参数后，用户就可以直接获取相应的功能。

存储过程具有以下优点：

（1）存储过程可以提高系统性能。

（2）存储过程在服务器端执行，执行速度快。

（3）存储过程增强了数据库的安全性。

（4）可增强 SQL 的功能和灵活性。

（5）存储过程允许模块化程序设计。

（6）可以有效减少网络流量。

2．存储函数

在 MySQL 中，存储函数和存储过程很相似，也是由声明式语句和过程式语句组成的代码段，基本上具有与存储过程相同的优点。

存储函数和存储过程除 procedure、function 的关键字区别外，还有以下区别。

（1）存储过程有输出参数；但存储函数没有输出参数，它有返回值。

（2）调用存储函数直接使用函数名即可；存储过程需要调用 call 语句才能执行。

（3）存储函数必须使用 return 语句返回函数值；存储过程没有返回值。

（4）存储函数可以使用 select…into 语句为某个变量赋值，但不能使用结果集；函数体还有其他限制，例如不能打开事务相关语句、SQL 的预处理语句；这些在存储过程中没有限制。

9.2.2　创建存储过程

1．使用 create procedure 语句创建存储过程

使用 create procedure 语句创建存储过程的语法格式如下：

create procedure [definer={user|current_user}]sp_name ([[in | out | inout] param_name type[,...]])
[characteristic ...]
routine_body

说明：

（1）create procedure：创建存储过程的关键字。

（2）definer={user|current_user}：可选参数，用于指明存储过程的定义者，省略为当前用户。

（3）sp_name：要创建的存储过程的名称。

（4）[in | out | inout] param_name type：表示存储过程的参数，由参数名、参数的数据类型组成，其中 in 标记输入参数，out 标记输出参数，inout 标记输入输出参数；默认为 in 类型。存储过程也可以没有参数，但是括号不能省略。

（5）characteristic：指定存储过程的特性，特性可以细化为：

language SQL | [not] deterministic | { contains SQL | no SQL | reads SQL data | modifies SQL data }| SQL security { definer | invoker } | comment 'string'

其中 comment 'string'表示存储过程的注释信息；language SQL 声明存储过程中使用的语言；[not] deterministic 指明存储过程执行的结果是否确定；{ contains SQL | no SQL | reads SQL data | modifies SQL data }指明子程序使用 SQL 语句的限制；SQL security { definer | invoker }指明谁有权限来执行存储过程。

（6）routine_body：表示存储过程的程序体，通常以 begin 表示开始，以 end 表示结束；如果存储过程仅有一条 SQL 语句，则 begin…end 关键字可以省略。

【例 9.14】在数据库 stusys 中创建一个存储过程 appendcourse，向课程表 course_table 中添加一门课程。如果出现了 cno 冲突和课程值为空值，则给出提示信息。

在 MySQL 的命令行客户端输入 SQL 语句并执行：

```
mysql> delimiter $$
mysql> create procedure append_course (new_cno char(6), new_cname varchar(16))
    ->         modifies sql data   sql security invoker   comment '追加一门新课程'
    -> begin
    ->       if new_cno in (select cno from course_table) then
    ->             select concat('课程号',new_cno,'的课程已经存在！') as infor;
    ->       elseif new_cname is null then
    ->             select '课程名为空值！' as infor;
    ->       else
    ->             insert into course_table(cno, cname) values (new_cno, new_cname);
    ->       end if;
    -> end $$
Query OK, 0 rows affected (0.01 sec)
mysql> delimiter ;
```

由于存储过程是在命令行客户端定义的，这样命令行客户端的结束符";"，就会与存储过程的分号冲突。为此使用 delimiter 语句来临时更改命令行客户端的结束符。本例先用 delimiter $$语句将结束符更改为结束符$$，这样在定义存储过程时，可以随便使用分号；结束存储过程的定义时使用$$表示 create procedure 结束开始执行，出现创建成功的信息。再用 "delimiter ;"语句改回用户常用的分号。

2．使用 MySQL Workbench 工具创建存储过程

利用可视化工具 MySQL Workbench 的快捷方式或 procedure 对象的弹出式菜单，通过交互操作，也可以创建存储过程，其本质仍然是通过 create procedure 语句来实施创建，比命令行客户端的方式方便多了，因为 MySQL Workbench 创建了 create procedure 语句的框架，以及用其他的快捷方式设定参数。

【例 9.15】在数据库 stusys 中创建一个不带参数的存储过程 choice_course，能查询所有学生的选课的数量。

在 MySQL Workbench 主界面的导航窗格中选择 stusys→Stored Procedures，右击，弹出快捷菜单，选择 Create Stored Procedures 命令，则在工作区出现一个创建存储过程的代码框架及其相关工具。还可以使用快捷键 Create a new stored procedures in the active schema in the connected server 创建。按照用户的业务需要添加 SQL 语句，如图 9.3 所示。

编写完代码，审核无误后，单击 Apply 按钮，弹出一个对话框，再次审核无误后，单击 Apply 功能按钮，则在 MySQL 服务器实例中创建该存储过程。

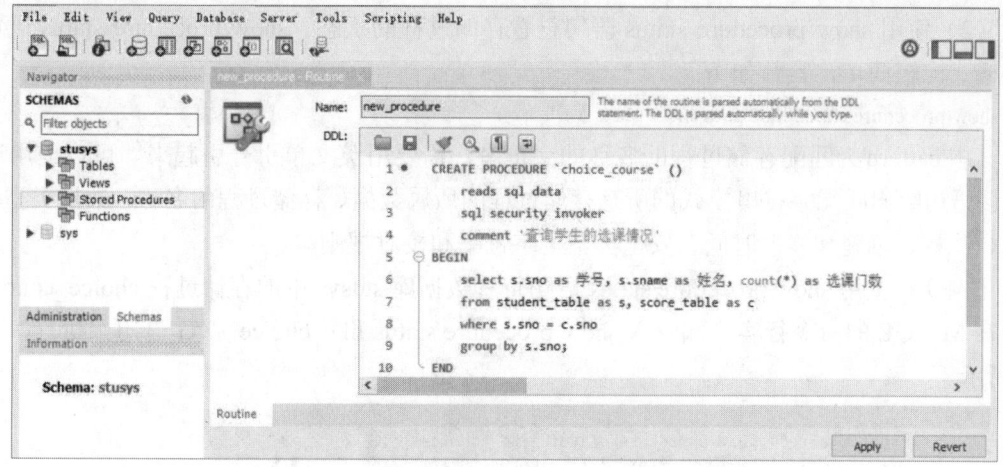

图 9.3　编写存储过程 choice_course 的代码

9.2.3　管理和使用存储过程

1. 查看存储过程

存储过程创建后，用户可以查看存储过程的定义内容和状态。

（1）使用 show create procedure 语句查看存储过程的定义。show create procedure 语句的语法格式比较简单，具体如下：

```
show create procedure procedure_name;
```

其中 procedure_name 为存储过程的名称。该语句给出存储过程的定义信息，包括存储过程的名称、过程体、字符集等。

【例 9.16】用 show create procedure 语句查看数据库 stusys 中的存储过程 choice_course。

在 MySQL 的命令行客户端输入 show create procedure choice_course \G 语句并执行：

```
mysql> show create procedure choice_course \G
*************************** 1. row ***************************
           Procedure: choice_course
            sql_mode: ONLY_FULL_GROUP_BY, STRICT_TRANS_TABLES,
NO_ZERO_IN_DATE, NO_ZERO_DATE, ERROR_FOR_DIVISION_BY_ZERO,
NO_ENGINE_SUBSTITUTION
    Create Procedure: CREATE DEFINER=`root`@`localhost` PROCEDURE `choice_course`()
        READS SQL DATA
            SQL SECURITY INVOKER
            COMMENT '查询学生的选课情况'
begin
        select s.sno as  学号, s.sname as  姓名, count(*) as  选课门数
        from student_table as s, score_table as c where s.sno = c.sno group by s.sno;
end
character_set_client: utf8mb4
collation_connection: utf8mb4_0900_ai_ci
    Database Collation: utf8mb4_0900_ai_ci
1 row in set (0.00 sec)
```

（2）使用 show procedure status 语句查看存储过程的状态。show procedure status 语句的语法格式比较简单，具体如下：

show procedure status like 'pattern';

其中'pattern'为匹配存储过程的名称的字符串，需要用英文单引号引起来。可以使用通配符。该语句给出匹配字符串模式的所有存储过程的所属数据、存储过程的名称、数据类型、定义者、注释、创建和修改时间、安全类型、字符集和校对规则等。

【例 9.17】用 show procedure status 语句查看数据库 stusys 中的存储过程 choice_course。

在 MySQL 的命令行客户端输入 show procedure status like 'choice%' \G 语句并执行，如图 9.4 所示。

```
mysql> show procedure status like 'choice%' \G
*************************** 1. row ***************************
                  Db: stusys
                Name: choice_course
                Type: PROCEDURE
             Definer: root@localhost
            Modified: 2023-07-30 12:59:20
             Created: 2023-07-30 12:59:20
       Security_type: INVOKER
             Comment: 查询学生的选课情况
character_set_client: utf8mb4
collation_connection: utf8mb4_0900_ai_ci
  Database Collation: utf8mb4_0900_ai_ci
1 row in set (0.00 sec)
```

图 9.4　用 show procedure status 语句查看存储过程的状态

2. 调用存储过程

存储过程定义完成后，系统将对其进行编译，并作为数据库中的一种对象存储到对应的数据库中。对于已经创建好的存储过程，用户可以在 MySQL 的客户端、应用程序，或者其他存储过程、存储函数中调用。

（1）使用 SQL 语句直接调用存储过程。MySQL 中调用存储过程的语句为 call，其语法格式如下：

call procedure_name[(procedure_paramete)];

如果存储过程在定义时没有参数，则圆括号中的内容为空，甚至可以省略圆括号，例如"call procedure_name( );""call procedure_name;"。如果存储过程定义了参数，则实参的个数必须相同，数据类型必须兼容，关键是要有对应的实际含义。

【例 9.18】调用数据库 stusys 中的存储过程 choice_course。

在 MySQL 的命令行客户端输入"call choice_course;"语句并执行：

```
mysql> call choice_course;
+--------------+--------+----------+
| 学号         | 姓名   | 选课门数 |
+--------------+--------+----------+
| 202210101101 | 张佳辉 |    2     |
| 202210101102 | 刘永坚 |    2     |
| …            | …      | …        |
| 202210306202 | 张家维 |    2     |
```

```
| 202210306203        | 赵亮        | 2              |
+---------------------+------------+----------------+
22 rows in set (0.00 sec)
```

Query OK, 0 rows affected (0.02 sec)

（2）使用 MySQL Workbench 工具调用存储过程并进行测试。

【例 9.19】在数据库 stusys 中调用带参数的存储过程 append_course，把课程号为 101303 的"神经网络基础"添加到系统中。

在 MySQL Workbench 主界面的导航窗格中选择 stusys→Stored Procedures→append_course；在该行的右边有两个图标，单击第二个带有执行标志的图标，调用存储过程的代码，并弹出一个参数输入对话框，如图 9.5 所示。对话框中显示了存储过程 append_course 定义的两个参数名称，并指出了参数类型和数据类型。

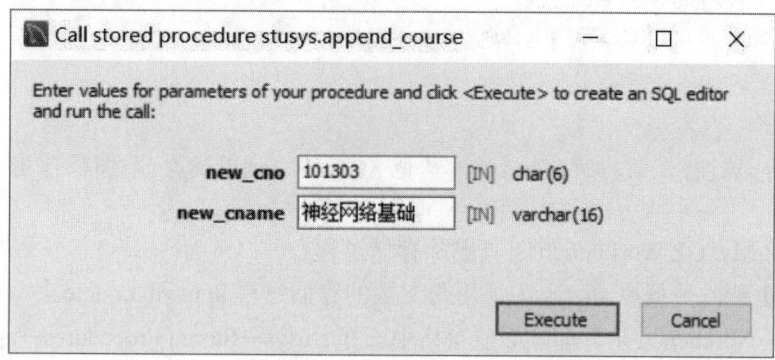

图 9.5　输入存储过程 append_course 的参数名称

在 new_cno 和 new_cname 的文本框里输入课程号 101303 和课程名称"神经网络基础"实参值，单击 Execute 按钮，则在 MySQL 服务器端执行存储过程。

3．修改存储过程

修改存储过程就是修改已经定义好的、已存在的存储过程。在 MySQL 中，使用 alter procedure 语句只能修改存储过程的状态特征信息，不能修改存储过程的过程体代码。alter procedure 语句的语法格式如下：

alter procedure procedure_name [characteristic];

【例 9.20】修改数据库 stusys 中的存储过程 choice_course 的特征为 modifies SQL data、SQL security definer。

在 MySQL 的命令行客户端输入 SQL 语句并执行：

```
mysql> alter procedure choice_course
    -> modifies SQL data
    -> SQL security definer;
Query OK, 0 rows affected (0.00 sec)
```

对上面 SQL 语句的执行结果分析已经修改了存储过程的特征。也可以通过 SQL 语句来查看上面两个特征的修改情况："show create procedure choice_course;"和"show procedure status like 'choice%' \G"。

4. 删除存储过程

在 MySQL 中，如果要删除某个已创建的存储过程，可以使用 drop procedure 语句删除，也可以使用 MySQL Workbench 工具来删除。

(1) 使用 drop procedure 语句删除存储过程。drop procedure 语句的语法格式简单，具体如下：

drop procedure [if exists] procedure_name;

【例 9.21】删除数据库 stusys 中的存储过程 choice_course。

在 MySQL 的命令行客户端输入 SQL 语句两次并执行：

mysql> drop procedure choice_course;
Query OK, 0 rows affected (0.01 sec)

mysql> drop procedure choice_course;
ERROR 1305 (42000): PROCEDURE stusys.choice_course does not exist

注意

在删除存储过程之前，必须确认没有其他 SQL 语句调用该存储过程，否则会出现错误。

(2) 使用 MySQL Workbench 工具删除存储过程。

【例 9.22】删除数据库 stusys 中调用带参数的存储过程 append_course。

在 MySQL Workbench 主界面的导航窗格中选择 stusys→Stored Procedures→append_course，右击弹出快捷菜单，选择 Drop Stored Procedure 命令，弹出一个对话框，如图 9.6 所示，提示用户选择。单击 Review SQL 按钮可以查看删除存储过程的 SQL 语句；单击 Drop Now 按钮立即删除当前的存储过程。也可以单击"取消"按钮，取消删除操作，存储过程继续保留。

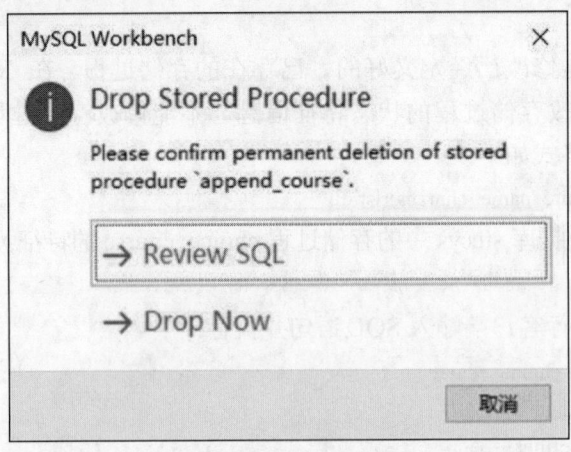

图 9.6　删除存储过程的对话框

5. 存储过程的参数类型

append_course 存储过程的两个参数 new_cno 和 new_cname 都是 in 输入参数类型，用于从 SQL 语句中接受新的课程号和课程名称值，执行插入功能，使 append_course 存储过程的功能变强。存储过程没有返回值，所以存储过程提供了 out 输出参数类型及 inout 输入输出参数类型。

【例 9.23】在数据库 stusys 中创建一个存储过程 avg_course，输入参数为指定的课程号，输出参数为该课程的平均成绩。

创建存储过程 avg_course 的 SQL 语句如下：

```
CREATE DEFINER=`root`@`localhost` PROCEDURE `avg_course`(in var_cno char(6), out var_avg float)
    READS SQL DATA    SQL SECURITY INVOKER    COMMENT '查询课程的平均成绩'
begin
    if (var_cno is null) then
        set var_avg:=null;
    else
        select avg(SC.grade) into var_avg from score_table as SC where SC.cno = var_cno;
    end if;
end
```

存储过程 avg_course 的 out 参数只能输出，不能输入数据。如果定义存储过程，既需要一个输入参数，又需要输出参数，它们的数据类型相同，这样可以使用 inout 参数类型。当使用 inout 参数时要小心，不能为了节省参数格式而降低存储过程的参数列表的可读性。

9.2.4 创建存储函数

存储函数主要用于计算和返回一个值，可以将经常需要使用的计算或功能写成一个函数。存储函数和存储过程一样，都是在数据库中定义一些 SQL 语句的集合，编译后并以函数对象形式存储到数据库中，能被用户直接当作操作数使用，为 SQL 的模块设计提供了一种有效的手段。存储函数可以通过 return 语句返回函数值。而存储过程没有直接返回值，主要用于执行操作。

创建存储函数也有两种方式：create function 语句和 MySQL Workbench 工具。

1. 使用 create function 语句创建存储函数

create function 语句的语法格式如下：

```
create [definer={user|current user}] function func_name ([ param_name type[,...]])
returns type
[characteristic ...]
begin
routine_body
end;
```

说明：

（1）func_name：要创建的存储函数名，默认为当前数据库创建的存储函数。如果要为其他数据库创建函数，则需要添加其他数据库名的前缀，即"数据库名.func_name"。

（2）param_name type：可选项，param_name 表示存储函数的参数名称；type 指定参数的数据类型，必须为 MySQL 支持的数据类型。如果有多个参数，则用逗号分开；如果无参数，则圆括号内为空，圆括号不能省略。切记存储函数的参数只能输入。

（3）returns type：指定返回值的数据类型。

（4）characteristic：指定存储函数的特性，该参数的取值与存储过程是一样的。

（5）routine_body：存储函数的函数体，通常用 begin...end 来标注 SQL 语句的开始和结束。若存储函数中只有一条 SQL 语句，则可以省略 begin...end。存储函数有返回值，所以函数体内至少有一条 return 语句，返回函数的值，其形式为"return value;"。执行 return 语句后，函数结束执行并返回结果。

（6）存储函数的函数体和存储过程的过程体内可以定义局部变量，其语法格式如下：

declare var_name type [default value];

其中 declare 说明定义局部变量，var_name 为局部变量的名称，type 为数据类型，default 设定初始值为 value。

局部变量的引用与赋值：直接使用变量名参与表达式计算即可；在存储函数的函数体中只能使用 set 语句为局部变量赋值，而在存储过程的过程体中可以使用 set 和 select 语句为局部变量赋值。

局部变量只在一次存储函数或存储过程的执行期间有效，这也是其生命周期。其作用域是从其定义开始，到外层的 end 结束，这也是局部变量名称的来源。

【例 9.24】在数据库 stusys 中创建一个存储函数 sum_evens，计算 0 到输入参数 num 范围内偶数的累加值并返回。

在 MySQL 命令行客户端输入创建存储函数 sum_evens 的 SQL 语句并进行调用，执行过程如下：

```
mysql> delimiter $$
mysql> create definer=`root`@`localhost` function `sum_evens`(num int)    returns int    no sql
    -> begin
    ->     declare i int default 0;
    ->     declare sum int default 0;
    ->     while(i<=num) do
    ->         if( i mod 2 = 0) then
    ->             set sum = sum+i;
    ->         end if;
    ->         set i = i+1;
    ->     end while;
    ->     return sum;
    -> end$$
Query OK, 0 rows affected (0.00 sec)

mysql> delimiter ;
mysql> select stusys.new_function(100);
+--------------------------+
| stusys.new_function(100) |
+--------------------------+
|                     2550 |
+--------------------------+
1 row in set (0.00 sec)
```

2. 使用 MySQL Workbench 工具创建存储函数

利用 MySQL Workbench 的有关菜单，用户可以通过交互操作，创建存储函数。

【例 9.25】在数据库 stusys 中创建带一个参数的存储函数 major_counts，求解参数 var_major 指定专业的学生人数。

在 MySQL Workbench 主界面的导航窗格中选择 stusys→Functions，右击，弹出快捷菜单，选择 Create Function 命令，则创建存储函数的窗格显示出来，如图 9.7 所示。还可以使用快捷键 Create a new function in the active schema in the connected server 按钮来创建存储函数。填写函数名、参数、返回值和函数特征及函数说明，在函数体内定义局部变量，编写 select 语句的聚合函数，return 语句返回专业人数值。

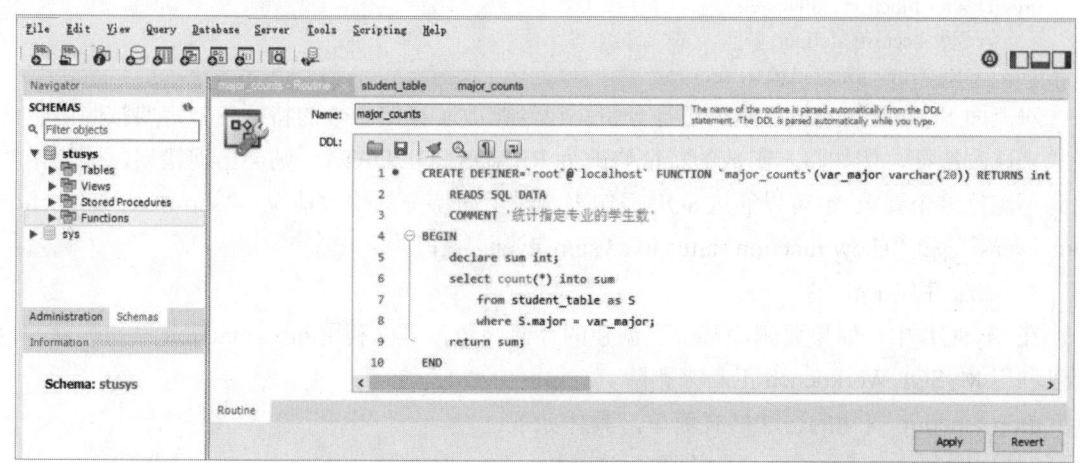

图 9.7 编写存储函数的代码

没有语法错误，检查 SQL 语句的逻辑后，单击 Apply 按钮，弹出一个对话框，再次核对 SQL 语句，无误后再单击 Apply 按钮，则提交 MySQL 服务器实例，创建自定义函数，并存储在服务器端，能为其他存储过程、存储函数和一般 SQL 语句提供函数服务。

9.2.5 管理和使用存储函数

1. 查看存储函数

存储函数创建后，用户可以查看存储函数的定义信息和状态。

（1）使用 show create function 语句查看存储函数的定义信息。show create function 语句的语法格式比较简单，具体如下：

show create function function_name;

其中，function_name 为存储函数的名称。该语句给出存储函数的定义信息，包括存储函数的名称、函数体、字符集等。

（2）使用 show function status 语句查看存储函数的状态。show function status 语句的语法格式比较简单，具体如下：

show function status like 'pattern';

其中，'pattern' 为匹配存储函数的名称的字符串，需要用英文单引号引起来。可以使用通配符。该语句给出匹配字符串模式的所有存储函数的所属数据、存储函数的名称、数据类型、定义者、注释、创建和修改时间、安全类型、字符集和校对规则等。

2. 修改函数过程

修改存储函数就是修改已经定义好的、已存在的存储函数。在 MySQL 中，使用 alter function 语句只能修改存储函数的状态特征信息，不能修改存储函数的函数体代码。alter function 语句的语法格式如下：

alter function function_name [characteristic];

【例 9.26】修改数据库 stusys 中的存储函数 major_counts 的特征为 SQL security definer。

在 MySQL 的命令行客户端输入 SQL 语句并执行：

mysql> alter function sum_evens
    -> SQL security definer;
Query OK, 0 rows affected (0.01 sec)

对上面 SQL 语句的执行结果进行分析：已经修改了存储函数的特征，一定要按照函数的需求来修改特征，例如将本函数的特征修改为 READS SQL DATA，则会出现错误，因为函数代码不满足这个要求。也可以通过 SQL 语句来查看上面特征的修改情况："show create function sum_evens;" 和 "show function status like ' sum_evens ' \G"。

3. 删除存储函数

在 MySQL 中，如果要删除某个已创建的存储函数，可以利用 drop function 语句删除，也可以利用 MySQL Workbench 工具来删除。

drop function 语句的语法格式简单，具体如下：

（1）使用 drop function 语句删除存储函数。

drop function [if exists] function_name;

【例 9.27】删除数据库 stusys 中的存储函数 sum_evens。

在 MySQL 的命令行客户端输入 SQL 语句并执行：

mysql> drop function sum_evens;
Query OK, 0 rows affected (0.01 sec)

注意

在删除存储函数之前，必须确认没有其他 SQL 语句调用该存储函数，否则会出现系统错误。

（2）使用 MySQL Workbench 工具删除存储函数。

9.2.6 管理和使用游标

在实际工作过程中，经常会遇到这样一种情况，需要对存储过程或存储函数中查询的结果进行遍历操作，并对遍历到的每一条数据进行处理，这时候就会使用到游标。根据实际需求，创建游标，循环遍历查询到的结果集。

游标是使用用户可以逐条读取查询结果集中的记录的工具。在 MySQL 中并没有一种描述数据表中单一记录的表达形式,除非使用 where 子句来限制只有一条记录被选中。因此,有时需要借助游标来进行单条记录的数据处理。

本质上,游标位置充当了记录的指针的作用,用来在某一时刻指向结果集的某一行。第一次打开游标时,游标指向了结果集的第一条记录,使用游标每次从结果集中取出一条记录后,指针自动移动,指向下一条记录。利用游标,可以对结果集中的每一条记录顺序地从前向后逐条进行遍历,以便进行相应的操作。

MySQL 的游标只能用于存储过程和存储函数。游标的使用过程和顺序:声明游标、打开游标、从结果集中提取数据、关闭游标。

1. 声明游标

MySQL 中可以使用 declare...for 语句来声明游标,其语法格式如下:

declare cursor_name cursor for select_statement;

说明:

(1) cursor_name:用户定义的游标的名称。

(2) select_statement:表示 select 语句,可以返回一行或多行数据。

2. 打开游标

声明游标之后,与游标关联的 select 语句还没有被执行,MySQL 服务器内还不存在相应的结果集;要想有数据,必须首先打开游标。打开游标使用 open 语句,其语法格式如下:

open cursor_name;

打开一个游标时,MySQL 服务器内有 select 的结果集,游标指向第一条记录。在 SQL 语句中,一个游标可以被打开多次。

3. 从结果集中提取数据

游标被顺利打开后,可以使用 fetch...into 语句来读取游标指向的记录的数据,并将其保存在变量或变量序列中。fetch...into 语句每次只能取出一条记录,在循环语句的控制下可以遍历整个结果集。fetch...into 语句的语法格式如下:

fetch cursor_name into var_name [, var_name] ...;

其中,var_name [, var_name] ...是变量或变量序列的名称,用于保存提取到的记录中字段的值。该变量名称如果是局部变量则要预先定义。

fetch...into 语句将游标 cursor_name 中指向的 select 语句的执行结果集的当前记录保存到变量参数 var_name 中,则游标指针自动指向下一条。如果取走结果集中的最后一条记录,再次指向 fetch...into 语句的时候将产生错误号为 1329 的 NOT FOUND,可以针对这个特殊的错误,编写错误处理程序,以便结束游标的遍历。

在 MySQL 服务器中,使用异常处理对存储过程、存储函数及后面的触发器等 SQL 语句执行的过程中发生的各类错误进行捕捉和自定义操作。在 MySQL 中有以下三类错误处理方法。

(1) exit:遇到错误就会退出执行,后续代码不会被执行。

(2) continue:遇到错误,忽略错误继续执行后续的代码。

(3) undo:遇到错误后,撤销从事务开始以来的操作。目前 MySQL 暂时不支持 undo 方法。

为此要定义异常处理的代码，其语法格式如下：

declare {continue|exit} handler for condition_value[,…, condition_value] statement;

说明：

（1）declare…handler for：声明异常处理的关键字。

（2）continue|exit|undo：声明该异常处理遇到错误时的处理方式。

（3）condition_value[,…, condition_value]：声明遇到什么类型的错误，触发该异常处理，可以声明一个错误类型，也可以同时声明多个错误类型，用逗号隔开。condition_value 可以使用以下六种形式。

1）mysql_error_code：匹配数值类型错误代码，如 1329。

2）sqlstate_value：包含 5 个字符的字符串错误值。

3）condition_name：表示 declare 定义的错误条件名称。

4）SQLWARNING：匹配所有以 01 开头的 sqlstate_value 值。

5）NOT FOUND：匹配所有以 02 开头的 sqlstate_value 值。

6）SQLEXCEPTION：匹配所有没有被 SQLWARNING 或 NOT FOUND 捕获的错误类型。

（4）statement：异常发生后要执行的代码。

fetch…into 语句读完结果集，遇到错误时，采用 continue 的处理模式。statement 为遇到 NOT FOUND 错误处理的代码。通常情况下，异常处理语句紧跟在声明游标语句之后。

4．关闭游标

游标使用完毕后，要及时使用 close 语句关闭游标。close 语句的语法格式如下：

close cursor_name;

关闭游标后可以及时释放游标 cursor_name 使用的所有内存和资源，节省 MySQL 服务器的内存空间。如果不明确关闭游标，MySQL 将会在 SQL 程序执行到 end 语句时自动关闭它。

【例 9.28】在 stusys 数据库里创建一个名称为 cursor_procedure 的存储过程，使用游标 cur_cursor 对课程表 course_table 中所有学分为 3 的课程进行遍历显示，把学分转换为学时。

可以通过聚合函数 count()来获得课程表 course_table 的记录数，从而可以控制游标的读取操作。在 MySQL 的命令行客户端输入 SQL 语句创建 cursor_procedure 并调用它，其过程如下：

```
mysql> delimiter //
mysql> create procedure cursor_procedure( )
    -> reads sql data comment '使用游标查看课程信息'
    -> begin
    ->     declare i,nums int default 0;
    ->     declare row_cno char(6);
    ->     declare row_cname varchar(16);
    ->     declare row_credit tinyint;
    ->     declare cur_course cursor for select * from course_table where credit=3;
    ->     select count(*) into nums from course_table where credit=3;
    ->     open cur_course;
    ->     while(nums >0) do
    ->         fetch cur_course into row_cno, row_cname, row_credit;
```

```
    ->         select row_cno 课程号,row_cname 课程名,row_credit 学分,row_credit*16 学时;
    ->         set nums = nums-1;
    ->     end while;
    ->     close cur_course;
    -> end //
Query OK, 0 rows affected (0.01 sec)

mysql> delimiter ;
mysql> call cursor_ procedure;
+----------------+----------------------+----------+----------+
| 课程号         | 课程名               | 学分     | 学时     |
+----------------+----------------------+----------+----------+
| 101105         | 微机原理及应用       | 3        | 48       |
+----------------+----------------------+----------+----------+
1 row in set (0.00 sec)

+----------------+----------------------+----------+----------+
| 课程号         | 课程名               | 学分     | 学时     |
+----------------+----------------------+----------+----------+
| 101106         | MySQL 数据库技术     | 3        | 48       |
+----------------+----------------------+----------+----------+
1 row in set (0.00 sec)

+----------------+----------------------+----------+----------+
| 课程号         | 课程名               | 学分     | 学时     |
+----------------+----------------------+----------+----------+
| 101301         | 人工智能导论         | 3        | 48       |
+----------------+----------------------+----------+----------+
1 row in set (0.01 sec)

+----------------+----------------------+----------+----------+
| 课程号         | 课程名               | 学分     | 学时     |
+----------------+----------------------+----------+----------+
| 101301         | 人工智能导论         | 3        | 48       |
+----------------+----------------------+----------+----------+
1 row in set (0.01 sec)

Query OK, 0 rows affected (0.01 sec)
```

为了能够控制游标的使用，使用了两条 select 语句，一条为了计数，一条为了生成结果集，但这样效率不高。可以使用异常处理机制减少一次 select 语句，实现 fetch…into 功能。在 MySQL Workbench 中使用游标遍历 select 结果集的存储过程 cursor_procedure1 的代码如图 9.8 所示。

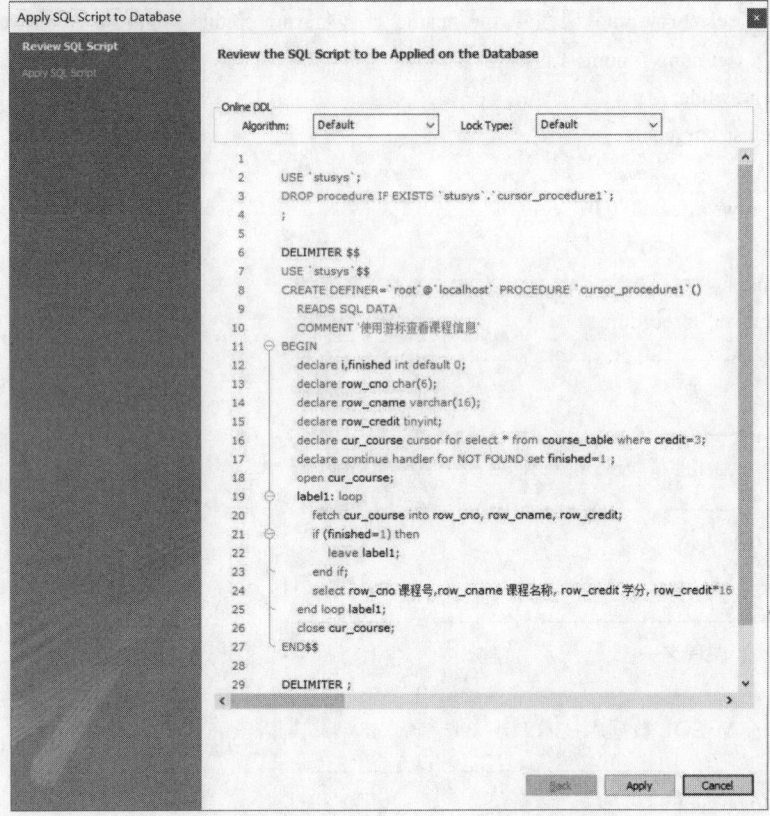

图 9.8　在 MySQL Workbench 中使用游标遍历 select 结果集的存储过程 cursor_procedure1 的代码

任务 9.3　创建与使用触发器和事件

创建与使用触发器和事件

　　触发器和事件都是与数据表操作相关的特殊类型的存储过程。触发器是满足一定条件下自动执行的数据库对象，例如数据表的插入、删除、更新时，定义的触发器被 MySQL 自动执行。事件是 MySQL 基于特定时刻或时间周期被自动调用的过程式数据库对象，例如每天晚上 12 点，备份数据库数据。与触发器不同的是，一个事件可以被调用一次，也可以周期性地被调用，它由一个特定的线程来管理，该线程称为事件调度器。

9.3.1　触发器和事件概述

1. 触发器概述

　　在 MySQL 中，触发器（trigger）通常是定义在永久性的数据表上的，用于保护表中的数据。其只能由数据库的特定操作才能触发，MySQL 服务器实例自动执行触发器中定义的 SQL 语句，以保护数据表中数据的完整性和执行其他的业务。虽然触发器基于一张表创建，但可以通过 SQL 语句对多张表操作，执行更强的完整性约束和业务操作，从而防止对数据进行不符合语义要求的操作。

根据触发器执行的先后顺序，触发器可以分为 before 和 after 两类：before 触发器在数据表操作之前触发，通常用于数据的校验；after 触发器在数据表操作之后触发，用于数据的统计和关联表数据的操作。根据触发器的操作，触发事件可以分为 insert、update 和 delete，如图 9.9 所示。

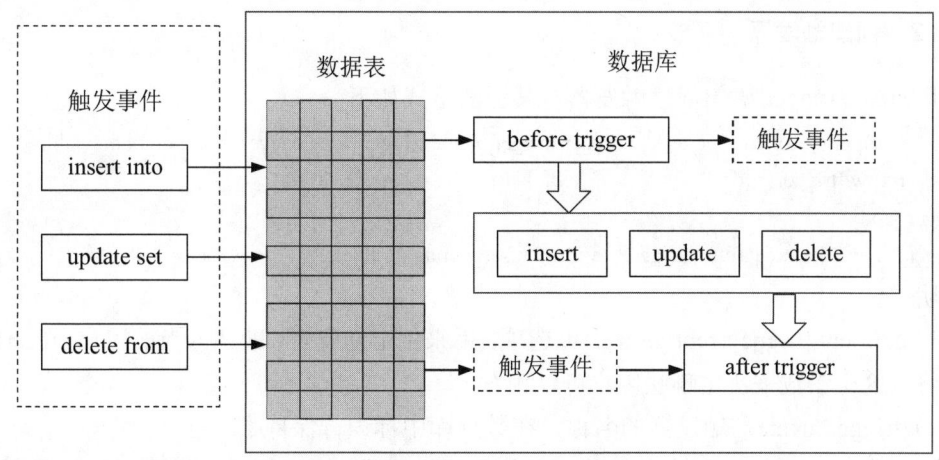

图 9.9　触发器的分类和执行过程

2．事件概述

事件是指可以被定时执行的特殊的存储过程，例如定时的转储、数据汇总、删除临时表等某些特殊的任务。事件还可以固定时间间隔被 MySQL 服务器自动执行，与触发器的数据表跟新操作触发不同。MySQL 事件可以精确到秒，可以实现一些实时性的操作。通过事件可以将依赖外部程序的一些对数据的定时性操作转移到通过数据库本身的功能来实现，以简化操作和扩展应用场景。

MySQL 的事件调度器对所有的事件进行监控，确定哪些事件应该被调度。因此，在使用事件之前，一定要确定开启了事件调度器。可以使用 select 语句或 show 语句来查看事件调度器的情况：

```
mysql> show variables like 'event_scheduler';
+-----------------+-------+
| Variable_name   | Value |
+-----------------+-------+
| event_scheduler | ON    |
+-----------------+-------+
1 row in set, 1 warning (0.00 sec)

mysql> select @@event_scheduler;
+-------------------+
| @@event_scheduler |
+-------------------+
| ON                |
+-------------------+
1 row in set (0.00 sec)
```

开启/关停事件可以使用 set 语句"set global even_scheduler= on|off|0|1|true|false;"或"set @@global.even_scheduler=on|off|0|1|true|false;",或者在 MySQL 服务器的配置文件 my.ini 中添加 Event_scheduler=1 或 set global event_scheduler=ON,当然需要重启 MySQL 服务器才能使配置文件生效。

9.3.2 创建触发器

使用 create trigger 语句创建触发器,其语法格式如下:

create [definer={user|current_user}] trigger trigger_name trigger_time trigger_event on name_table
for each row [trigger_order]
trigger_body;
trigger_time: { before | after } trigger_event: { insert | update | delete }

说明:

(1) definer={user|current_user}: 可选项,用来指定创建者,默认为当前用户 current_user。触发器将以这个参数来决定哪些用户可以触发。

(2) trigger_name: 触发器的名称,在数据库中标识符保持唯一性。

(3) trigger_time: 被触发的时间,取值为 before 或 after。验证新数据是否满足条件,用 before; 操作之后若还需要更多的处理,用 after。

(4) trigger_event: 触发事件,用于指定激活触发器的种类。触发事件的取值有 insert、update、delete 等三个。insert 是在表中插入新行,触发器就会被激活,load data 和 replace 语句的执行也可以触发。update 是修改行时触发器会被激活。delete 是删除行时触发器会被激活,delete 和 replace 语句的执行可以触发;但 drop table 或 truncate table 语句不会激活此触发器。一般情况下,每张表的操作事件只允许有一个触发器,因此结合 trigger_time,一张表最多可以定义六个触发器。

(5) name_table: 与触发器相关联的数据表,此表必须是永久性的数据表。

(6) for each row: 对于受触发事件影响的每一行都要激活触发器的动作。例如,使用 insert 语句向某张表中插入多行数据时,触发器会对每一行数据的插入都执行相应的触发器动作。目前 MySQL 只支持行级触发器。

(7) trigger_order: 可选项,表示在永久性的数据表上定义多个触发器时,可以通过该选项更改触发的顺序,可以使用 precedes 和 follows 表示在已经创建的触发器之前或之后触发。默认时触发顺序为创建触发器的先后顺序。

(8) trigger_body: 触发器动作主体,可使用 begin...end 复合语句结构。在 trigger_body 里,可以使用 New 和 Old 关键字来创建与原表属性完全相同的临时表 New 和 Old; New 表用于存放将要更新的数据,Old 表用于存放修改前的原有数据。例如插入记录时,可以使用"New.字段名"访问要插入的新记录的字段值;删除记录时,可以使用"Old.字段名"访问要删除的记录的字段值;只有在更新记录时,"New.字段名"和"Old.字段名"才可以同时使用,表示要更新的记录的新值和旧值。切记 Old 表时是只读的,New 表可以通过 set 语句重新赋值。

【例 9.29】在数据库 stusys 的数据表 student_table 中创建一个触发器 count_major_trigger,

用于统计插入一名新同学时，相同专业的人数，并赋值给会话变量@major_sum。

在 MySQL 命令行客户端输入 SQL 语句创建触发器，类型为 insert 类型、after 时间。在触发器过程体中，用 New 关键字获得插入同学的专业名，把统计信息赋值给会话变量@major_sum。执行过程如下：

```
mysql> delimiter $$
mysql> create trigger count_major_trigger    after insert on student_table    for each row
    -> begin
    ->     select count(*) into @major_sum    from student_table    where major=New.major;
    -> end;
    -> $$
Query OK, 0 rows affected (0.01 sec)

mysql> delimiter ;
mysql>
```

从上面的执行结果可知触发器创建成功。在 MySQL 命令行客户端执行 insert 语句插入一名新同学，测试该触发器是否正常工作，执行过程如下：

```
mysql> insert into student_table values ('202210203203', '蔡美玲', '女', '2006-07-03', '电气技术应用', '电气222', '68492058', 'Meiling0703', '清远市清城区');
Query OK, 1 row affected (0.01 sec)

mysql> select @major_sum;
+------------+
| @major_sum |
+------------+
|          7 |
+------------+
1 row in set (0.00 sec)
```

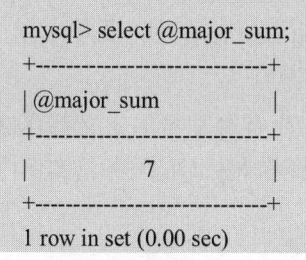

9.3.3 管理和使用触发器

1. 使用 MySQL Workbench 工具管理触发器

在 MySQL Workbench 主界面的导航窗格中选择 stusys→Tables→student_table，右击，弹出快捷菜单，选择 Alter Table 命令，在打开的窗格中选择"Tiggers" Tab，则显示 student_table 的触发器信息，如图 9.10 所示。

"Triggers" Tab 的窗格左侧把 student_table 的触发器分为六类，展开 AFTER INSERT 列别，发现了例 9.29 中创建的触发器 count_major_trigger，选择该触发器，可以在右侧显示定义该触发器的 SQL 代码。

可以在图 9.10 的右侧修改当前的触发器，创建新触发器，删除旧触发器都非常方便。

2. 使用 SQL 语句查看触发器

触发器创建好以后，用户可以通过 show triggers 语句来查看触发器的状态，也可以通过查询 information_schema 数据库下的 triggers 表来查看触发器的详细信息，还可以通过 show create trigger 语句来查看触发器的简要信息。

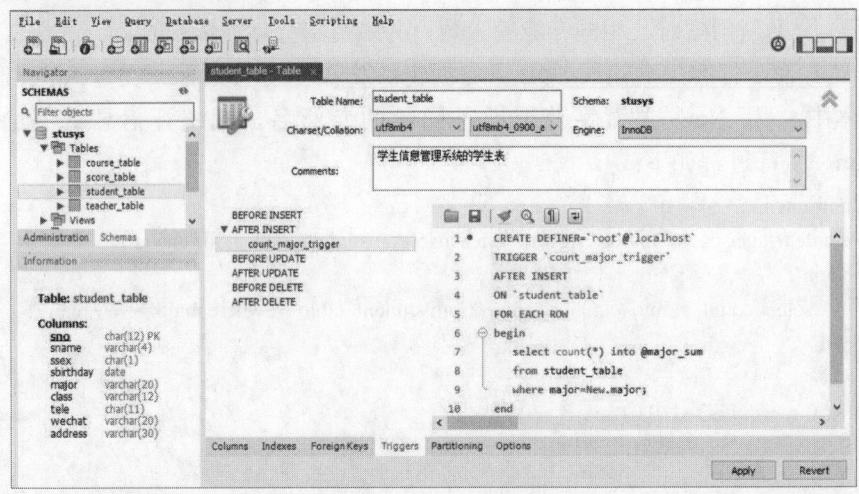

图 9.10　使用 MySQL Workbench 工具显示数据表 student_table 的触发器信息

（1）使用 show triggers 语句查看触发器的状态。在 MySQL 中，show triggers 语句可以用来查看当前数据库的所有数据表的触发器信息，主要包括触发器的名称、类型、附属的数据表、触发器的 SQL 代码、时间类型、创建时间、SQL 模式、定义者、字符集、校对规则等。其语法格式如下：

show triggers [\G | ;]

由于在 MySQL 命令行客户端输入"show triggers \G ;"语句显示完所有的触发器后，出现一个"ERROR:No query specified"，去掉分号就正常显示了。

（2）通过 triggers 表查看触发器的信息。在 MySQL 中，所有触发器的定义都存储在 information_schema 数据库的 triggers 表中，可以使用 select 语句查看 MySQL 服务器实例中所有触发器和特定的触发器的信息，其语法格式如下：

select * from information_schema.triggers [where condition] [\G |;]

若没有 where condition 则显示 MySQL 服务器里所有的触发器；使用查询条件可以查询指定的触发器。

（3）使用 show create trigger 语句查看触发器的信息。在 MySQL 中使用 show create trigger 语句显示指定的触发器的简要信息，其语法格式如下：

show create trigger trigger_name [\G |;]

【例 9.30】使用 show create trigger 语句显示数据库 stusys 的触发器 count_major_trigger 的信息。

在 MySQL 命令行客户端输入 SQL 命令，执行结果如图 9.11 所示。

```
mysql> show create trigger count_major_trigger \G
*************************** 1. row ***************************
               Trigger: count_major_trigger
              sql_mode: ONLY_FULL_GROUP_BY,STRICT_TRANS_TABLES,NO_ZERO_IN_DATE,NO_ZERO_DATE,ERROR_FOR_DIVISION_BY_ZERO,NO_ENGINE_SUBSTITUTION
SQL Original Statement: CREATE DEFINER=`root`@`localhost` TRIGGER `count_major_trigger` AFTER INSERT ON `student_table` FOR EACH ROW begin
  select count(*) into @major_sum from student_table   where major=New.major;
end
  character_set_client: gbk
  collation_connection: gbk_chinese_ci
    Database Collation: utf8mb4_0900_ai_ci
               Created: 2023-10-01 11:10:24.44
1 row in set (0.00 sec)
```

图 9.11　显示触发器 count_major_trigger 的信息

show create trigger 语句必须显示当前数据库的触发器，否则要添加数据库名的前缀。该语句显示的信息为创建触发器的基本信息，比查询 triggers 表和使用 show triggers 语句查询的信息少。

3．删除触发器

使用 drop trigger 语句删除一个触发器，它所基于的表和数据不会受到任何影响。其语法格式如下：

drop trigger [if exists] trigger_name_1 [,…, trigger_name_n];

说明：

（1）trigger_name_1：要删除的触发器的名称，如果删除的不是当前数据库的触发器，则需要在触发器名称前加上数据库名的前缀。可以同时删除多个触发器，通过逗号隔开触发器名称即可。

（2）删除一张数据表时，表上定义的所有触发器都会被删除。

（3）一个触发器不能被更新或覆盖，要修改触发器，本质上要先删除该触发器再创建同名的触发器。

【例 9.31】从数据库 stusys 的数据表 student_table 中删除 count_major_trigger 触发器。

在 MySQL 命令行客户端输入 drop trigger 语句，执行过程如下：

mysql> drop trigger count_major_trigger;
Query OK, 0 rows affected (0.01 sec)

9.3.4　创建事件

在 MySQL 中，用户可以使用 create event 语句来创建事件。事件主要由以下两部分组成。

- 事件调度：说明事件的执行时刻和频率。
- 事件动作：说明事件激活时执行的 SQL 语句。如果是多条 SQL 语句，则需要使用 begin…end 语句块。

create event 语句的语法格式如下：

create event [if not exists] event_name on schedule schedule_list [on completion [not] preserve]
[enable | disable | disable on slave] [comment 'comment']
do
event_body;

说明：

（1）event_name：表示要创建的事件的名称。同一个数据库的事件名必须保持唯一性。

（2）on schedule：关键字，表示事件要基于调度规则进行调度。

（3）schedule_list：表示时间调度规则，决定事件激活的事件或频率。schedule_list 的语法格式如下：

{ at timestamp_1 [+interval interval_1]… | every interval_2
| starts timestamp_3 [+interval interval_3]… | ends timestamp_3 [+interval interval_3]

interval_x 由一个正整数和一个时间单位组成，用空格分开，时间单位有：

{ year | quarter | month | week | day | hour | minute | second | year_month | day_hour | day_minute
| day_second |hour_minute | hour_second | minute_second }

其中 at 子句表示定义事件发生的时刻，timestamp_1 表示一个具体的时刻（日期+时间），后面还可以加上一个时间间隔，表示在 timestamp_1+interval interval_1 这个具体时刻事件才发生；every 子句表示多长时间间隔事件发生一次，interval 表示周期长度；starts 子句表示事件执行的开始时间；ends 子句表示事件执行的结束时间。

（4）on completion [not] preserve：可选项，表示事件是执行一次还是永久执行。默认为 on completion not preserve，表示事件执行一次就被自动删除。on completion preserve 表示事件永久有效。

（5）enable | disable | disable on slave：可选项，表示事件的状态。默认为 enable，表示事件被激活了，事件调度器会检查事件是否应该被调用。disable 表示禁止，事件仅仅被保存，不被调度。disable on slave 表示事件在隶属机器上是被禁止的。

（6）do：关键字，表示事件应该做的动作。

（7）event_body：事件要执行的 SQL 语句序列，可以直接调用存储过程、存储函数、系统函数等语法内容。如果由多条语句组成，应该用 begin…end 表示起始和终止。

【例 9.32】在数据库 stusys 中创建一个立即执行的事件 now_event，该事件的动作为创建一个 time_table 数据表有两个字段：一个为 int 类型的 id 自增字段，另一个为 timestamp 类型的 timeline 字段。

在 MySQL 的命令行客户端输入创建事件的 SQL 语句，其执行过程如下：

```
mysql> create event now_event    on schedule at now()
    -> do
    ->           create table time_table(id int not null auto_increment primary key, timeline timestamp);
Query OK, 0 rows affected (0.01 sec)
```

【例 9.33】在数据库 stusys 中创建一个立即执行的事件 interval_insert_event，该事件的动作为 time_table 数据表每隔 3 秒插入当前时间值。

在 MySQL 的命令行客户端输入创建事件的 SQL 语句，其执行过程如下：

```
mysql> create event interval_insert_event on schedule every 3 second
    -> do
    ->           insert into time_table(timeline) values (current_timestamp);
Query OK, 0 rows affected (0.00 sec)
```

【例 9.34】在数据库 stusys 中创建一个立即执行的事件 interval_truncate_event，该事件的动作为 time_table 数据表每天清空一次，从 6 秒后开始，到 2023-8-12 结束。

在 MySQL 的命令行客户端输入创建事件的 SQL 语句，其执行过程如下：

```
mysql> create event interval_truncate_event on schedule every 1 day
    ->       starts now() + interval 6 second    ends '2023-8-12'
    -> do
    ->           truncate table time_table;
Query OK, 0 rows affected (0.00 sec)
```

9.3.5　管理事件

事件创建之后，可以查看事件、修改事件和删除事件，实现事件的管理。

1. 查看事件

（1）使用 show events 语句查看事件。在 MySQL 中，用户可以使用 show events 语句查询当前数据库中所有的事件信息，如数据名称、事件名称、定义者、时间区、类型、执行时刻、周期间隔、间隔单位、开始与结束时间、事件状态、客户端字符集及校对规则和数据库校对规则。show events 语句的语法格式如下：

```
show events;
```

（2）使用 show create event 语句查看事件。在 MySQL 中，用户可以使用 show create event 语句查询当前数据库中某个特定事件 name_event 信息，如事件名称、SQL mode、时区、创建事件参数及事件体、客户端字符集及校对规则和数据库校对规则。show create event 语句的语法格式如下：

```
show create event name_event;
```

2. 修改事件

在 MySQL 中，用户可以使用 alter event 语句修改已经创建的事件及其相关属性，语法格式如下：

```
alter event [if not exists] event_name [on schedule schedule_list] [rename to new_event_name]
[on completion [not] preserve] [enable | disable | disable on slave]
[comment 'comment'] [do event_body];
```

【例 9.35】修改数据库 stusys 的事件 interval_insert_event 的名称为 cycling_insert_event，插入记录的间隔为 2 分钟。

在 MySQL 的命令行客户端输入修改事件的 SQL 语句，其执行过程如下：

```
mysql> alter event interval_insert_event on schedule every 2 minute
    -> rename to cycling_insert_event;
Query OK, 0 rows affected (0.01 sec)
```

3. 删除事件

在 MySQL 中，使用 drop event 语句删除事件，语法格式如下：

```
drop event [if exists] name_event;
```

该语句用来删除已经定义的事件 name_event。

【例 9.36】删除数据库 stusys 中的事件 cycling_insert_event。

在 MySQL 的命令行客户端输入删除事件的 SQL 语句，其执行过程如下：

```
mysql> drop event cycling_insert_event;
Query OK, 0 rows affected (0.01 sec)
```

任务 9.4　创建与使用事务和锁

创建与使用事务和锁

数据库中允许多个用户同时操作相同的数据，异步进行读/写。数据库的并发性带来了效率的提高，如果不加以控制就会出现错误。锁机制是对多个用户进行并发控制的主要技术之一。事务与锁是实现数据库管理系统中数据一致性与并发性的保障。

9.4.1 事务概述

在 MySQL 中，事务由作为一个逻辑单元的一条或多条 SQL 语句组成。其结果是作为整体永久性地修改数据库的内容，或者作为整体取消对数据库的修改。事务是数据库程序的基本单位，一般地，一个程序中包含多个事务；数据存储的逻辑单位是记录，数据操作的逻辑单位是事务。

现实生活中，如购买火车票、网上购物、股票交易、银行借贷等都是采用事务的方式来处理的。例如，将资金从一个银行账户转到另一个银行账户，第一个操作是从一个银行账户中减少一定的金额，第二个操作是向另一个银行账户中增加相应的金额，减少和增加这两个操作必须作为整体永久性地记录到数据库中，否则资金就会出现混乱。如果转账发生问题，必须同时取消这两个操作。

9.4.2 事务的 ACID 特性

事务被定义为一个逻辑工作单元，即一组不可分割的 SQL 语句，要么全部正常执行完毕，要么回滚操作返回事务开始时的状态，保证数据库操作的一致性和完整性。使用事务可以确保同时发生的行为与数据的有效性不产生冲突。数据库理论中对事务有更严格的定义，指明事务具有四个基本特性，称为 ACID 特性，即原子性（Atomicity）、一致性（Consistency）、隔离性（Isolation）和持久性（Durability）。

（1）原子性。事务必须是原子工作单元，即一个事务中包含的所有 SQL 语句组成一个工作单元。原子性意味着每个事务都必须被看作一个不可分割的单元。如果事务失败，系统将返回到该事务开始执行前的状态。

（2）一致性。事务必须确保数据库的状态保持一致，事务开始时，数据库的状态是一致的，当事务结束时，也必须使数据库的状态保持一致，事务不能违背定义在数据库中的任何完整性检查。例如，在事务开始时，数据库的所有数据都满足已设置的各种约束条件和业务规则，在事务结束时，数据虽然不同，必须仍然满足先前设置的各种约束条件和业务规则，事务把数据库从一个一致性状态带入另一个一致性状态。

（3）隔离性。多个事务可以独立执行，彼此不会产生影响。这表明事务必须是独立的，它不应以任何方式依赖或影响其他事务。

（4）持久性。一个事务一旦被提交，它对数据库中数据的改变永久有效。大多数 DBMS 产品通过保存所有行为的日志来保证数据的持久性，这些行为是指在数据库中以任何方法更改数据。数据库日志记录了所有对于表的更新、查询等。例如，自动柜员机（ATM）在向客户支付一笔钱时，只要操作提交，就不用担心丢失客户的取款记录。

9.4.3 事务的分类

任何对数据的修改都是在事务环境中进行的。按照事务定义的方式，可以将事务分为系统定义事务和用户定义事务。MySQL 支持四种事务模式分别对应上述两类事务，即自动提交事务、显式事务、隐式事务和适合多服务器系统的分布式事务。其中显式事务和隐式事务属于用户定义的事务。

1. 自动提交事务

默认情况下，MySQL 采用 autocommit 模式运行。当执行一条用于修改表数据的语句之后，MySQL 会立刻将结果存储到相应的物理文件中。如果没有用户定义事务，MySQL 会自己定义事务，该事务称为自动提交事务。在 autocommit 模式下，MySQL 的每条更新语句都是一个独立的事务。每条语句在完成时，都被提交或回滚。如果一条语句成功地完成，则提交该语句。如果遇到错误，则自动回滚该语句的操作。

2. 显式事务

显式事务是指显式定义了启动（start transaction | begin work）和结束（commit | rollback work）的事务。在实际应用中，大多数的事务是由用户定义的。事务结束分为提交（commit）和回滚（rollback）两种状态。事务以提交状态结束，全部事务操作完成后，将操作结果提交到数据库中。事务以回滚的状态结束，则对事务的操作将被全部取消，事务操作失败。

3. 分布式事务

在一个比较复杂的环境下，可能有多台数据库服务器；要保证在多服务器环境中事务的完整性和一致性，就必须定义一个分布式事务。在分布式事务中，所有的操作都可以涉及对多个数据库服务器的操作，当这些操作都成功时，那么所有这些操作都提交到相应服务器的数据库中，如果这些操作中有一个操作失败，那么这个分布式事务中的全部操作都将被取消。分布式事务指的是允许多个独立的事务资源，参与一个全局的事务中。

全局事务要求其中所有参与的事务要么全部提交，要么全部回滚，这对于事务原有的 ACID 特性的要求又有了提高。另外，在使用分布式事务时，InnoDB 存储引擎的事务隔离级别必须设置成 serialiable。

分布式事务使用两段式提交（two-phase commit）的方式。第一个阶段，所有参与全局事务的数据库节点都开始准备，告诉全局事务管理器它们准备好提交了。第二个阶段，事务管理器告诉资源管理器执行 rollback 或 commit，如果任何一个数据库节点显示不能 commit，那么所有的数据库节点将全部 rollback。跨越两个或多个数据库的单个数据库引擎实例中的事务实际上也是分布式事务。该实例对分布式事务进行内部管理；对于用户而言，其操作就像本地事务一样。

9.4.4 事务的控制

一般来说，用户自定义一个复杂业务逻辑的事务的基本操作包括关闭/打开自动提交模式、开始事务、提交事务、回滚事务和设置保存点等环节。

在 MySQL 中所使用的 InnoDB 存储引擎的事务，默认为自动提交，即系统变量 @@autocommit 的值为 1。如果用户要自己编写一个事务，需要在事务启动之前关闭自动提交，把系统变量的值临时设为 0 即可，执行"set @@autocommit=0;"语句，之后用户必须自己使用语句开始事务、提交事务、回滚事务等操作。当 MySQL 执行"start transaction;"语句时可以隐式地关闭自动提交，不用修改系统会话变量@@autocommit 的值。如果要恢复系统默认模式，还需要执行"set @@autocommit=1;"语句把系统变量的值改为 0。

1. 开始事务

开始事务可以使用 start transaction 语句来显式地启动一个事务，另外，当一个应用程序的第一条 SQL 语句或在 commit 或 rollback 语句后的第一条 SQL 被执行后，一个新的事务也就开始了。

start transaction 语句的语法格式如下：

```
start transaction | begin work;
```

begin work 语句可以用来替代 start transaction 语句开始一个事务，但是 start transaction 的名称更直接、更为常用。

2. 提交事务

commit 语句是提交语句，它使从事务开始以来所执行的所有数据的修改成为数据库的永久部分，也标志着一个事务的结束。

commit 语句的语法格式如下：

```
commit [work] [and [no] chain] [[no] release] ;
```

当选择 and chain 子句会在当前事务结束时，立刻启动一个新事务，并且新事务与刚结束的事务有相同的隔离等级。

MySQL 的 InnoDB 存储引擎的事务是平面类型，不允许嵌套事务。第一个事务开始后，没有提交，第二个事务又开始了，在第二个事务开始之前自动提交第一个事务。同样，在以下语句被执行之前，也会自动提交启动的事务：

```
drop database | drop table | create index | drop index | alter table | rename table | lock tables | unlock tables | set @@autocommit =1;
```

3. 撤销/回滚事务

撤销事务使用 rollback 语句，它可以撤销事务所做的修改，并结束当前事务。

rollback 语句的语法格式如下：

```
rollback [work] [and [no] chain] [[no] release] ;
```

4. 设置保存点

rollback 语句除回滚整个事务外，还可以用来使事务回滚到某个保存点，在这之前需要使用 savepoint 语句来设置一个保存点。

savepoint 语句的语法格式如下：

```
savepoint savepoint_name;
```

若执行此语句，则用 savepoint_name 名称定义了一个保存点；保存点只在一个事务中有效，目的是减少损失，使回滚的动作少一些，提高应用程序的性能。执行 "rollback [work] to savepoint savepoint_name;" 语句会向已命名的保存点回滚一个事务。如果在保存点被设置后，当前事务对数据进行了更改，则这些更改会在回滚中被撤销。当事务回滚到某个保存点后，在该保存点之后设置的保存点将被删除。

使用 release savepoint 语句，会从当前事务的一组保存点中删除指定的保存点，该保存点将无效，不能作为回滚点使用。

savepoint 语句的语法格式如下：

```
release savepoint savepoint_name;
```

其中 savepoint_name 必须为已经定义的保存点，而且只能释放本事务的保存点。

【例 9.37】在数据库 stusys 的 course_table 表中进行事务处理，实现课程的学分修改，插入一门新课程，在提交前使用 rollback 语句实现回滚。

course_table 表的课程号为 101303 的"神经网络基础"没有学分，可以通过 update 语句修改为 2 分。再插入一门新的课程（'102203', '嵌入式系统技术',4），插入后显示两门课程的信息，再回滚操作。在 MySQL 命令行客户端实现这些操作，其执行过程如下：

```
mysql> set @@autocommit=0;
Query OK, 0 rows affected (0.00 sec)

mysql> start transaction;
Query OK, 0 rows affected (0.00 sec)

mysql> update course_table set credit =2 where cno='101303';
Query OK, 1 row affected (0.00 sec)
Rows matched: 1    Changed: 1    Warnings: 0

mysql> insert into course_table values('102203', '嵌入式系统技术',4);
Query OK, 1 row affected (0.00 sec)

mysql> rollback;
Query OK, 0 rows affected (0.00 sec)

mysql> set @@autocommit=1;
Query OK, 0 rows affected (0.00 sec)
```

从执行结果可以发现，course_table 表中修改了课程号为 101303 的"神经网络基础"的学分为 2，插入一门新的课程（'102203', '嵌入式系统技术',4）。但是没有持久化，因为 rollback 语句回滚了这两个修改，恢复到了插入和修改之前的状态。

9.4.5 事务并发操作引起的问题

事务是并发控制的基本单位，保证事务 ACID 特性是事务处理的重要任务，而事务 ACID 特性可能遭到破坏的原因之一是多个事务对数据库的并发操作没有加以控制。为了保证事务的隔离性更一般，以及保证数据库的一致性，DBMS 需要对并发操作进行正确调度，这就是 DBMS 中并发控制机制的责任。

并发操作允许多个事务同时对数据库进行操作，如果不加以控制，肯定会引发数据不一致的问题，通常将引发的数据不一致问题分为丢失更新、读"脏"数据和不可重复读三类。银行数据库系统、飞机和火车票订票系统等都是多个事务并发执行的典型事例。

9.4.6 事务的隔离级别

为了防止数据库并发操作导致的数据库不一致的更新丢失、读"脏"数据、不可重复读等问题，SQL 标准定义了四种隔离级别，即未提交读、提交读、可重复读及可串行化。这四种隔离级别采用逐步增强的模式，未提交读的隔离级别最低，可串行化的隔离级别最高。

（1）未提交读（Read Uncommitted）。该级别提供了事务之间最小限度的隔离，所有事务都可看到其他未提交事务的执行结果。读"脏"数据、不可重复读都允许，该隔离级别很少用于实际应用中。

（2）提交读（Read Committed）。该级别满足了隔离的简单定义，即一个事务只能看见已提交事务所做的改变。该级别不允许读"脏"数据，但允许不可重复读。

（3）可重复读（Repeatable Read）。它确保同一事务内相同的查询语句的执行结果一致。该级别不允许不可重复读和读"脏"数据。

（4）可串行化（Serializable）。如果隔离级别为可串行化，用户之间顺序地执行当前的事务，提供了事务之间最大限度的隔离。读"脏"数据、不可重复读在该级别中都不允许。

MySQL 支持这四种事务的隔离级别，在 InnoDB 存储引擎中，定义隔离级别可以使用 set transaction 语句，只有支持事务的存储引擎才可以定义一个隔离级别。其语法格式如下：

```
set [global | session] transaction isolation level
    { read uncommitted | read committed | repeatable read | serializable };
```

如果指定 global，那么定义的隔离级别将适用于 MySQL 服务器实例中所有的 SQL 用户；如果指定 session，则隔离级别只适用于当前运行的会话和连接。系统变量@@transaction_isolation 中存储了事务的隔离级别。MySQL 默认为 repeatable read 隔离级别，这个隔离级别适用于大多数的应用程序。

低级别的事务隔离可以提高事务的并发程度，提高多个用户同时访问数据库系统的运行效率，但可能导致较多的读"脏"数据、不可重复读等问题。高级别的事务隔离可以有效避免并发问题，但会降低事务的并发访问性能，可能导致出现大量的锁等待，甚至死锁现象。没有一个标准公式来决定哪个事务隔离级别适用于应用程序，一般是基于应用程序的容错能力和应用程序开发人员对于潜在的数据错误影响的经验判断。

9.4.7 MySQL 的锁机制

多个用户并发访问同一张数据表，仅仅通过事务机制是无法保证数据的一致性的，MySQL 通过锁来防止数据并发操作过程中引发的问题。MySQL 通过不同类型的锁来管理多个用户的并发访问，实现数据访问的一致性。MySQL 对于不同的存储引擎支持不同的锁机制，例如 InnoDB 存储引擎支持行级锁，也支持表级锁和页级锁，默认情况是行级锁。MyISAM 和 Memory 存储引擎仅仅支持表级锁。表级锁和行级锁，指明了锁的作用范围，也称为锁的粒度。除了存储引擎级锁，还有服务器级锁，MySQL 暂不支持这个级别的锁。MySQL 自动加锁为隐式锁，数据库开发人员手动加锁为显示锁。

1. 表级锁

表级锁指整张表被客户锁定。根据锁定的类型，其他客户不能向表中插入记录，甚至从中读数据也受到限制。表级锁包括读锁（Read Lock）和写锁（Write Lock）两种。

（1）使用 lock tables 语句锁定表。lock tables 语句用于锁定当前线程的表，语法格式如下：

```
lock tables name_table [as name_alias] {read [local] | [los_priority] write};
```

说明：

1）name_table [as name_alias]：已经定义的数据表，可以通过 as 关键字为该数据表起一个别名，便于表级锁的管理。

2）read [local] | [los_priority] write：指定表锁定的类型。read 为读锁定，确保该用户及其他用户可以读取表，但是不能修改表的操作；write 为写锁定，只有锁定该表的用户可以修改表和读表，其他用户无法访问该表，即其他用户无法读取该表，写操作也就更不会实现了。

3）在锁定表时会隐式地提交所有事务，在开始一个事务时，如 start transaction，会隐式解开所有表锁定。

4）在事务表中，系统变量@@autocommit 的值必须设为 0，否则，MySQL 会在调用 lock tables 语句之后立刻释放表锁定，并且很容易形成死锁。

【例 9.38】在数据库 stusys 的 course_table 表上设定读锁，在 score_table 表上设定写锁。

在 MySQL 的命令行客户端输入 lock tables 语句，执行结果如下：

```
mysql> lock tables course_table as course_table_lock read;
Query OK, 0 rows affected (0.00 sec)

mysql> lock tables score_table write;
Query OK, 0 rows affected (0.00 sec)
```

对 course_table 表实现表级的读锁时，还给表起了一个别名。从上面执行结果可以看出，锁活动成功实现。

（2）使用 unlock tables 语句解锁。在锁定表以后，可以使用 unlock tables 语句解除锁定，该语句不需要指出解除锁定的表的名称。

2. 行级锁

行级锁比表级锁具有更加精细的控制，只能对当前行（记录）采用线程级别的行锁定，其他行可以正常使用，这就要用存储引擎来实现。在 MySQL 中，只有 InnoDB 实现了行级锁。行级锁的类型包括共享锁、排他锁和意向锁。

（1）共享锁（Share Locks）。共享锁又称读锁或 S 锁，是允许一个事务在读行数据时阻止其他事务读取相同行数据的排他锁。如果事务 T_1 获得了数据行 D 上的共享锁，则 T_1 对数据项 D 可以读但不可以写；其他事务对数据行 D 的排他锁的请求不会成功，而对数据行 D 的共享锁的请求可以成功。

（2）排他锁（Exclusive Locks）。排他锁又称写锁或 X 锁，允许获得排他锁的事务更新数据，阻止其他事务获得相同行数据的共享锁和排他锁。如果事务 T_1 获得了数据行 D 上的排他锁，则 T_1 对数据行既可读又可写；其他事务对数据行 D 的任务封锁请求都不会成功，直至事务 T_1 释放数据行 D 上的排他锁。

（3）意向锁（Intention Lock）。意向锁是一种表级锁，锁定的粒度是整张表，意向锁指如果对一个节点加意向锁，则说明该节点的下层节点正在被加锁。意向锁分为意向共享锁和意向排他锁两类。

1）意向共享锁：事务在向表中的某些行加共享锁时，MySQL 会自动地向该表施加意向共享锁（Intention Shared Lock，简称 IS 锁）。

2）意向排他锁：事务在向表中的某些行加排他锁时，MySQL 会自动地向该表施加意向排他锁（Intention Exclusive，简称IX锁）。

锁模式的兼容性如表 9.3 所示。

表 9.3　锁模式的兼容性

锁名	排他锁（X 锁）	共享锁（S 锁）	意向排他锁（IX 锁）	意向共享锁（IS 锁）
X 锁	互斥	互斥	互斥	互斥
S 锁	互斥	兼容	互斥	兼容
IX 锁	互斥	互斥	兼容	兼容
IS 锁	互斥	兼容	兼容	兼容

InnoDB 存储引擎的行级锁是通过对"索引"施加锁的方式实现的，即只有使用索引字段来查询或更新数据时才可以添加行级锁，否则只能使用表级锁。

3．页级锁

MySQL 将锁定表中的某些行称作页，被锁定的行只对锁定最初的线程可行。页级锁的性能介于表级锁和行级锁之间，开销和性能都是两者的折中。

9.4.8　活锁和死锁

和操作系统一样，封锁的方法可能引起活锁和死锁。

1．活锁

如果事务 T_1 封锁了数据 R，事务 T_2 又请求封锁 R，于是 T_2 等待。事务 T_3 也请求封锁 R，当 T_1 释放了 R 上的封锁之后系统首先批准了 T_3 的请求，T_2 仍然等待。然后事务 T_4 又请求封锁 R，当 T_3 释放了 R 上的封锁之后系统又批准了 T_4 的请求……T_2 在不断重复尝试获取封锁数据 R，可能需永远等待，这就是活锁的情形。

活锁指的是事务没有被阻塞，但由于某些条件没有满足，导致一直重复尝试，失败，尝试，失败。避免活锁的简单方法是采用先来先服务的策略。当多个事务请求封锁同一数据对象时，封锁子系统按请求封锁的先后次序对事务排队，数据对象上的锁一旦释放就批准申请队列中的第一个事务获得锁。

2．死锁

如果事务 T_1 封锁了数据 R_1，事务 T_2 封锁了数据 R_2，然后 T_1 又请求封锁 R_2，因 T_2 已封锁了 R_2，于是 T_1 等待 T_2 释放 R_2 上的锁。接着 T_2 又申请封锁 R_1，因 T_1 已封锁了 R_1，T_2 也只能等待 T_1 释放 R_1 上的锁。这样就出现了 T_1 在等待 T_2，而 T_2 又在等待 T_1 的局面，T_1 和 T_2 两个事务永远不能结束，形成死锁。

目前在数据库中解决死锁问题主要有两种方法：一种方法是死锁预防，即采取一定措施来预防死锁的发生；另一种方法是死锁检测，即允许发生死锁，采用一定手段定期诊断系统中有无死锁，若有则解除。

3．MySQL 的处理死锁的手段

MySQL 的 InnoDB 存储引擎会自动检测死锁循环。一般情况下，当检测到死锁时，通常是一个较小事务释放锁并回滚，返回一个错误信息；而让另一个较大事务获得锁，继续完成事务。较小、较大事务的判断是通过影响表的记录数来进行判断，从而减少资源的浪费。如果 InnoDB 存储引擎检测不到死锁情况，例如涉及外部锁或涉及表级锁的情况下，则需要用户通过锁定超时限制来解决。

通常情况下，程序开发人员通过调整业务流程、事物大小、数据库访问的 SQL 语句，可以避免绝大多数的死锁。

项 目 小 结

数据库系统的一个重要特征是多用户系统，每个用户都是自己的业务需求。实现系统的共享，提高效率是非常重要的需求。存储过程、存储函数就是共享语句的典型案例。把 SQL 语句块编译存放到服务器，当多个用户访问时，直接用优化的存储语句提供服务，带来效率的提高。

触发器和事件是特殊的存储过程，为用户的方便使用提供系统性的帮助，使用户有效使用数据库系统。

多用户同时访问相同的数据，如果控制不好会带来异常，这就需要事务保证操作序列执行的正确性。事务的 ACID 特性保证了事务安全。

项目实训：以程序方式处理 MySQL 数据表的数据

1．创建一个存储函数 avg_function，根据学生的姓名查询该学生的综合成绩的平均分。
2．创建一个调用 avg_ function 的存储函数。
3．删除存储函数 avg_ function 中创建的存储函数。
4．创建两张结构相同的数据表 tb_1 和 tb_2。创建一个触发器，实现增加 tb_1 数据表记录后自动将记录增加到 tb_2 数据表中，并完成测试。
5．创建一个存储过程 insert_procedure，完成向 tb_student 数据表插入一条学生记录，包括学号、姓名和性别，并判断学号是否存在。
6．调用存储过程 insert_procedure，完成测试。
7．删除存储过程 insert_procedure。

课外拓展：在图书管理系统中设置存储过程和触发器

1．创建一个存储函数 sum_function，根据作者的姓名查询其所有作品的总页数。
2．创建一个调用 sum_ function 的存储过程 display_sum_procedure。
3．删除存储函数 sum_ function 和存储过程 display_sum_procedure。

4．创建触发器，在删除图书表 tb_book 的记录时，把要删除的记录保存到 tb_Old_book 表中。

5．创建一个事件，每天凌晨 2 时，自动备份数据库 library 到网络文件夹中。

思 考 题

1．为什么说存储过程能够优化数据库操作？
2．存储过程和存储函数有什么区别？有什么相同之处？
3．SQL 语句在 MySQL 命令行客户端执行，如何在 MySQL 服务器端执行？
4．MySQL 中，变量有哪些数据类型？它们有什么约束？
5．MySQL 中，变量的作用域、生命周期是如何确定的？
6．触发器有哪些类型？
7．触发器的过程体中使用的 New 和 Old 表各是什么？它们有什么作用？
8．一张数据表可以定义多少个触发器？如何更改执行的顺序？
9．事件和触发器有什么区别？
10．什么是事务？它有什么特性？
11．MySQL 如何实现分布式事务处理？

项目 10　维护学生信息管理数据库的安全性

数据库的安全性和完整性是确保实现数据的可靠性、精确性和高效性的重要技术手段。数据库的安全性是指保护数据库以防止不合法使用所造成的数据泄露、更改或破坏。数据库管理系统提供的主要技术有强制存取控制、数据加密存储和加密传输等。控制数据存取流程，通过用户标识和鉴定、存取控制、视图、审计和数据加密等方法，将非法用户和不具备完整性的数据进行特别处理。在 MySQL 数据库管理系统中，主要是通过用户权限和角色管理实现其安全性控制的。为了保证数据的安全，防止意外事件的发生，需要制度化地定期对数据进行备份。MySQL 日志是记录 MySQL 数据库的日常操作和错误信息的文件。当数据遭到意外丢失时，可以通过日志文件来查询出错原因，并且可以通过日志文件进行数据恢复。

学习目标：

- 了解 MySQL 的安全体系
- 了解 MySQL 的权限系统
- 掌握 MySQL 的用户管理和角色管理
- 掌握 MySQL 的备份
- 掌握 MySQL 的日志体系

知识架构：

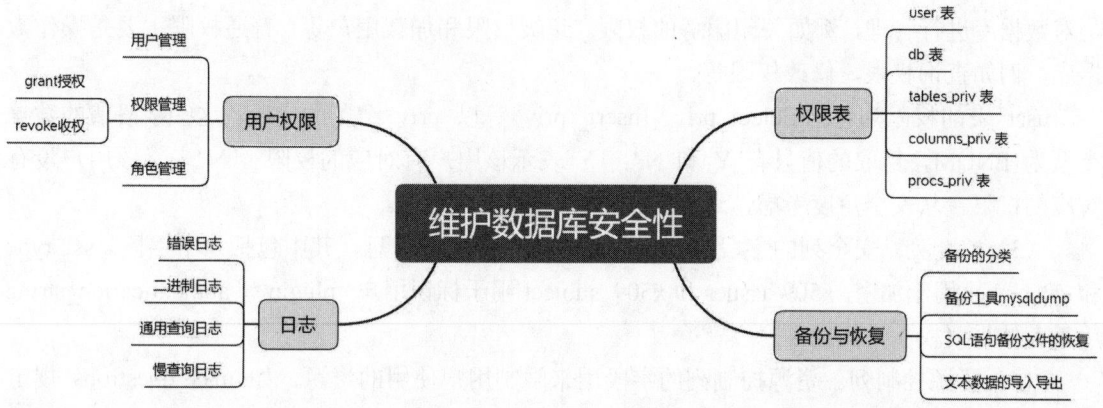

了解 MySQL 的权限系统

任务 10.1　了解 MySQL 的权限系统

当 MySQL 服务器启动时，首先会读取数据库 mysql 中的权限表，并将表中的数据装入内存。当用户进行数据的存取操作时，MySQL 会根据这些表中的数据做相应的权限控制。

10.1.1　权限表

通过网络连接服务器的客户对 MySQL 数据库的访问由权限表内容来控制。用户登录 MySQL 服务器以后，MySQL 数据库系统会根据这些权限表的内容为每个用户赋予相应的权限。这些权限表中最重要的是 user 表、db 表、host 表、tables_priv 表、columns_priv 表、procs_priv 表等，在 MySQL 8.x 的 mysql 数据库中共有 34 张表。

1. user 表

MySQL 在安装时会自动创建一个名为 mysql 的数据库，mysql 数据库中存储的都是用户权限表。用户登录以后，MySQL 会根据这些权限表的内容为每个用户赋予相应的权限。

user 表是 MySQL 中最重要的一张权限表，用来记录允许连接到服务器的账号信息，以及一些权限信息。在 user 表里启用的所有权限都是全局级的，适用于所有数据库。

MySQL 8.x 的 user 表中有 51 个字段，通过 describe mysql.user 语句可以显示该数据表结构。这些字段大致可以分为四类，分别是用户列、权限列、安全列和资源控制列。

（1）用户列。用户列的字段用于识别系统的用户。user 表的 Host 主机和 User 用户名两个字段构成组合主键，所以在登录 MySQL 数据库实例时，需要给出 Host 值和 User 值，再输入 authentication_string 密码；只有这三个字段同时匹配，相应的 MySQL 数据库服务器实例才会允许其登录。

（2）权限列。权限列的字段决定了用户的权限，用来描述在全局范围内允许对数据和数据库进行的操作。权限大致分为两大类，分别是高级管理权限和普通权限：高级管理权限主要是对数据库进行管理，例如关闭服务的权限、超级权限和加载用户等；普通权限主要是操作数据库，例如查询权限、修改权限等。

user 表的权限列包括 Select_priv、Insert_priv 等以 _priv 结尾的字段，这些字段值的数据类型为 ENUM，可取的值只有'Y'和'N'：'Y'表示该用户有对应的权限，'N'表示该用户没有对应的权限。从安全角度考虑，这些字段的默认值都为 'N'。

（3）安全列。安全列的字段主要用来管理用户的安全信息，其中包括六个字段。ssl_type 和 ssl_cipher 用于加密。x509_issuer 和 x509_subject 用于标识用户。plugin 和 authentication_string 用于存储与授权相关的插件。

（4）资源控制列。资源控制列的字段用来限制用户使用的资源，如 max_questions 规定了每小时允许执行查询的操作次数；max_updates 规定了每小时允许执行更新的操作次数；max_connections 规定了每小时允许执行的连接操作次数；max_user_connections 规定了允许同时建立的连接次数。所有字段的默认值都为 0，表示没有限制。一个小时内用户查询或连接数量如果超过了资源控制限制，用户将被锁定，直到下一个小时才可以在此执行对应的操作。

2. db 表和 host 表

db 表和 host 表是 MySQL 数据库中非常重要的权限表。db 表中存储了用户对某个数据库的操作权限，决定用户能从哪台主机存取哪个数据库。host 表中存储了某台主机对数据库的操作权限，配合 db 表对给定主机上的数据库级操作权限做更细致的控制。这张权限表不受 grant 和 revoke 语句的影响。db 表比较常用，host 表一般很少使用。

3. tables_priv 表和 columns_priv 表

tables_priv 表可以对单张表进行权限设置，tables_priv 表中包含八个字段，分别是 Host、Db、User、Table_name、Table_priv、Column_priv、Grantor 和 Timestamp。前四个字段分别表示主机名、数据库名、用户名和表名。Table_priv 表示对表进行操作的权限。这些权限包括 Select、Insert、Update、Delete、Create、Drop、Grant、References、Index 和 Alter。Grantor 表示权限是谁设置的。Timestamp 表示修改权限的时间。

columns_priv 表对单个数据列的操作进行权限设置；这些权限包括 Select、Insert、Update 和 References。

4. procs_priv 表

procs_priv 表可以对存储过程和存储函数进行权限设置。procs_priv 表中包含八个字段，分别是 Host、Db、User、Routine_name、Routine_type、Proc_priv、Timestamp 和 Grantor。前三个字段分别表示主机名、数据库名和用户名。Routine_name 字段表示存储过程或存储函数的名称。Routine_type 字段表示类型，只可以取 function 或 procedure，表示这是存储函数或存储过程。Proc_priv 字段表示拥有的权限，可以是 Execute、Alter Routine 或 Grant。Timestamp 字段存储更新的时间。Grantor 字段存储权限是谁设置的用户名。

10.1.2 权限的工作原理

当 MySQL 允许一个用户执行各种操作时，将首先核实用户向 MySQL 服务器发送的连接请求，然后确认用户的操作请求是否被允许。MySQL 的访问控制分为两个阶段：连接核实阶段和请求核实阶段。

1. 连接核实阶段

当用户试图连接 MySQL 服务器时，服务器基于用户提供的信息来验证用户身份，如果不能通过身份验证，则服务器会完全拒绝该用户的访问；如果能够通过身份验证，则服务器接受连接，然后进入请求核实阶段等待用户请求。

2. 请求核实阶段

一旦连接得到许可，服务器进入请求核实阶段。在这一阶段，MySQL 服务器对当前用户的每个操作都进行权限检查，判断用户是否有足够的权限来执行它。用户的权限保存在 user、db、host、tables_priv 或 columns_priv 权限表中。

在 MySQL 权限表的结构中，user 表在最顶层，是全局级的。下面是 db 表和 host 表，它们是数据库层级的。最后才是 tables_priv 表和 columns_priv 表，它们是表级和列级的。低等级的表只能从高等级的表中得到必要的范围或权限。

使用如图 10.1 所示的授权流程，可以清晰表达权限的操作过程。

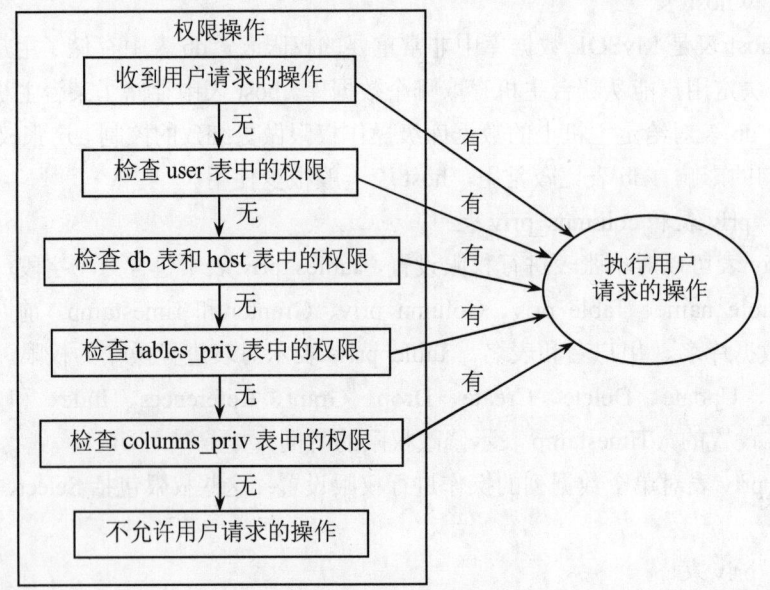

图 10.1　MySQL 权限管理的过程

管理数据库的用户权限

任务 10.2　管理数据库的用户权限

账户管理是 MySQL 用户管理的最基本的内容。账户管理包括创建用户、删除用户、密码管理、权限管理等内容。账户管理可以保证 MySQL 数据库的安全性。

10.2.1　用户管理

MySQL 用户包括 root 用户和普通用户。root 用户是超级管理员，拥有所有的权限。root 用户的权限包括创建用户、修改用户名、设置用户新口令、删除用户等管理权限。而普通用户只拥有创建该用户时赋予它的权限。用户管理包括管理用户的账户、权限等。

1．创建用户

在 MySQL 数据库中，可以使用 create user 语句创建新用户来直接操作 MySQL 权限表，必须拥有 mysql 数据库的全局 create user 权限，或者拥有 insert 权限。

create user 语句的语法格式如下：

create user 'user_name'@'hostname' [identified by　'password_string ']
　　　　[,'user_name'@'hostname' [identified by 'password_string ']][,…];

说明：

（1）'user_name'@'hostname'：用户全名，@符号之前为单引号引起来的用户名，@符号之后为单引号引起来的主机名。hostname 是 MySQL 服务器运行实例的主机 IP 地址或名称，例如 MySQL 安装在本地计算机上，则主机名可以为'127.0.0.1'或'localhost'（由本地操作系统翻译为 IP 地址'127.0.0.1'）。无论 MySQL 安装在 Windows 操作系统还是 Linux 操作系统上，用户名区分都要字母的大小写。如果在创建用户的过程中，只给出了用户名，而没指定主机名，那么主机名默认为"%"，表示一组主机，即对所有主机开放权限。

（2）identified by 'password_string '：可选项，可以在创建用户的同时，为用户指定一个初始密码；默认情况下新建用户时没有密码。identified by 关键字就是指明要给用户一个密码，密码的字符串在后面的单引号里。注意密码要区分大小写。

（3）可以同时创建多个用户，它们之间用逗号分开。

【例10.1】使用 create user 语句在当前 MySQL 服务器里创建两个用户：student01@localhost 和 teacher01@localhost，teacher01 有初始密码"guang_dong_01"。

在 MySQL 命令行客户端输入 create user 语句，执行过程如下：

```
mysql> create user 'student01'@'localhost', 'teacher01'@'localhost' identified by 'guang_dong_01';
Query OK, 0 rows affected (0.01 sec)
```

使用 create user 语句时没有为用户'student01'@'localhost'指定口令，MySQL 允许该用户不使用口令登录系统，但为了安全不推荐这种做法。

如果默认了 hostname，则 user_name 表中用户名的单引号可以省略，执行过程如下：

```
mysql> create user student01, teacher01 identified by 'guang_dong_01';
Query OK, 0 rows affected (0.01 sec)
```

当创建用户时，hostname 默认则用户的 host 的值为"%"，从而'student01'@'localhost'和'student01'@'%'不同。也就是说，如果两个用户名相同而主机名不同，MySQL 认为这两个用户是不同的用户，即使两个用户名都为'student01'，也不会出现 user 表的关键字冲突。

【例10.2】使用 insert into 语句在当前 MySQL 服务器里创建两个用户：student02@127.0.0.1 和 teacher02。

向 mysql.user 数据表里插入（host, user, ssl_cipher, x509_issuer, x509_subject）五个字段值即可，前面 host 和 user 为主键，后面三个字段可以使用空值。在 MySQL 命令行客户端输入 insert into 语句，执行过程如下：

```
mysql> insert into mysql.user (host, user, ssl_cipher, x509_issuer, x509_subject)
    -> values('127.0.0.1', 'student02','', '',''), ('%', 'teacher02','', '','');
Query OK, 2 row affected (0.00 sec)
```

从上面的执行结果可知，'teacher02'没有指定主机名，此时不能省略，必须添加"%"为主机名，否则不能满足 host 和 user 联合主键的要求。

使用 select 语句从 mysql.user 数据表中显示 MySQL 服务器实例的所有用户的主机和姓名，执行过程如下：

```
mysql> select host,user from mysql.user;
+-----------+---------------+
| host      | user          |
+-----------+---------------+
| %         | administrator |
| %         | student01     |
| %         | teacher01     |
| %         | teacher02     |
| 127.0.0.1 | student02     |
```

localhost	developer
localhost	mysql.infoschema
localhost	mysql.session
localhost	mysql.sys
localhost	root
localhost	student01
localhost	teacher01
+----------------+------------------+
12 rows in set (0.00 sec)

2. 修改用户名

创建用户后，可以通过 rename user 语句实现一个或多个用户名的修改，其语法格式如下：

rename user 'user_name'@'hostname' to 'new_user_name'@' new hostname' [,…];

【例 10.3】把当前 MySQL 服务器里 teacher02 的名称修改为 teacher02@127.0.0.1。

在 MySQL 命令行客户端输入 rename user 语句，执行过程如下：

mysql> rename user teacher02 to 'teacher02'@'127.0.0.1';
Query OK, 0 rows affected (0.01 sec)

如果没有 host 主机名，rename user 语句自动补充为"%"的形式。可以使用 update table 语句直接更改 mysql.user 数据表中的 host 和 user 字段实现改名。

【例 10.4】把当前 MySQL 服务器里 teacher01 的名称修改为 teacher03@localhost。

在 MySQL 命令行客户端输入数据表语句，执行过程如下：

mysql> update mysql.user set host='localhost', user='teacher03' where host='%' and user='teacher01';
Query OK, 1 row affected (0.01 sec)
Rows matched: 1   Changed: 1   Warnings: 0

3. 设置用户新口令

使用的 create user 语句或 insert into mysql.user 语句中，用户的密码或口令可以是空的。用户创建后可以给用户设置密码或口令。如果用户的口令忘记了，可以向管理员申请一个新的口令。可以使用 set password 语句来设置口令。新用户登录了 MySQL 服务器后，也可以使用该语句修改自己的口令。

set password 语句的语法格式如下。

set password [for 'user_name'@'hostname'] = 'new_password';

说明：

（1）for 'user_name'@'hostname'：可选项，设定指定主机上的用户的口令。如果本项省略，则为当前用户设置口令。如果用户名和主机名没有特殊字符，则可以省略单引号。

（2）new_password：设置的新密码字符串，必须使用单引号或双引号引起来，而且前面的等号不能省略。

【例 10.5】使用 set password 语句为 MySQL 服务器里的用户 teacher01@localhost 设置新口令 guangzhou01。

在 MySQL 命令行客户端输入 set password 语句，执行过程如下：

mysql> set password for teacher01@localhost = 'guangzhou01';
Query OK, 0 rows affected (0.01 sec)

拥有 mysql.user 数据表的 update 权限的用户，可以使用 update 语句直接设置用户的新口令。

【例 10.6】使用数据表语句为 MySQL 服务器里的用户 student02@127.0.0.1 设置新口令 guangzhou02。

在 MySQL 命令行客户端输入 update…set 语句，执行过程如下：

```
mysql> update mysql.user   set authentication_string='guangzhou02'
    -> where user='student02' and host='127.0.0.1';
Query OK, 0 rows affected (0.00 sec)
Rows matched: 1   Changed: 1   Warnings: 0
```

使用 SQL 的 update 语句必须严格遵守其规则，三个字段对应的字符串不能省略单引号或双引号。在设置口令时，注意 where 子句的过滤条件，主机名和用户名都必须参与相等的比较才可以；不能省略条件，避免使用 like 模式匹配，目的是仅仅给指定的单一用户设定密码。

使用 select 语句，从 mysql.user 数据表中查询 teacher01@localhost 和 student02@127.0.0.1 这两个用户的 user、host 和 authentication_string 三个字段，执行结果如图 10.2 所示。

```
mysql> select user, host, authentication_string from mysql.user;
+------------------+-----------+-----------------------------------------------------------+
| user             | host      | authentication_string                                     |
+------------------+-----------+-----------------------------------------------------------+
| administrator    | %         |                                                           |
| student02        | 127.0.0.1 | guangzhou02                                               |
| developer        | localhost |                                                           |
| mysql.infoschema | localhost | $A$005$THISISACOMBINATIONOFINVALIDSALTANDPASSWORDTHATMUSTNEVERBRBEUSED |
| mysql.session    | localhost | $A$005$THISISACOMBINATIONOFINVALIDSALTANDPASSWORDTHATMUSTNEVERBRBEUSED |
| mysql.sys        | localhost | $A$005$THISISACOMBINATIONOFINVALIDSALTANDPASSWORDTHATMUSTNEVERBRBEUSED |
| root             | localhost | *84AAC12F54AB666ECFC2A83C676908C8BBC381B1                 |
| teacher01        | localhost | $A$005$□1P□6Oxjit_□H6`(|6vEsiuPMchR2gfrkjUifGS.qpVXmMgUMz2NEWuMQACA |
+------------------+-----------+-----------------------------------------------------------+
8 rows in set (0.00 sec)
```

图 10.2　显示用户的口令字段

可以发现，使用 set password 语句设置的用户口令采用 SHA-1 加密了，而使用 update 语句设置的用户口令为明文格式。使用 insert into mysql.user 语句来创建新用户，其口令字段如果直接使用字符串，则其口令也是明文格式。为了避免明文的口令带来的安全问题，应该强调所有用户使用 set password 语句来设置新的口令。

4．删除用户

如果存在一个或多个账户被闲置，应当考虑将其删除，确保数据库系统的安全。在 MySQL 数据库中，可以使用 drop user 语句来删除普通用户，也可以直接在 mysql.usr 表中删除用户。

drop user 语句的语法格式如下：

```
drop user 'user_name'@'hostname' [, 'user_name'@'hostname'] [,…];
```

drop user 语句用于删除一个或多个 MySQL 账户，相应地取消其权限。要使用 drop user 语句，必须拥有 mysql 数据库的全局 create user 权限或 delete 权限。drop user 语句不能自动关闭任何正在连接的用户对话。如果用户有打开的对话，则取消用户权限，命令不会生效，直到用户对话被关闭后才生效。一旦对话被关闭，用户权限也被取消，此用户再次试图登录时将会失败。

【例 10.7】使用 drop user 语句把当前 MySQL 服务器里的用户 teacher03@localhost 删除。

在 MySQL 命令行客户端输入 drop user 语句，执行过程如下：

mysql> drop user 'teacher03'@'localhost';
Query OK, 0 rows affected (0.01 sec)

如果 host 默认，则 drop user 语句自动删除'user_name'@'%'。如果用户名没有特殊字符，可以不用单引号引起来，例如删除 teacher02@127.0.0.1 用户，其执行过程如下：

mysql> drop user teacher02@127.0.0.1;
Query OK, 0 rows affected (0.01 sec)

【例 10.8】使用 delete from 语句把当前 MySQL 服务器里的用户 student01@localhost 删除。

在 MySQL 命令行客户端输入 delete from 语句，执行过程如下：

mysql> delete from mysql.user where host='localhost' and user='student01';
Query OK, 1 row affected (0.01 sec)

使用 delete from 语句删除用户时，要特别小心，一定要用 host 和 user 的用户全名作为 where 子句的过滤条件，否则容易误删其他用户。

如果删除的用户已经创建了表、索引或其他的数据库对象，这些数据库对象将继续存在，但 MySQL 不能记录是谁创建了这些对象。

10.2.2 权限管理

权限管理主要是对登录到 MySQL 服务器的用户进行权限验证。所有用户的权限都存储在 MySQL 的权限表中。合理的权限管理能够保证数据库系统的安全，不合理的权限设置会给 MySQL 服务器带来安全隐患。

MySQL 角色是指定的权限集合，利用角色授予用户账户权限，则该用户就一次获得该角色的权限集合的每一项权限。若更换角色，用户的权限也相应地变化，利用角色授权有利于简化数据库管理员的工作。角色也可以用来提供有效而复杂的安全模型，以及管理可保护对象的访问权限。

1. MySQL 的权限类型

MySQL 数据库中有多种类型的权限，这些权限都存储在 mysql 数据库的 user、db、host、columns_priv 和 tables_priv 等权限表中。在 MySQL 启动时，服务器将这些数据库中的权限信息读入内存，对用户的操作进行判断，如果没有权限则拒绝执行，从而保护系统的信息。

grant 和 revoke 语句可以用来管理访问权限，也可以用来创建和删除用户；同时可以方便地利用 create user 和 drop user 语句可以更容易地实现授权和取消权限。

授予的权限可以分为以下层级。

（1）全局层级。全局权限仅仅适用于一台给定服务器中的所有数据库。这些权限存储在 user 表中。"grant all on *.*" 和 "revoke all on *.*" 语句只授予和撤销全局权限。

（2）数据库层级。数据库权限适用于一个给定数据库中的所有对象，如数据表、存储程序、视图和存储函数等。这些权限存储在 db 和 host 表中。"grant all on name_database.*" 和 "revoke all on name_database.*" 语句用来授予和撤销数据库权限。

（3）表层级。表权限适用于一张给定表中的所有列。这些权限存储在 tables_priv 表中。grant all on name_database.name_table 和 revoke all on name_database.name_tabl 语句用来授予和撤销表权限。

（4）列层级。列权限适用于一张给定表中的某一列。这些权限存储在 columns_priv 表中。当使用 revoke 语句时，必须指定与被授权的列相同的列才行。采用 select(col1，col2…)、insert(col1, col2…)和 update(col1, col2…) 的格式实现。

（5）子程序层级。create routine、alter routine、execute 和 grant 等权限适用于已存储的子程序。这些权限可以被授予为全局层级和数据库层级。除 create routine 权限外，这些权限可以被授予为子程序层级，并存储在 procs_priv 表中。

grant 和 revoke 语句对于哪些用户可以操作服务器及其内容的各个方面提供了多层次、详细、准确的控制，从谁可以关闭服务器，到谁可以修改特定表字段中的信息都能控制。表 10.1 中列出了使用这些语句可以授予或撤回的常用权限。

表 10.1　MySQL 的权限

权限名称	user 表的权限字段	权限范围
all[privileges]		服务器管理
alter	Alter_priv	数据表
alter routine	Alter_routine_priv	存储过程、存储函数
create	Create_priv	数据库、数据表或索引
create role	Create_role_priv	服务器管理
create routine	Create_routine_priv	存储过程、存储函数
create tablespace	Create_tablespace_priv	服务器管理
create temporary tables	Create_tmp_table_priv	数据表
create user	Create_user_priv	服务器管理
create view	Create_view_priv	视图
delete	Delete_priv	数据表
drop	Drop_priv	数据库、数据表或视图
drop role	Drop_role_priv	服务器管理
event	Event_priv	数据库
execute	Execute_priv	存储过程、存储函数
file	File_priv	访问服务器上的文件
grant option	Grant_priv	数据库、数据表、存储过程、存储函数
index	Index_priv	数据表
insert	Insert_priv	数据表、列
lock tables	Lock_tables_priv	数据库
process	Process_priv	服务器管理
references	References_priv	服务器管理（未被实施）

续表

权限名称	user 表的权限字段	权限范围
reload	Reload_priv	服务器管理
replication client	Repl_client_priv	服务器管理
replication slave	Repl_slave_priv	服务器管理
select	Select_priv	数据表、列
show databases	Show_db_priv	服务器管理
show view	Show_view_priv	视图
shutdown	Shutdown_priv	服务器管理
super	Super_priv	服务器管理
trigger	Trigger_priv	数据表
update	Update_priv	数据表、列
usage	no privileges	服务器管理

在特定的 SQL 语句中对 MySQL 权限有更具体的要求，表中部分权限说明如下。

（1）create 权限：可以创建数据库、数据表、索引。

（2）drop 权限：可以删除已有的数据库、数据表、索引。

（3）insert、delete、update、select 权限：可以对数据库中的数据表进行增加、删除、更新和查询操作。

（4）alter 权限：可以用于修改数据表的结构或重命名数据表。

（5）grant option 权限：允许为其他用户授权，可用于数据库和数据表。

（6）all[privileges]权限：授予在指定的访问级别的所有简单权限，除了 grant option 和 proxy。

2．用户授权管理

授权就是为某个用户授予权限。在 MySQL 中，使用 grant 语句为用户授予权限。新创建的用户还没有任何权限，不能访问特定数据库。针对不同用户对数据库的实际操作要求，分别授予用户对特定数据库、特定表、特定字段、特定子程序等权限。

（1）利用 grant 语句给用户授权。在 MySQL 中使用 grant 关键字来为用户设置权限。必须是拥有 grant 权限的用户才可以执行 grant 语句。grant 语句的语法格式如下：

```
grant priv_type[(column_list)][,priv_type[(column_list)]][,…]
on { name_database.routine_name|*.*| |*| name_database.*| name_database. name_table| name_table }
to 'username1'@'hostname' [,'username2'@'hostname'] [,…n]
[with grant option];
```

说明：

1）priv_type[(column_list)]：权限的类型及其作用域包含的字段序列；priv_type 为 select、update、insert、delete 等权限关键字；column_list 是用逗号分开的字段名称，并用圆括号括起来的序列；如果该部分省略，则整张数据表的所有字段或整个数据库或整体系统所有数据库。可以一次性授予多个权限类型，它们之间再用逗号分开。

2）on 子句：指定的数据库系统对象级别，对象级别通常也决定了权限的类型，通常分为以下四类。

①列权限：和一张具体表中的一个具体字段或列相关。priv_type 只能从 select、update、insert 中选择。

②表权限：和一张具体表的所有字段或列相关。priv_type 可以为 select、update、insert、delete、references、create、alter、drop、index 和 all。

③数据库权限：和一个具体数据库中所有的表、视图、子程序等相关。priv_type 除了从 select、update、insert、delete、references、create、alter、drop、index 和 all 中选择；还可以从 create temporary tables、create view、show view、create routine、alter routine、execute 和 lock tables 中选择。

④用户权限：和 MySQL 所有的数据库相关。priv_type 只能从 create user、show databases 中选择。

on 子句的对象，具体表现为以下六种。

①*：表示当前数据库中的所有表。

②*.*：表示所有数据库中的所有表。

③name_database.*：表示某个数据库中的所有表，name_database 指定数据库名。

④name_database.name_table：表示某个数据库中的某张表或某个视图。

⑤database.routine_name：表示某个数据库中的某个存储过程或存储函数。

⑥name_table：当前数据库里的数据表或视图。

3）to 子句：表示被赋予权限的用户；用用户名和域名来表示。

4）with grant option：默认选项；如果有该项，则表示被授权的用户可以把权限再授予给其他用户；如果没有此项，则表示用户被授予的权限不能再授予给其他用户，只能他自己使用。

在 MySQL 中使用 show grants 语句查看用户的权限。show grants 语句的语法格式如下：

```
show grants [for 'username'@'hostname'];
```

如果 for user 省略则查看当前用户。

【例 10.9】管理员 root 创建一个新用户 superstar@localhost，密码为"super@127"。使用 grant 语句授予对所有数据库的查询、插入记录的权限，并允许该用户把权限再授予给其他用户。

管理员 root 登录 MySQL 命令行客户端，使用 create user 语句创建用户，并用 grant 语句授权，用 show grants 语句显示新建用户的权限；输入语句并执行，操作过程如下：

```
mysql> create user superstar@localhost identified by 'super@127';
Query OK, 0 rows affected (0.01 sec)

mysql> grant select,insert on *.* to superstar@localhost with grant option;
Query OK, 0 rows affected (0.00 sec)

mysql> show grants for superstar@localhost;
+-------------------------------------------------------------------------------+
| Grants for superstar@localhost                                                |
+-------------------------------------------------------------------------------+
```

| GRANT SELECT, INSERT ON *.* TO `superstar`@`localhost` WITH GRANT OPTION |
+--+

1 row in set (0.00 sec)

mysql> show grants for superstar@localhost \G
*************************** 1. row ***************************
Grants for superstar@localhost: GRANT SELECT, INSERT ON *.* TO `superstar`@`localhost` WITH GRANT OPTION

1 row in set (0.00 sec)

【例 10.10】管理员 root 创建一个新用户 student01@localhost，密码为"123"。使用 grant 语句授予对数据库 stusys.student_table 的查询权限，更新"微信"和"电话"字段的权限。

管理员 root 登录 MySQL 命令行客户端，输入语句并执行，操作过程如下：

mysql> create user student01@localhost identified by '123';
Query OK, 0 rows affected (0.02 sec)
mysql> grant select, update(tele,wechat) on stusys.student_table to student01@localhost;
Query OK, 0 rows affected (0.01 sec)

mysql> show grants for student01@localhost \G
*************************** 1. row ***************************
Grants for student01@localhost: GRANT USAGE ON *.* TO `student01`@`localhost`
*************************** 2. row ***************************
Grants for student01@localhost: GRANT SELECT, UPDATE (`tele`, `wechat`) ON `stusys`.`student_table` TO `student01`@`localhost`

2 rows in set (0.00 sec)

【例 10.11】管理员 root 创建一个新用户 teacher01@127.0.0.1，密码为"123"。使用 grant 语句授予对数据表 stusys.course_table 的所有权限、数据五脏 stusys.student_table 的删除记录权限。

管理员 root 登录 MySQL 命令行客户端，输入语句并执行，操作过程如下：

mysql> create user teacher01@127.0.0.1 identified by '123';
Query OK, 0 rows affected (0.01 sec)

mysql> grant all on stusys.course_table to teacher01@127.0.0.1;
Query OK, 0 rows affected, 2 warnings (0.00 sec)

mysql> grant delete on stusys.student_table to teacher01@127.0.0.1;
Query OK, 0 rows affected (0.01 sec)

mysql> show grants for teacher01@127.0.0.1 \G
*************************** 1. row ***************************
Grants for teacher01@127.0.0.1: GRANT USAGE ON *.* TO `teacher01`@`127.0.0.1`
*************************** 2. row ***************************
Grants for teacher01@127.0.0.1: GRANT ALL PRIVILEGES ON `stusys`.`course_table` TO `teacher01`@`127.0.0.1`
*************************** 3. row ***************************
Grants for teacher01@127.0.0.1: GRANT DELETE ON `stusys`.`student_table` TO `teacher01`@`127.0.0.1`

3 rows in set (0.00 sec)

【例 10.12】管理员 root 创建一个新用户 programer01@localhost，密码为"123456"。使用 grant 语句授予对数据库 stusys 的创建、修改、执行存储过程、存储函数的权限。

管理员 root 登录 MySQL 命令行客户端，输入 create user、grant、show grants 等语句并执行，操作过程如下：

```
mysql> create user programer01@localhost identified by '123456';
Query OK, 0 rows affected (0.01 sec)

mysql> grant create routine   on stusys.*    to programer01@localhost;
Query OK, 0 rows affected (0.00 sec)

mysql> grant alter routine    on stusys.*    to programer01@localhost;
Query OK, 0 rows affected (0.00 sec)

mysql> grant execute    on stusys.*    to programer01@localhost;
Query OK, 0 rows affected (0.00 sec)

mysql> show grants for programer01@localhost \G
*************************** 1. row ***************************
Grants for programer01@localhost: GRANT USAGE ON *.* TO `programer01`@`localhost`
*************************** 2. row ***************************
Grants for programer01@localhost: GRANT EXECUTE, CREATE ROUTINE, ALTER ROUTINE ON `stusys`.* TO `programer01`@`localhost`
2 rows in set (0.00 sec)
```

注意

数据库的 routine 的三个权限不能一次授予，只能一次授予一个权限。

（2）收回用户权限。收回用户权限就是取消已经赋予用户的某些权限。收回用户不必要的权限在一定程度上可以保证数据的安全性。权限被收回后，用户账户的记录将从 db、host、tables_priv 和 columns_priv 表中删除，但是用户账户记录仍然在 user 表中保存。收回用户权限利用 revoke 语句来实现，语法格式有两种：一种是收回用户指定的权限，另一种是收回用户的所有权限。

revoke 语句收回用户的指定权限的语法格式如下：

```
revoke priv_type[(column_list)][,priv_type[(column_list)]][,…]
on { name_database.routine_name|*.*| |*| name_database.*| name_database. name_table| name_table }
from 'username1'@'hostname' [,'username2'@'hostname'] [,…n]
```

revoke 语句收回权限类型、权限级别和 on 子句的含义与 grant 语句中的相同，仅仅是 to 子句不同，而且没有 with grant option 选项。

revoke all 语句收回用户的所有权限的语法格式如下：

```
revoke all [privileges] , grant option from 'username1'@'hostname' [,'username2'@'hostname'] [,…n]
```

其中 grant option 表示由用户再次授予出去的权限也一同收回来。

【例 10.13】数据库系统开发完成，管理员 root 要收回 programer01@localhost 在数据库 stusys 的创建存储过程、存储函数的权限。

管理员 root 登录 MySQL 命令行客户端，输入 revoke 等语句并执行，操作过程如下：

mysql> revoke create routine on stusys.* from programer01@localhost;
Query OK, 0 rows affected (0.01 sec)

【例 10.14】管理员 root 向 student01@localhost 收回在 stusys.student_table 数据表上更新"微信"字段的权限。

管理员 root 登录 MySQL 命令行客户端，输入 revoke 语句并执行，操作过程如下：

mysql> revoke update(wechat)　　on stusys.student_table　　to student01@localhost;
Query OK, 0 rows affected (0.01 sec)

10.2.3 角色的创建和管理

MySQL 的角色是特定的权限集合，MySQL 可以容易地授予和收回角色的权限。若用户被授予角色权限，则该用户拥有该角色的权限。如图 10.3 所示，权限可以直接授予给用户，也可以组合成角色成批地授予给用户。利用角色授权，MySQL 可以更方便地管理用户权限。

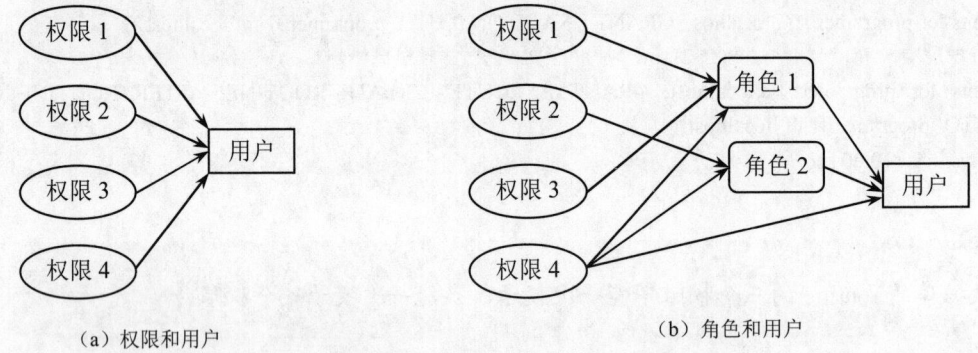

（a）权限和用户　　　　　　　　　　　　　（b）角色和用户

图 10.3　MySQL 角色与用户的关系

1. 创建角色并授予用户角色权限

对于学生信息管理系统的数据库 stusys，可以创建学生角色、教师角色、管理人员角色和开发人员角色，当创建新用户时直接赋予其相应的角色就拥有了相应的权限，如果人员出现变动，可以通过修改角色的方式直接改变用户的权限，为信息的安全提供保障。

（1）创建和删除角色。创建角色的语句为 create role，其语法格式如下：

create role role_name_1@hostname[,...,role_name_n@hostname];

其中 role_name_1@hostname 为角色全名，分为角色名和主机名两部分，如果主机名部分省略，则自动补为"%"，代表一组 MySQL 服务器。可以同时创建多个角色，用逗号分开。

【例 10.15】管理员 root 创建三个角色：programer_role@localhost、student_role@localhost 和 teacher_role@localhost。

管理员 root 登录 MySQL 命令行客户端，输入 create role 等语句并执行，操作过程如下：

mysql> create role programer_role@localhost, student_role@localhost, teacher_role@localhost;
Query OK, 0 rows affected (0.01 sec)

角色和用户一样，存储在 mysql.user 数据表中，显示目前 MySQL 服务器的用户，如图 10.4 所示。

```
mysql> select user, host from mysql.user;
+------------------+-----------+
| user             | host      |
+------------------+-----------+
| administrator    | %         |
| teacher01        | 127.0.0.1 |
| developer        | localhost |
| mysql.infoschema | localhost |
| mysql.session    | localhost |
| mysql.sys        | localhost |
| programer01      | localhost |
| programer_role   | localhost |
| root             | localhost |
| student01        | localhost |
| student_role     | localhost |
| superstar        | localhost |
| teacher_role     | localhost |
+------------------+-----------+
13 rows in set (0.00 sec)
```

图 10.4　显示 MySQL 服务器的用户和角色

删除角色的语句为 drop role，其语法格式如下：

drop role role_name_1@hostname[,...,role_name_n@hostname];

（2）创建角色并授予用户角色权限。使用 grant 语句向角色授予权限，和 MySQL 数据库的用户授权一样；收回权限也是采用 revoke 语句来完成。

【例 10.16】管理员 root 向角色 programer_role@localhost 授予数据库 stusys 的所有权限，向角色 student_role@localhost 授予 stusys.student_table 数据表的查询权限、更新字段(tele、wechat 和 address)权限，向角色 teacher_role@localhost 授予 stusys.course_table 数据表和 stusys.score_table 的所有权限。

管理员 root 登录 MySQL 命令行客户端，输入 grant 语句授权并执行，操作过程如下：

mysql> grant all on stusys.* to programer_role@localhost;
Query OK, 0 rows affected (0.01 sec)

mysql> grant select, update(tele,wechat,address) on stusys.student_table to student_role@localhost;
Query OK, 0 rows affected (0.00 sec)

mysql> grant all on stusys.score_table to teacher_role@localhost;
Query OK, 0 rows affected (0.00 sec)

mysql> grant all on stusys.course_table to teacher_role@localhost;
Query OK, 0 rows affected (0.00 sec)

【例 10.17】管理员 root 向角色 teacher_role@localhost 收回 stusys.course_table 和 stusys.score_table 数据表的 references、create、alter、drop、index 权限。

管理员 root 登录 MySQL 命令行客户端，输入 revoke 语句收权并执行，操作过程如下：

mysql> revoke references,create,alter,drop,index on stusys.score_table from teacher_role@localhost;
Query OK, 0 rows affected (0.01 sec)

```
mysql> revoke references,create,alter,drop,index on stusys. course_table from teacher_role@localhost;
Query OK, 0 rows affected (0.01 sec)
```

（3）通过角色为用户授权。要为每个用户分配其所需的权限，需要使用 grant 语句列举每个用户的个人权限。使用 grant 语句通过角色授权就比较高效。也可以通过 revoke 语句把赋予用户的角色收回。

使用 grant 语句把角色授权给用户的语句格式如下：

```
grant role_name@hostname to user_name@hostname;
```

【例10.18】管理员 root 把角色 programer_role@localhost 授权给用户 programer01@localhost、把角色 student_role@localhost 授权给用户 student01@localhost，把角色 teacher_role@localhost 和 programer_role@localhost 都授权给用户 teacher01@127.0.0.1。

管理员 root 登录 MySQL 命令行客户端，输入 grant 语句把角色授权给用户并执行，操作过程如下：

```
mysql> grant programer_role@localhost to programer01@localhost;
Query OK, 0 rows affected (0.00 sec)

mysql> grant student_role@localhost to student01@localhost;
Query OK, 0 rows affected (0.00 sec)

mysql> grant teacher_role@localhost to teacher01@127.0.0.1;
Query OK, 0 rows affected (0.00 sec)

mysql> grant programer_role@localhost to teacher01@127.0.0.1;
Query OK, 0 rows affected (0.00 sec)
```

2. 检查角色权限

要验证分配给用户的权限和角色，可以使用 show grants 语句。

【例10.19】管理员 root 显示用户 teacher01@127.0.0.1 的权限。

管理员 root 登录 MySQL 命令行客户端，输入 show grants for 语句把角色授权给用户并执行，操作过程如下：

```
mysql> show grants for teacher01@127.0.0.1 \G
*************************** 1. row ***************************
Grants for teacher01@127.0.0.1: GRANT USAGE ON *.* TO `teacher01`@`127.0.0.1`
*************************** 2. row ***************************
Grants for teacher01@127.0.0.1: GRANT ALL PRIVILEGES ON `stusys`.`course_table` TO `teacher01`@`127.0.0.1`
*************************** 3. row ***************************
Grants for teacher01@127.0.0.1: GRANT `programer_role`@`localhost`,`teacher_role`@`localhost` TO `teacher01`@`127.0.0.1`
3 rows in set (0.00 sec)
```

上面执行结果中的"3row"仅仅显示把 programer_role@localhost 和 teacher_role@localhost 角色赋予了用户 teacher01@127.0.0.1，并没有显示角色的权限。如果要显示角色的权限，可以使用 using 子句指定角色名来实现，如下所示，显示角色 programer_role@localhost 的具体权限：

```
mysql> show grants for teacher01@127.0.0.1 using programer_role@localhost\G
*************************** 1. row ***************************
Grants for teacher01@127.0.0.1: GRANT USAGE ON *.* TO `teacher01`@`127.0.0.1`
*************************** 2. row ***************************
Grants for teacher01@127.0.0.1: GRANT ALL PRIVILEGES ON `stusys`.* TO `teacher01`@`127.0.0.1`
*************************** 3. row ***************************
Grants for teacher01@127.0.0.1: GRANT ALL PRIVILEGES ON `stusys`.`course_table` TO `teacher01`@`127.0.0.1`
*************************** 4. row ***************************
Grants for teacher01@127.0.0.1: GRANT `programer_role`@`localhost`,`teacher_role`@`localhost` TO `teacher01`@`127.0.0.1`
4 rows in set (0.00 sec)
```

3. 撤销角色或角色权限

revoke 语句可以用于撤销角色权限。正如可以授权某个用户的角色一样，也可以从账户中撤销这些角色，自然就从用户中回收了角色被赋予的权限。撤销角色的语法格式如下：

revoke role_name@hostname from user_name@hostname;

【例 10.20】管理员 root 从用户 teacher01@127.0.0.1 中收回角色 programer_role@localhost。

管理员 root 登录 MySQL 命令行客户端，输入 revoke 语句把角色从用户中收回并执行，操作过程如下：

```
mysql> revoke programer_role@localhost from teacher01@127.0.0.1;
Query OK, 0 rows affected (0.01 sec)
```

通过角色赋予用户的权限，不能直接使用 revoke 语句从用户中收回，应该通过回收角色的权限来完成。

任务 10.3　备份与恢复数据库

备份与恢复数据库

数据库的安全性和完整性是确保实现数据的可靠性、精确性和高效性的重要技术手段。为了保证数据的安全，防止意外事件的发生，需要数据库管理员制订备份计划，定期对数据进行备份。

如果数据库系统中的数据损坏或部分缺失，数据库管理员使用最新备份对数据库的数据进行还原，将系统的整体损失降低。

10.3.1　数据备份与恢复概述

数据备份与恢复是数据库管理员实施数据库管理中最常用、最重要的操作。备份与恢复的目的就是将数据库中的数据进行导出，生成副本。当系统发生故障时，能够恢复全部或部分数据。

数据备份与恢复就是数据库的元数据、对象和数据的备份，以便在数据库损坏时，或者因管理需求，能够使用备份数据把数据库还原到备份时的状态。

1. 数据丢失的原因

对于任何管理数据库来说，数据的安全性特别重要，任何数据的丢失都可能给整个系统带来严重的经济、生产、运营损失。为了保证数据的安全，需要定期对数据进行备份。

在进行管理信息系统开发时，要根据业务的特点，制订各种故障和灾难的备份和恢复计划，能够预计到各种常见形式的潜在灾难，并针对具体情况制订恢复计划。例如，数据库系统在运行过程中可能出现各种故障：计算机内存、硬盘、固态盘、网络故障，网络入侵，网络蠕虫、病毒的侵害，还有操作人员的失误，如"删库"误操作等。

在数据库系统的生命周期中可能发生的灾难主要分为以下三大类。

（1）系统故障。系统故障一般是指由于硬件或软件错误造成的故障，例如主板错误、内存校验错误、总线传输错误，或操作系统漏洞错误、DBMS 软件崩溃等致使系统出现的故障。

（2）事务故障。事务故障是指信息系统的事务运行过程中，没有正常提交产生的故障。

（3）介质故障。介质故障数据库存储物理介质发生读写错误，部分数据丢失。

2. 数据备份的分类

（1）按备份时服务器是否在线运行，数据备份分为以下三种。

- 热备份。热备份是指数据库在线运行，提供正常服务时进行的备份。
- 温备份。温备份是指进行数据备份时只能提供数据库查询服务。
- 冷备份。冷备份是指数据库管理系统软件关闭时进行的数据备份。

（2）按备份的内容，数据备份分为以下两种。

- 逻辑备份。逻辑备份是指从数据库导出数据并写入一个不同格式的输出文件。逻辑备份支持跨软、硬件平台。例如 MySQL 的备份可以修改 SQL 语句（定义和插入语句），以文本形式存储；恢复时以执行 SQL 语句实现数据库中数据的恢复。
- 物理备份。物理备份是指直接复制数据库文件进行的备份，与逻辑备份相比，其速度较快，占用存储空间较大；数据库文件为了加快速度，采用了稀疏存储空间的方式。

（3）按备份涉及的数据范围，数据备份分为以下三种。

- 完整备份。完整备份是指备份整个数据库。这是任何备份策略中都要求完成的类型，因为其他所有备份类型都依赖完整备份。
- 增量备份。增量备份是指数据库从上一次完全备份或最近一次的增量备份以来改变的内容的备份。
- 差异备份。差异备份是指将从最近一次完整数据库备份以后发生改变的数据进行备份。差异备份仅捕获自该次完整备份后发生更改的数据。

3. 备份的时机

备份数据库的时机和频率取决于数据库最终用户可以接受的数据丢失量和数据库活动的频繁程度。此外，因不同故障导致还原数据的时间长短不一，数据库的规模大小不一，也使数据还原的时间不同。

用户应当根据备份策略和现场情况，定期备份用户数据库。可以从以下几方面考虑备份的时机。

（1）创建数据库或初始化数据库后，用户应该做一次完整备份。

（2）创建索引后备份数据库。因为消耗大量的空间和时间资源产生了索引文件。

（3）清理事务日志后备份数据库。当执行了清理事务日志的语句后，应该立即备份数据库。因为日志文件具有还原数据库的作用，在清理之后，事务日志将不包含数据库的活动记录，也不能用来还原数据库。

（4）执行了无日志操作后也应该备份数据库。

4. 数据恢复时需要注意的问题

数据恢复就是把数据库还原到备份时的状态，尽可能降低系统损失。制定数据备份与恢复的策略时，要根据业务需求和应用的场景，考虑各种潜在故障或灾难的恢复，尽可能做好各种准备。数据库管理员和业务管理人员在制定策略时，要考虑以下问题。

（1）关闭数据库会造成什么后果？例如关闭电信公司的数据库，用户不能计费，当然不能获得服务，这样会造成严重的后果。

（2）替换损坏的数据磁盘并用数据库备份还原数据的时间可否接受？

（3）为了使数据库不会由于单个磁盘的故障而无法使用？

（4）用数据库备份还原数据的实际时间是多少？

（5）更频繁地备份数据库是否会显著地减少还原数据的时间？

5. 数据恢复的方法

数据恢复就是当数据库出现故障时，将备份的数据库加载到系统，从而使数据库恢复到备份时的正确状态。MySQL 有以下三种保证数据安全的方法。

（1）数据库备份：通过导出数据或表文件的副本来保护数据。

（2）二进制日志文件：保存更新数据的所有语句。

（3）数据库复制：MySQL 内部复制功能，建立在两台或两台以上服务器之间，通过设定备份数据库来恢复数据库。

恢复是与备份相对应的管理信息系统的维护和管理操作。系统进行恢复操作时，先执行一些系统安全性的检查，包括检查所要恢复的数据库是否存在、数据库是否变化及数据库文件是否兼容等，然后根据所采用的数据库备份类型采取相应的恢复措施。

数据备份是数据库管理员的工作。系统意外崩溃或硬件的损坏都可能导致数据库的丢失，因此 MySQL 管理员应该定期对数据库进行备份，使在意外情况发生时，尽可能减少损失。

10.3.2 数据备份的方法

MySQL 提供了很多客户端工具，它们都可以连接 MySQL 服务器实现不同的管理任务。

1. 使用 mysqldump 工具备份数据

mysqldump 工具可以将数据库备份为文本文件，包含了数据库、数据表、视图、触发器等对象的创建，以及数据表里的数据，可以在 MySQL 命令行客户端执行这些用文本表示的语句，重建数据表、装载数据，甚至重建整个数据库。

Mysqldump.exe 程序首先连接到 MySQL 服务器实例，将参数指定的数据库及数据库的对象，使用 create 语句文本来复制数据库对象的结构，再将数据表里的数据用 insert 语句转换为文本的形式保存。这些 create 语句和 insert 语句用于还原数据库对象和数据。mysqldump.exe 可执行程序在 MySQL Server 的安装位置的\bin 子目录下，如果在 Windows 操作系统中设置了该路径进入 path 环境变量，则该程序在 Windows 操作系统的字符界面 cmd.exe 的任何位置都可以直接执行。

默认 mysqldump 导出的.sql 文件中不但包含了表数据，还包含了导出数据库中所有数据表的结构信息。另外，使用 mysqldump 导出的 SQL 文件如果不带绝对路径，则默认是保存在其\bin 子目录下的。

mysqldump.exe 程序备份有三种常用的用法，主要是参数的差异。

（1）备份全部数据库：

mysqldump.exe [options] -A > backup.sql

（2）备份单个数据库或多张数据表：

mysqldump.exe [options] name_databese [tables] > backup.sql

（3）一次备份多个数据库：

mysqldump.exe [options] --databases name_databese_1 [name_databese_2 ...] > backup.sql

参数说明：

1）-A：备份所有数据库。

2）backup.sql：表示备份文件名，文件名前可以加上绝对路径。

3）name_databese_n：表示需要备份的数据库名。

4）tables：表示要备份的数据表名，可以指定一张或多张数据表，多个数据表名之间用空格分隔。如果该项默认，则备份数据库下所有的表

5）--databases：用于一次备份多个数据库的关键字，其后至少应指定一个数据库名，如果有多个数据库，则数据库名之间用空格隔开。

6）常用的 options 选项有五种。-h 指定要备份数据库的服务器主机名或 IP 地址，例如 "-h hostname"，如果在 MySQL 服务器运行的主机上直接备份，则本选项可以不要；-u 指定连接 MySQL 服务器的用户名，例如 "-u user_name"；-p 指定连接 MySQL 服务器的密码，密码要单独输入；-d 指示只备份表结构，备份文件是 create 语句形式；-t 指示只备份数据，数据是以 insert 语句的文本形式出现的。

【例 10.21】使用 mysqldump 备份 stusys 数据库到 C:\stusysbak.sql 文件。

以管理员身份执行 Windows 操作系统的 cmd.exe，进入字符界面输入程序，执行结果如下：

C:\>mysqldump -h 127.0.0.1 -u root -p stusys > C:\stusysbak.sql
Enter password: ********

在 C 盘的根目录下可以找到 stusysbak.sql 文件，使用 notepad 记事本程序打开该文本文件，其内容如图 10.5 所示。

从 stusysbak.sql 文件的内容中可以看到很多注释的内容，说明了很多信息，例如 mysqldump 和 MySQL 软件的版本，主机名和数据库名；set 语句可以将环境变量赋值给会话变量，来确保恢复备份时的运行环境，最后还有备份时间。

备份文件中以 "--" 开头的是行注释；以 "/*!" 三个字符开头并以 "*/" 两个字符结束的，是 MySQL 服务器可以执行的 SQL 注释语句，其他的 DBMS 作为注释忽略，从而该备份文件可以将数据库移植到其他 DBMS 服务器。"/*!" 之后的数字表示 MySQL 的版本号，低版本的 MySQL 服务器不能执行相应的语句，只有高于或等于的版本服务器才能执行。例如 "/*!50503 SET character_set_client = utf8mb4 */;" 表示只有 MySQL 服务器的版本号为 5.05.03 或更高版本才可以执行设置字符集为客户端的语句。

维护学生信息管理数据库的安全性 / 项目 10

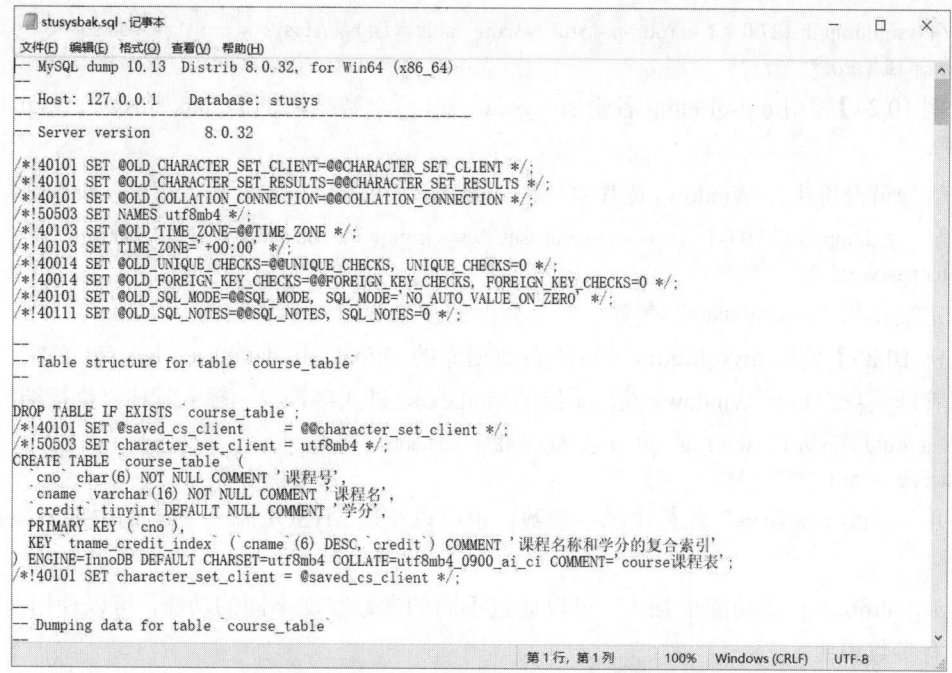

图 10.5 查看 mysqldump 工具备份的 stusysbak.sql 文件

备份文件的 create 命令文本为标准的创建数据表或视图语句，包含了默认值，并在标识符后用抑音符"`"包围其他，区别单引号"'"。

insert 命令文本语句前后处理如下：

> LOCK TABLES `course_table` WRITE;
> /*!40000 ALTER TABLE `course_table` DISABLE KEYS */;
> INSERT INTO `course_table` VALUES ('101101','计算机专业基础',2),
> …;
> /*!40000 ALTER TABLE `course_table` ENABLE KEYS */;
> UNLOCK TABLES;

先锁住数据表的写，然后使数据表的主键约束失效；插入数据后，再恢复主键约束和开锁表。这样能够尽可能中断服务，加入数据导入。

【例 10.22】使用 mysqldump 备份 stusys 数据库的 stutdent_table 和 course_table 数据表及数据到 D:\bak\stusys_sc_bak.sql 文件。

以管理员身份执行 Windows 操作系统的 cmd.exe，进入字符界面输入程序，执行结果如下：

> C:\>mysqldump -h 127.0.0.1 -u root -p stusys student_table course_table > D:/bak/stusys_sc_bak.sql
> Enter password: ********

mysqldump 工具可以把数据备份到指定的目录下，该目录必须是已经创建好的，否则会出错。在 Windows 操作系统中，路径名的分隔符为反斜线。但在 mysqldump 工具中，使用正斜线也是可以的。

【例 10.23】使用 mysqldump 备份 stusys 数据库的 score_table 数据到"D:/bak/stusys_score_data_bak.sql"文件。

以管理员身份执行 Windows 操作系统的 cmd.exe，进入字符界面输入程序，执行结果如下：

231

```
C:\>mysqldump -h 127.0.0.1 -u root -p -t stusys score_table > D:/bak/stusys_score_data_bak.sql
Enter password: ********
```

【例 10.24】使用 mysqldump 备份 stusys、mysql 两个数据库的 D:/bak/stusys_mysql_bak.sql 文件。

以管理员身份执行 Windows 操作系统的 cmd.exe，进入字符界面输入程序，执行结果如下：

```
C:\>mysqldump -h 127.0.0.1 -u root -p --databases stusys mysql > D:/bak/stusys_mysql_bak.sql
Enter password: ********
```

一定要使用"--databases"参数，并且后面的多个数据库名用空格分开。

【例 10.25】使用 mysqldump 备份所有数据库的 D:/bak/all_databases_bak.sql 文件。

以管理员身份执行 Windows 操作系统的 cmd.exe，进入字符界面输入程序，执行结果如下：

```
C:\>mysqldump -h 127.0.0.1 -u root -p -A > D:/bak/all_databases_bak.sql
Enter password: ********
```

使用"--all-databases"代替"-A"参数，也可以实现 MySQL 服务器实例中所有数据库的备份。

mysqldump 工具的功能很强大，可以通过不同的参数实现不同的功能，可以使用"--help"获得所有参数说明。

2. 直接复制数据库的存储目录及文件

因为 MySQL 数据库名为目录名，数据表保存为文件格式，所以可以直接复制 MySQL 数据库的存储目录及文件进行备份。

安装 MySQL 服务器后，有一个专门的文件目录用来存储服务器实例的所有数据库文件，如图 10.6 所示。

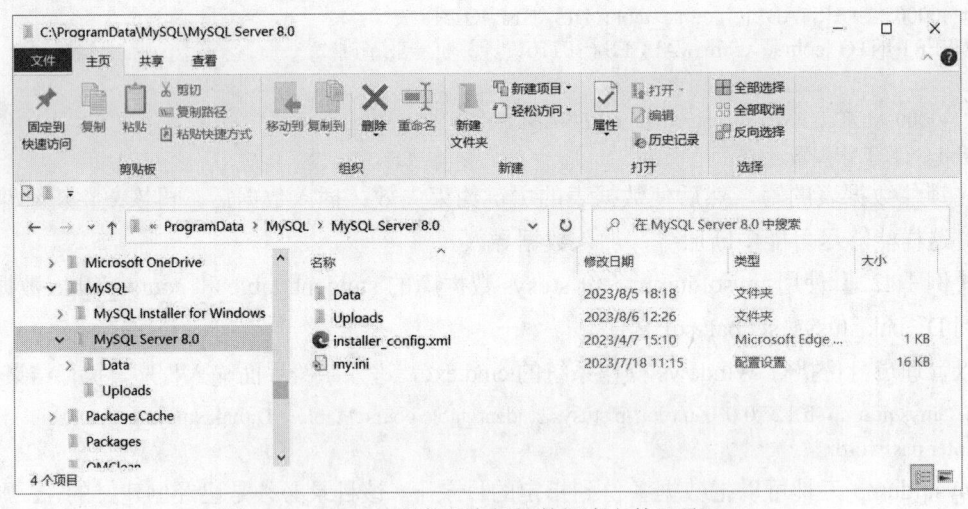

图 10.6 MySQL 服务器实例的数据库文件目录\Data

这种方法最简单，速度也最快。使用该方法时，最好先将服务器停止，这样可以保证在复制期间数据不会发生变化。

这种方法虽然简单、快速，但不是最好的备份方法。因为实际情况可能不允许停止 MySQL 服务器。而且，这种方法对 InnoDB 存储引擎的表不适用。而对于 MyISAM 存储引擎的表，这种方法很方便。但是还原时最好采用相同版本的 MySQL 数据库，否则可能会存在文件类型不同的情况。

3. 使用 MySQL Workbench 工具备份数据

运行 MySQL Workbench，使用 root 登录 MySQL 服务器实例，打开 MySQL Workbench 主界面，选择 Server 菜单，如图 10.7 所示。

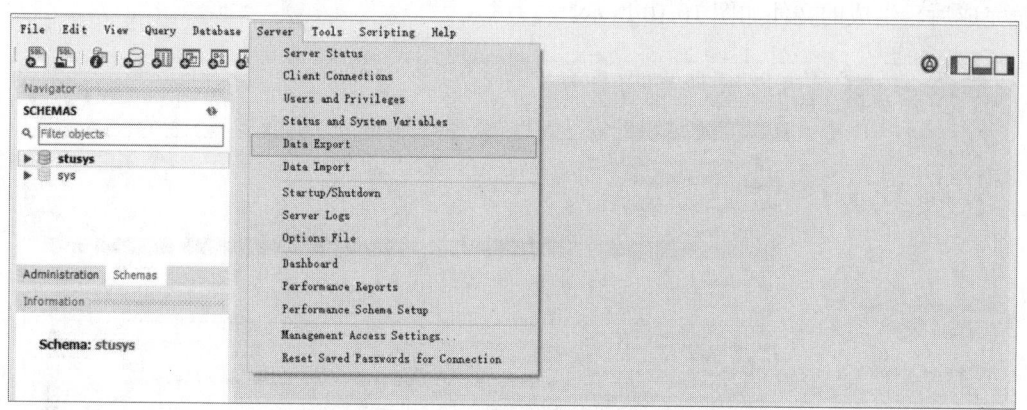

图 10.7　MySQL Workbench 的备份功能

再选择 Data Export 命令，进入 Administration-Data Export 界面，如图 10.8 所示。以图形的形式，选择要备份的数据库及数据库对象，备份的选项（数据和结构、仅数据、仅结构），输出对象（存储过程和存储函数、事件、触发器），输出目录或自包含文件，是否为每张表单独输出一个文件，创建数据库项，以及高级选项。

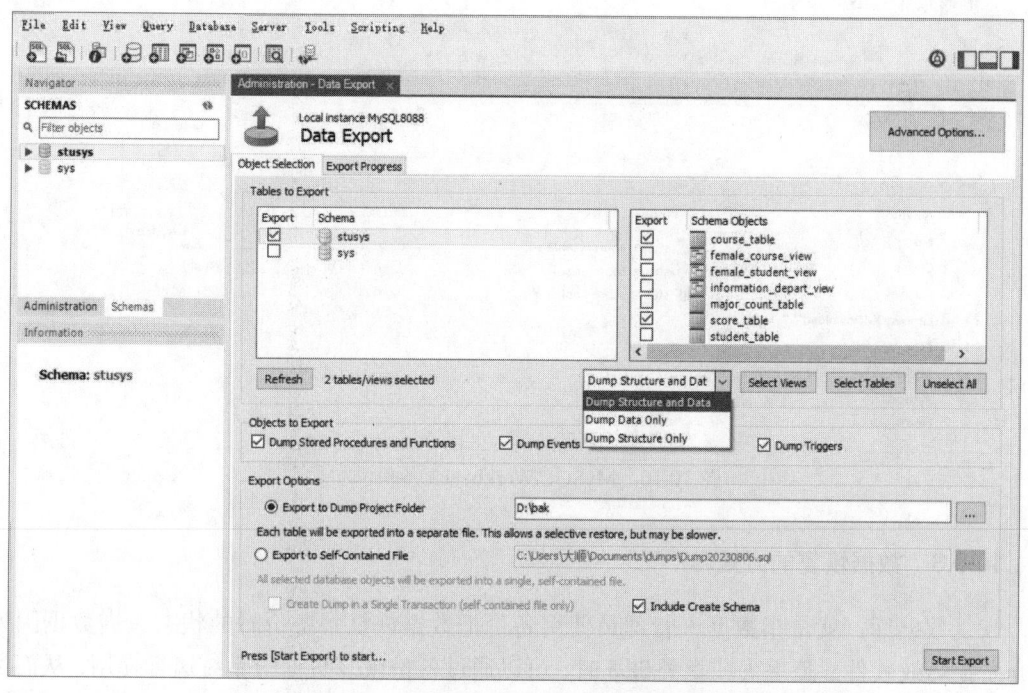

图 10.8　Administration-Data Export 界面

【例 10.26】备份 stusys 数据库及两张数据表 course_table 和 score_table，并选择输出存储过程、存储函数、事件和触发器，输出目录选择 D:\bak。

按照图 10.8 进行，再单击 Start Export 按钮。如果 D:\bak 目录存在，则弹出一个对话框，询问是否覆盖。如果单击 Overwrite 按钮，则会覆盖里面所有的内容，请谨慎使用；最好选择另外一个对话框。如果 D:\bak 目录不存在，则出现如图 10.9 所示的界面，显示执行的过程。备份完成后，生成的文件如图 10.10 所示。

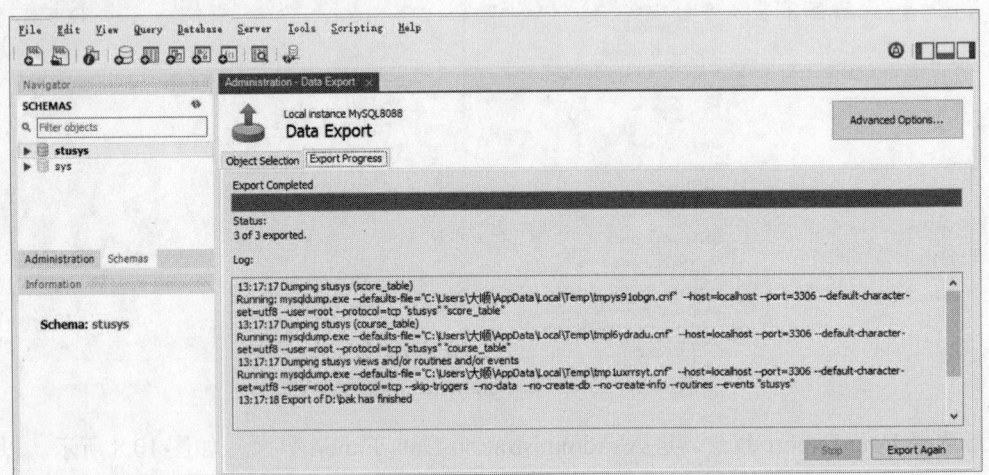

图 10.9　Administration-Data Export 执行记录

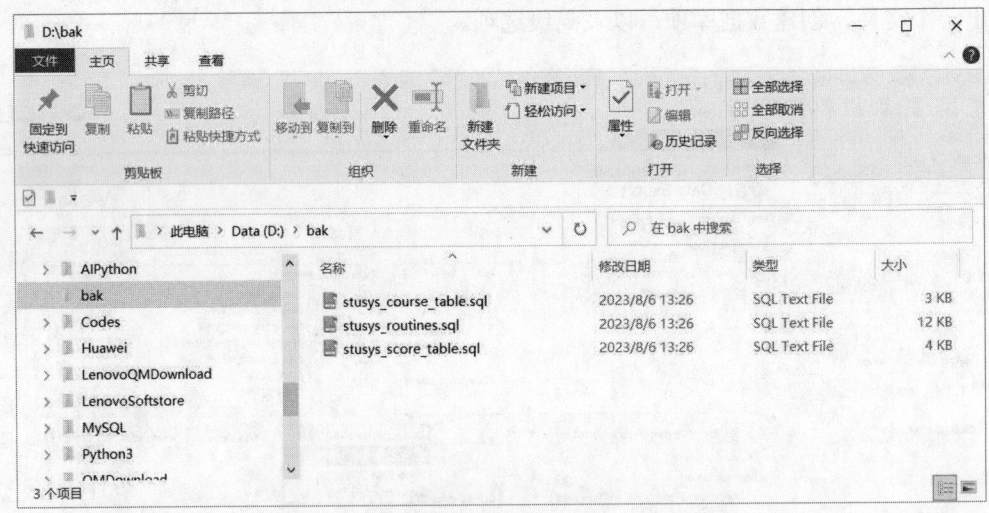

图 10.10　MySQL Workbench 备份的文件

10.3.3　数据恢复的方法

恢复数据库，就是指数据库管理员使用备份把数据恢复到备份时的状态。当数据因为存储介质损坏或软件故障丢失或意外破坏时，可以通过备份恢复数据给系统运行使用，从而尽量减少数据丢失和破坏造成的损失。

1. 使用 mysql 工具恢复数据

mysqldump 或 MySQL Workbench 备份数据库，都是将数据库的数据结构和数据备份成一个包含 create 或 insert 语句的文本文件。执行 SQL 语句就可以还原备份的数据。

使用 mysql.exe 可执行程序，把.sql 文件恢复的参数格式如下：

mysql.exe -u user_name -p database_name< bak.sql

本参数格式只能把数据库里的数据表或视图恢复到备份时的数据库名之下；如果同名的数据库在 MySQL 服务器实例中不存在，则会出错。

【例 10.27】使用备份的 stusysdb_score_bak.sql 文件来恢复数据表 score_table 到数据库 stusys 中。

先使用 root 登录到 MySQL 服务器，然后使用 drop 语句删除 stusys.score_table 数据表，再使用 quit 语句退出回到 cmd.exe 的字符界面，执行带有参数的 mysql.exe 程序，其操作过程如下：

```
C:\>mysql.exe -u root -p stusys < C:\bak\stusysdb_score_bak.sql
Enter password: ********
```

例 10.27 的恢复数据表的前提条件是要恢复的数据库 stusys 是存在的。如果 MySQL 服务器里没有相应的数据库，备份的.sql 文件中没有创建数据库的 SQL 语句，则需要管理员手动创建同名的数据库，用于恢复相应的数据表及数据。

如果备份时使用了"-A"或"--databases"参数，它包含了 create database 和 use 语句，则还原时不需要指定数据库。

【例 10.28】使用备份的 stusysdb_bak.sql 文件来恢复数据库 stusys。

先使用 root 登录到 MySQL 服务器，然后使用 drop database 语句把数据库 stusys 删除，再使用 quit 语句退出回到 cmd.exe 的字符界面，执行带有参数的 mysql.exe 程序，其操作过程如下：

```
C:\>mysql.exe -u root -p < C:\bak\stusysdb_bak.sql
Enter password: ********
```

2. 使用 SQL 的 source 语句恢复数据

MySQL 最常用的数据库导入命令就是 source 语句。source 语句的用法非常简单，首先进入 MySQL 客户端的命令行管理界面，然后选择需要导入的数据库为当前数据库（如果没有同名数据库，则需要先创建再选择为当前数据库），再使用 source 语句就能够将备份好的.sql 文件导入当前数据库。

使用 source 语句把 stusysdb_score_bak.sql 备份文件恢复到数据库 stusys 之中。

```
mysql> source c:/bak/stusysdb_score_bak.sql;
Query OK, 0 rows affected (0.00 sec)
…
Query OK, 0 rows affected (0.01 sec)

Query OK, 52 rows affected (0.00 sec)
Records: 52  Duplicates: 0  Warnings: 0
…
Query OK, 0 rows affected (0.00 sec)
```

source 语句后面的.sql 备份文件的文件名可以带路径,路径的分隔符只能为正斜线"/",因为反斜线会被 source 语句识别为转义符。

3. 直接复制到数据库目录

如果数据库通过复制数据库文件备份,则可以直接复制备份的文件到 MySQL 数据目录下实现还原。通过这种方式还原时,必须保证备份数据的数据库和待还原的数据库服务器的主版本号相同。这种方式只对 MyISAM 存储引擎的表有效。

执行还原前要关闭 MySQL 服务器,将备份的文件或文件夹覆盖 MySQL 的 data 文件夹,然后启动 MySQL 服务器。

10.3.4 数据以文本格式导入与导出

MySQL 数据库中的表可以导出为文本文件,XLS、XML 或 HTML 格式文件。相应的文本文件也可以导入 MySQL 数据库。MySQL 数据库中的数据可以导出到外部存储文件中,在数据库的日常维护中,经常需要进行表的导出和导入操作。MySQL 数据库中的数据可以导出为 SQL 文本文件、XML 文件、TXT 文件、XLS 文件或 HTML 文件。同样,这些导出文件也可以导入 MySQL 数据库。

1. 使用 select...into outfile 语句导出文本文件

MySQL 的 select...into outfile 语句主要用于快速地将数据表的数据导出为一个文本文件。输出文件的路径必须为 MySQL 服务器的 my.ini 配置文件指定的路径(secure-file-priv="<path>"),同时用户必须"FILE"权限,这样才能在该路径下写入。select...into outfile 语句导出的文本文件不能和已有的文件同名,因为该语句做不到文件覆盖。

select...into outfile 语句的语法格式如下:

select [columns] from name_table [where conditions] into outfile 'name_file' [options];

说明:

(1)columns:要导出的字段序列;"*"为导出全部字段。

(2)name_table:要导出的数据表名。

(3)where 子句:其中 conditions 为过滤的条件。

(4)name_file:符合条件的数据导出的具体文本文件。

(5)options:可选参数项,常用的包含 fields 子句及其后面的 lines 子句,如下所示。

1)--fields terminated by 'val':设置字段之间的分割符,默认值为'\t',即 Tab 键;

2)--fields [optionally] enclosed by 'val':用于设置字符来括住字段的值,如果使用了 optionally,则只能括住 char、varchar 和 text 等字符型字段,只能是单个字符。默认情况下不使用任何符号。

3)--fields escaped by 'val':用于设置转义字符,只能是单个字符。默认值为' \'。

4)--lines starting by 'val':用于设置每行的开头字符,默认不使用任何字符。

5)--lines terminated by 'val':用于设置每行的结尾字符,可以是单个或多个字符,默认值为" \n",可以使用 Windows 操作系统中常用的" \r\n"。

【例 10.29】将数据库 stusys 的 student_table 数据表导出到 C:/ProgramData/MySQL/MySQL

Server 8.0/Uploads/ student.txt 文件中。

在 MySQL 命令行客户端输入 select...into outfile 语句并执行，结果如下：

```
mysql> select * from stusys.student_table into outfile
    -> 'C:/ProgramData/MySQL/MySQL Server 8.0/Uploads/student.txt';
Query OK, 26 rows affected (0.00 sec)
```

如果当前数据库不是 stusys，则需要在数据表前面加上数据库名前缀。outfile 的文件必须要加上绝对路径，而且是 my.ini 配置文件设定的 uploads 路径才可以。把 from…where 放到语句的末尾也具有相同的作用，该格式与 select 的赋值类似，便于用户理解。

【例 10.30】将数据库 stusys 的 student_table 数据表的"计算机应用"专业的学生导出到 C:/ProgramData/MySQL/MySQL Server 8.0/Uploads/ student_cs.txt 文件中。

在 MySQL 命令行客户端输入 select...into outfile 语句并执行，结果如下：

```
mysql> select * into outfile 'C:/ProgramData/MySQL/MySQL Server 8.0/Uploads/student_cs.txt'
    -> from stusys.student_table where major='计算机应用';
Query OK, 11 rows affected (0.00 sec)
```

【例 10.31】将数据库 stusys 的 course_table 数据表导出到 C:/ProgramData/MySQL/MySQL Server 8.0/Uploads/ course.txt 文件，要求字符型字段用双引号""括起来，用中文的顿号分开字段"、"，每行以"*"开头，用回车换行符"\r\n"表示结束。

在 MySQL 命令行客户端输入 select...into outfile 语句并执行，结果如下：

```
mysql> select * from stusys.course_table into outfile
    -> 'C:/ProgramData/MySQL/MySQL Server 8.0/Uploads/course.txt'
    -> fields terminated by '、'optionally enclosed by '"'
    -> lines starting by '*' terminated by '\r\n ' ;
Query OK, 13 rows affected (0.00 sec)
```

使用了 options，则 from…where 子句必须放到前面了。注意要使用正斜线和特殊字符分开。

2. 使用 mysqldump 工具导出文本文件

Mysqldump 工具不仅可以用于备份数据库中的数据，也可以用于导出文本文件。

导出文本文件的参数格式如下：

```
mysqldump.exe -u user_name -p -T "file_path" name_database name_table [options]
```

参数说明：

（1）-u user_name：连接 MySQL 服务器的用户名。

（2）-p：要求连接 MySQL 服务器的输入密码。

（3）-T：表示导出的文件为文本文件。

（4）file_path：用于指定文本文件的路径和文件名。

（5）name_database：表示导出数据的数据库的名称。

（6）name_table：表示导出数据的数据表的名称。

（7）options：可选参数项，这些选项必须用双引号引起来，否则不能识别这几个选项。常用的选项包含以下几项：

1）--fields-terminated-by = string：用于设置字符串为字段之间的分割符，默认为"\t"。

2）--fields-enclosed-by= char：用于设置括住字段值的字符。

3）--fields-optionally-enclosed-by =char：用于设置只括住字符型字段的字符。

4）--fields-escaped-by = char：用于设置转义字符。

5）--lines-terminated-by = string：用于设置每行的结尾字符。

【例 10.32】数据库管理员 root 将数据库 stusys 的 score_table 数据表导出到 C:/ProgramData/MySQL/MySQL Server 8.0/Uploads/路径下，要求字符字段用双引号""括起来，用中文的顿号分开字段"、"，每行以回车换行符"\r\n"表示结束。

在 Windows 操作系统的 cmd.exe 字符界面，输入 mysqldump.exe 程序并执行，结果如下：

mysqldump.exe -u root -p -T "C:/ProgramData/MySQL/MySQL Server 8.0/Uploads" stusys score_table "--fields-terminated-by=\、" "--fields-optionally-enclosed-by=\"" "--lines-terminated-by=\r\n"

Enter password: ********

mysqldump.exe 程序中的 options 参数必须以英文双引号括住并且内部不能有任何空格，可以使用正斜线，并以空格隔开不同的参数；路径必须用双引号括住并用正斜线分开。

执行完 mysqldump.exe 程序，则在指定的路径下自动生成以数据表名为文件名的两个文件：score_table.sql 文件和 score_table.txt 文件，其中 score_table.txt 文本文件的格式为参数设定形式，如图 10.11 所示，其仅仅是每行数据，没有字段提示信息。

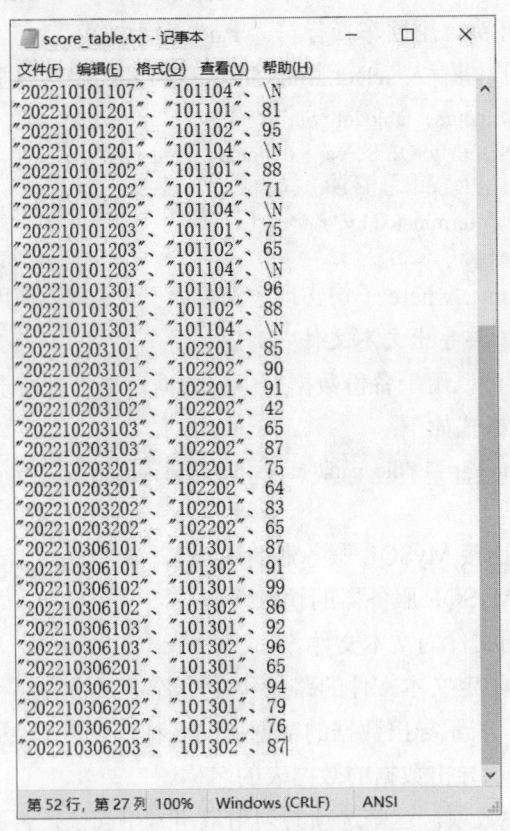

图 10.11　mysqldump 工具输出的文本文件

3. 使用 mysql 工具导出文本文件

mysql 工具不仅可以用于登录 MySQL 数据库服务器、还原数据，也可以用于导出文本文件。其导出文本文件的参数格式如下：

mysql.exe -u user_name -p -e "select 语句 " name_database > file_name

参数说明：

（1）-u：连接 MySQL 服务器的用户名。

（2）-p：连接 MySQL 服务器时要输入的密码。

（3）-e：表示执行 SQL 语句。select 语句用于查询记录。

（4）name_database：表示导出数据的数据库的名称。

（5）file_name：表示导出文本文件的路径和文件名。

【例 10.33】数据库管理员 root 将数据库 stusys 的 student_table 数据表导出到 D:\bak\student_2005.txt 文件中，要求学生的出生日期为 2005 年，输出的字段为学号、姓名、性别、出生日期和班级名称。

在 Windows 操作系统的 cmd.exe 字符界面，输入 mysql.exe 程序并执行，结果如下：

mysql.exe -u root -p -e "select sno, sname,ssex, sbirthday, class from student_table where year(sbirthday)='2005'" stusys >d:\bak\student_2005.txt
Enter password: ********

从上面的执行结果中可以看出，双引号内为标准的 select 语句，输出的路径不要求是 MySQL 的授权路径。显示的 student_2005.txt 内容如图 10.12 所示，不仅有数据，还有字段名称。

图 10.12　mysql 工具输出的文本文件

4. 使用 load data...infile 语句导出文本文件

MySQL 的 load data...infile 语句可以将符合格式要求的文本文件导入数据表。输入文件的路径必须为 MySQL 服务器的 my.ini 配置文件指定的路径（secure-file-priv="<path>"），同时用户必须"FILE"权限，这样才能在该路径下写入。load data...infile 语句导出的文本文件不能和已有的文件同名。

load data...infile 语句的语法格式如下：

load data [low_priority | concurrent] infile 'name_ file'
[replace | ignore] into table name_table　　[options] [ignore number lines]
[(col_name_1[|userVariables] [,…, col_name_n])]　　[(set col_name_1=val_1, [,…, set col_name_n=val_n])];

说明：

（1）low_priority | concurrent：说明导入时间，其中 concurrent 为立即执行，还是根据优先级 low_priority 决定是否延迟执行。

（2）name_file：导入数据的来源即文本文件。

（3）replace | ignore：导入的数据记录出现了主键值重复时采取的动作，replace 为用新记录替代原来的记录，ignore 为放弃该数据记录的导入。

（4）name_table：要导出的数据表名。

（5）options：可选参数项，常用的选项包含 fields 子句及其后面的 lines 子句，具体如下：

1）--fields terminated by 'val'：设置字段之间的分割符，默认值为'\t'，即 Tab 键。

2）--fields [optionally] enclosed by 'val'：用于设置字符来括住字段的值，如果使用了 optionally，则只能括住 char、varchar 和 text 等字符型字段，只能是单个字符。默认情况下不使用任何符号。

3）--fields escaped by 'val'：用于设置转义字符，只能是单个字符。默认值为' \'。

4）--lines starting by 'val'：用于设置每行的开头字符，默认不使用任何字符。

5）--lines terminated by 'val'：用于设置每行的结尾字符，可以是单个或多个字符，默认值为" \n"，可以使用 Windows 操作系统常用的" \r\n"。

（6）ignore number lines：表示忽略导入文件的前 lines 行，后面的行数导入数据表。

（7）(col_name_1[|userVariables] [,…, col_name_n])：仅仅需要填充数据表的部分列，或者数据表的字段顺序与文本文件的顺序不对时，需要的一张字段清单。

（8）(set col_name_1=val_1, [,…, set col_name_n=val_n])：导入数据时直接对数据表的字段进行数值更新。

【例 10.34】将数据库 stusys 的 student_table 数据表以默认方式导出到 C:/ProgramData/MySQL/MySQL Server 8.0/Uploads/ student.txt 文件，使用 load data…infile…into table 语句导入清空的 student_table 数据表。

在 MySQL 命令行客户端，先清空数据库 stusys 的 student_table 数据表，再用 load data…infile…into table 语句把指定目录的 student.txt 导入，并执行，结果如下：

```
mysql> use stusys
Database changed
mysql> truncate table student_table;
Query OK, 0 rows affected (0.02 sec)

mysql> select * from student_table;
Empty set (0.00 sec)

mysql> load data infile "C:/ProgramData/MySQL/MySQL Server 8.0/Uploads/student.txt"
mysql> into table student_table;
Query OK, 26 rows affected (0.01 sec)
Records: 26  Deleted: 0   Skipped: 0   Warnings: 0
```

```
mysql> select count(*) from student_table;
+----------+
| count(*) |
+----------+
|    26    |
+----------+
1 row in set (0.00 sec)
```

从上面的结果可看出，数据已经导入 stusys.student_table 数据表。

【例 10.35】使用 load data…infile…into table 语句将 C:/ProgramData/MySQL/MySQL Server 8.0/Uploads/ course.txt 文件中的数据导入数据库 stusys 的 course_table 数据表；其中文本文件中的字符型数据用双引号 """" 引起来，用中文的顿号分开字段 "、"，每行以 "*" 开头，用回车换行符 "\r\n" 表示结束。

在 MySQL 命令行客户端输入 load data…infile...into table 语句并执行，结果如下：

```
mysql> truncate table stusys.course_table;
Query OK, 0 rows affected (0.02 sec)
mysql> load data infile 'C:/ProgramData/MySQL/MySQL Server 8.0/Uploads/course.txt'
    -> into table stusys.course_table
    -> fields terminated by '\,'optionally enclosed by '\"'
    -> lines starting by '\*' terminated by '\r\n ';
Query OK, 13 rows affected (0.01 sec)
Records: 13  Deleted: 0  Skipped: 0  Warnings: 0
```

注意

使用文本文件导入数据库的数据表时，要注意文本文件的编码必须和数据表的字段相同才可以导入。

任务 10.4　使用 MySQL 日志系统

使用 MySQL 日志系统

日志是任何数据库中不可或缺的重要组成部分，它记录了数据库运行的情况。通过分析这些日志文件，可以了解 MySQL 数据库的运行情况、日常操作、错误信息和哪些地方需要进行优化，还可以利用日志文件进行增量备份和还原。

10.4.1　MySQL 日志简介

MySQL 日志用来记录 MySQL 数据库的运行情况、用户操作和错误信息等。例如，当一个用户登录到 MySQL 服务器时，日志文件中就会记录该用户的登录时间和执行的操作等。当 MySQL 服务器在某个时间出现异常时，异常信息也会被记录到日志文件中。日志文件可以为 MySQL 管理和优化提供必要的信息。

如果 MySQL 数据库系统意外停止服务，则可以通过错误日志查看出现错误的原因。并且可以通过二进制日志文件来查看用户执行了哪些操作，对数据库文件做了哪些修改等。然后根据二进制日志文件的记录来修复数据库。

启动日志功能会降低 MySQL 数据库的性能。例如，在查询非常频繁的 MySQL 数据库系统中，如果开启了通用查询日志和慢查询日志，MySQL 数据库会花费很多时间记录日志。日志会占用大量的磁盘空间。对于用户量非常大、操作非常频繁的数据库，日志文件需要的存储空间甚至比数据库文件需要的存储空间要大。

默认情况下，所有日志创建于 MySQL 数据目录下，例如 C:\ProgramData\MySQL\MySQL Server 8.0\Data\，所有数据库是该目录的同名子目录。通过刷新日志，可以强制 MySQL 来关闭和重新打开日志文件，也可以切换到一个新的日志。当用户在 MySQL 命令行客户端执行一条 SQL 语句 flush logs，或者执行 mysqladmin.exe flush-logs 或 mysqladmin.exe refresh 时，出现日志文件的强制刷新。如果用户正使用 MySQL 复制功能，相应服务器将维护更多日志，这些日志称为接替日志。

MySQL 的日志包括二进制日志（binary log）、错误日志（error log）、通用查询日志（common_query log）和慢查询日志（slow-query log）四类。二进制日志是以二进制文件的形式记录了数据库中所有更改数据的语句，还可以用于复制操作。错误日志用于记录 MySQL 服务的启动、运行和停止 mysqld.exe 时出现的问题。通用查询日志用于记录用户登录和记录查询的信息。慢查询日志用于记录所有执行时间超过 long_query_time 秒的查询或不使用索引的查询。除二进制日志外，其他日志都是文本文件。

默认情况下，为了使 MySQL 服务器有较好的性能，仅启动错误日志的功能。其他三类日志可以根据情况需要由数据库管理员进行启动。

10.4.2 二进制日志

二进制日志主要用于记录数据库的变化情况。它以一种有效的格式，记录了所有更新了的数据的语句，以事件的形式保存更新语句的执行结果，描述数据的更改。因此，二进制日志可以实现数据表的备份与更新。二进制日志仅仅包含关于每条更新数据库语句的执行时间信息，不包含没有修改任何数据的语句。

1. 启动二进制日志

二进制日志的功能通过 my.ini 配置文件的 log-bin 选项可以关闭和开启。log-bin 选项从 my.ini 配置文件删除则关闭二进制日志；log-bin 选项加入 my.ini 配置文件，则开启二进制日志，还可以更改二进制文件存储的路径和二进制日志文件的名称，以及常用的二进制日志参数，具体如下：

```
log-bin [= path/basename_file]
expire_logs_days=n
max_binlog_size=m
```

参数说明：

（1）log-bin：启动二进制日志文件。

（2）path/basename_file：可选项，指明二进制日志文件保存的路径和文件基础名；如果默认则保存在 MySQL 服务器的 Data 目录下，使用计算机名作为默认文件基础名；如果指定路径，最好使用双引号把该项引起来，分隔符为正斜线。basename_file 后加上一个序号成为一个二进制日志文件全名，如 basename_file.000001、basename_file.000002 等，在该目录下还有一个 basename_file.index 文件，其记录了日志文件名（包括绝对路径）的序列。

（3）expire_logs_days：表示自动清除 n 天之前的过期的二进制日志文件，默认值为 0 表示系统不删除二进制日志文件。

（4）max_binlog_size：定义日志文件的大小限制，若文件大小超过限制，则二进制日志文件自动发送滚动，生成一个新的二进制日志文件。m 的值为 4KB～1GB，需要带上单位。

【例 10.36】设置 MySQL 服务器的二进制日志文件目录和文件基础名为 D:/MySQL/bin-log，二进制日志文件过期天数为 30 天，文件大小为 512MB。

二进制日志文件和数据库文件最好不要存储在同一个磁盘上，防止磁盘故障时无法恢复数据。为此修改 MySQL 服务器的配置文件 my.ini，添加以下内容：

```
log-bin= " D:/MySQL/bin-log"
expire_logs_days=30
max_binlog_size=512MB
```

保存 my.ini 配置文件，重启 MySQL 服务器，使用 show variable 语句查看二进制日志文件参数，如图 10.13 所示。

```
cmd.exe - mysql -u root -p
mysql> show variables like 'log_bin%';
+---------------------------------+--------------------------+
| Variable_name                   | Value                    |
+---------------------------------+--------------------------+
| log_bin                         | ON                       |
| log_bin_basename                | D:\MySQL\bin-log         |
| log_bin_index                   | D:\MySQL\bin-log.index   |
| log_bin_trust_function_creators | OFF                      |
| log_bin_use_v1_row_events       | OFF                      |
+---------------------------------+--------------------------+
5 rows in set, 1 warning (0.00 sec)

mysql> show variables like '%binlog%';
+------------------------------------------------+----------------------+
| Variable_name                                  | Value                |
+------------------------------------------------+----------------------+
| binlog_cache_size                              | 32768                |
| binlog_checksum                                | CRC32                |
| binlog_direct_non_transactional_updates        | OFF                  |
| binlog_encryption                              | OFF                  |
| binlog_error_action                            | ABORT_SERVER         |
| binlog_expire_logs_auto_purge                  | ON                   |
| binlog_expire_logs_seconds                     | 2592000              |
| binlog_format                                  | ROW                  |
| binlog_group_commit_sync_delay                 | 0                    |
| binlog_group_commit_sync_no_delay_count        | 0                    |
| binlog_gtid_simple_recovery                    | ON                   |
| binlog_max_flush_queue_time                    | 0                    |
| binlog_order_commits                           | ON                   |
| binlog_rotate_encryption_master_key_at_startup | OFF                  |
| binlog_row_event_max_size                      | 8192                 |
| binlog_row_image                               | FULL                 |
| binlog_row_metadata                            | MINIMAL              |
| binlog_row_value_options                       |                      |
| binlog_rows_query_log_events                   | OFF                  |
| binlog_stmt_cache_size                         | 32768                |
| binlog_transaction_compression                 | OFF                  |
| binlog_transaction_compression_level_zstd      | 3                    |
| binlog_transaction_dependency_history_size     | 25000                |
| binlog_transaction_dependency_tracking         | COMMIT_ORDER         |
| innodb_api_enable_binlog                       | OFF                  |
| log_statements_unsafe_for_binlog               | ON                   |
| max_binlog_cache_size                          | 18446744073709547520 |
| max_binlog_size                                | 1073741824           |
| max_binlog_stmt_cache_size                     | 18446744073709547520 |
| sync_binlog                                    | 1                    |
+------------------------------------------------+----------------------+
30 rows in set, 1 warning (0.00 sec)
```

图 10.13　二进制日志文件的参数

2. 查看二进制日志

二进制日志文件以二进制格式保存了更多的信息，写入效率高，对 MySQL 的正常服务影响小。但是二进制日志文件不能直接打开查看，只能使用"show binary logs;"或"show master logs;"语句查看二进制日志文件的信息。可以使用 show binlog events in 或 mysqlbinlog.exe 查看二进制文件的内容。

【例 10.37】使用"show binary logs;"语句显示日志信息。

在 MySQL 命令行客户端输入"show binary logs;"语句并执行：

```
mysql> show binary logs;
+---------------+-----------+-----------+
| Log_name      | File_size | Encrypted |
+---------------+-----------+-----------+
| bin-log.000001|       180 | No        |
| bin-log.000002|       180 | No        |
| bin-log.000003|       180 | No        |
| bin-log.000004|       340 | No        |
+---------------+-----------+-----------+
4 rows in set (0.00 sec)
mysql> show master status;
+----------------+----------+--------------+------------------+-------------------+
| File           | Position | Binlog_Do_DB | Binlog_Ignore_DB | Executed_Gtid_Set |
+----------------+----------+--------------+------------------+-------------------+
| bin-log.000004 |      340 |              |                  |                   |
+----------------+----------+--------------+------------------+-------------------+
1 row in set (0.00 sec)
```

从上面的执行结果可知，使用"show master status;"显示当前二进制日志文件的状态，其中 Position 字段的值表示记录位置。

【例 10.38】使用 mysqlbinlog.exe 查看二进制日志文件 bin-log.000002。

在 Windows 操作系统的 cmd.exe 字符界面输入 SQL 语句，参数为带路径的全名二进制日志文件，执行结果如下：

```
C:\>mysqlbinlog D:\MySQL\bin-log.000002
# The proper term is pseudo_replica_mode, but we use this compatibility alias
# to make the statement usable on server versions 8.0.24 and older.
/*!50530 SET @@SESSION.PSEUDO_SLAVE_MODE=1*/;
/*!50003 SET @OLD_COMPLETION_TYPE=@@COMPLETION_TYPE,COMPLETION_TYPE=0*/;
DELIMITER /*!*/;
# at 4
#230807 11:01:34 server id 1  end_log_pos 126 CRC32 0x68395850  Start: binlog v 4, server v 8.0.32 created 230807 11:01:34 at startup
ROLLBACK/*!*/;
BINLOG '
jl7QZA8BAAAAegAAAH4AAAAAAQAOC4wLjMyAAAAAAAAAAAAAAAAAAAAAAAAAAAAA
AAAAAAAAA
AAAAAAAAAAAAAAAAACOXtBkEwANAAgAAAAABAAEAAAAYgAEGggAAAAICAgCAAAACg
oKKioAEjQA
CigAAVBYOWg=
'/*!*/;
```

```
# at 126
#230807 11:01:34 server id 1    end_log_pos 157 CRC32 0x0e3e51b6    Previous-GTIDs
# [empty]
# at 157
#230807 11:02:09 server id 1    end_log_pos 180 CRC32 0xfa8e5414    Stop
SET @@SESSION.GTID_NEXT= 'AUTOMATIC' /* added by mysqlbinlog */ /*!*/;
DELIMITER ;
# End of log file
/*!50003 SET COMPLETION_TYPE=@OLD_COMPLETION_TYPE*/;
/*!50530 SET @@SESSION.PSEUDO_SLAVE_MODE=0*/;

C:\>
```

从上面的执行结果来看，还是有部分的二进制信息不能翻译过来。mysqlbinlog.exe 具有强大的功能，此外还有很多参数，可以用来查看所需要的内容。

【例 10.39】使用 show binlog events in 语句查看二进制日志文件"bin-log.000004"。

在 MySQL 命令行客户端输入 show binlog events in 语句并执行，如图 10.14 所示。

```
mysql> show binlog events in "D:/mysql/bin-log.000004";
+----------------+-----+----------------+-----------+-------------+--------------------------------------------------------+
| Log_name       | Pos | Event_type     | Server_id | End_log_pos | Info                                                   |
+----------------+-----+----------------+-----------+-------------+--------------------------------------------------------+
| bin-log.000004 |   4 | Format_desc    |         1 |         126 | Server ver: 8.0.32, Binlog ver: 4                      |
| bin-log.000004 | 126 | Previous_gtids |         1 |         157 |                                                        |
| bin-log.000004 | 157 | Anonymous_Gtid |         1 |         234 | SET @@SESSION.GTID_NEXT= 'ANONYMOUS'                   |
| bin-log.000004 | 234 | Query          |         1 |         340 | use `stusys`; truncate table time_table /* xid=6 */    |
| bin-log.000004 | 340 | Anonymous_Gtid |         1 |         419 | SET @@SESSION.GTID_NEXT= 'ANONYMOUS'                   |
| bin-log.000004 | 419 | Query          |         1 |         490 | BEGIN                                                  |
| bin-log.000004 | 490 | Table_map      |         1 |         578 | table_id: 87 (stusys.student_table)                    |
| bin-log.000004 | 578 | Table_map      |         1 |         657 | table_id: 88 (stusys.major_count_table)                |
| bin-log.000004 | 657 | Delete_rows    |         1 |         795 | table_id: 87                                           |
| bin-log.000004 | 795 | Write_rows     |         1 |         854 | table_id: 88 flags: STMT_END_F                         |
| bin-log.000004 | 854 | Xid            |         1 |         885 | COMMIT /* xid=14 */                                    |
+----------------+-----+----------------+-----------+-------------+--------------------------------------------------------+
11 rows in set (0.00 sec)
```

图 10.14 显示二进制日志文件的事件信息

3. 清除过期的二进制日志

二进制日志文件随着 MySQL 数据库的频繁更新，文件尺寸变得越来越大，将会占用大量的磁盘空间。因此，可以适当地清理过期的二进制日志文件，增加磁盘的可用空间。除前面设定 expire_logs_days 自动清除过期的二进制日志文件之外，还有以下三种方式清除二进制日志文件。

（1）清除所有的二进制日志文件。使用 reset master 语句，可以清除所有的二进制日志文件，MySQL 重新从 000001 开始新的二进制文件记录。该功能要谨慎使用，最好做了完全备份之后再用，最好不要使用这个终极功能。

（2）清除指定的二进制日志文件。使用 purge master logs 语句，清除指定的二进制日志文件，其语法格式如下：

```
purge {binary | master} logs to 'log_fine_name ';
purge {binary | master} logs before 'date ';
```

说明：

- purge {binary | master} log：清除语句的关键字。

- to 'log_fine_name'：清除比 log_fine_name 文件编号小的所有二进制日志文件，并清除对应的.index 文件里的文件名信息。
- before 'date '：清除指定日期之前的所有二进制日志文件。

【例 10.40】使用 purge logs 语句清除 log-bin.000003 之前的二进制日志文件。

在 MySQL 命令行客户端输入 purge logs to 语句并执行，其操作序列如下：

mysql> purge master logs to 'bin-log.000003';
Query OK, 0 rows affected (0.01 sec)

【例 10.41】使用 purge logs 语句清除 2023-8-8 之前的二进制日志文件。

在 MySQL 命令行客户端输入 purge logs before 语句并执行，其操作序列如下：

mysql> purge master logs before '2023-8-8';
Query OK, 0 rows affected (0.01 sec)

4. 二进制日志文件的恢复

二进制日志文件可以由系统自动产生，也可以由手动模式产生。

每次 MySQL 服务器重新启动就会自动产生一个新的二进制日志文件，二进制日志文件的 number 值会增加，bin-log.000002 到 bin-log.000003、到 bin-log.000004，名字会记录到 bin-log.index 文件。当二进制日志文件大到某个限制（max_binlog_size）时会自动产生一个新的二进制日志文件。

用户在 MySQL 命令行客户端输入 flush logs 语句也会产生一个新的二进制日志文件；在 Windows 操作系统的 cmd.exe 字符界面上执行 mysqladmin.exe -u root -p flush-logs 命令也可以产生一个二进制日志文件，其实两者本质相同。新的二进制日志文件记录了数据表的更新和潜在的数据更新操作，这个新增的内容，可以视为数据库的增量备份。MySQL 服务器的 mysqlbinlog.exe 工具提供了二进制日志文件的还原的功能，其参数如下：

mysqlbinlog.exe [options] filename | mysql -u user_name -p

其中 option 为可选参数，常见的有 "-start-date" "-end-date"，表示数据库恢复的开始时间点和结束时间点；"-start-position" "-end- position"，表示数据库恢复的开始位置点和结束位置点；"--no-defaults" 表示仅读二进制日志文件。

【例 10.42】使用 mysqldump 把数据库 stusys 完全备份；使用 flush logs 语句强制刷新，在 student_table 表里删除学号为"202210203203"的蔡美玲同学及其在 score_table 表中的成绩，并在 course_table 表中增加一门新课程('102203', '电路技术基础',4)，再次使用 flush logs 语句强制刷新，形成增量备份。此时模拟故障，数据库 stusys 损坏，请恢复数据库系统。

在 Windows 操作系统的 cmd.exe 字符界面输入 mysqldump、mysqladmin 命令及参数，其执行结果如下：

C:\>mysqldump -h127.0.0.1 -u root -p --databases stusys > D:/bak/stusys_bak_23_8_8.sql
Enter password: ********

C:\>mysqladmin -u root -p flush-logs
Enter password: ********

登录 MySQL 命令行客户端，进行 stusys 数据库上的删除学生成绩记录、学生记录，插入新课程记录及 flush logs 的操作，其结果如图 10.15 所示。

维护学生信息管理数据库的安全性 项目10

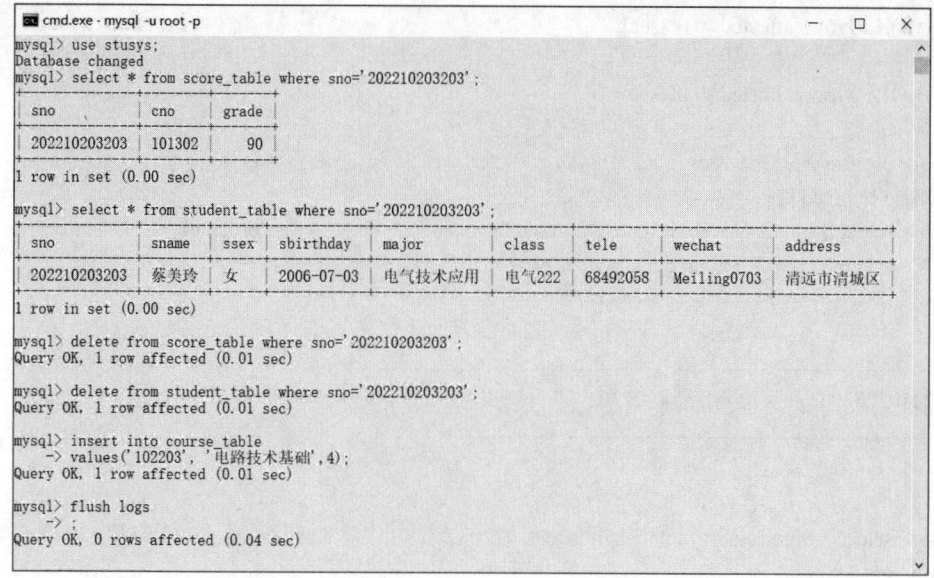

图 10.15 数据库 stusys 上的数据更新操作

两条 flush logs 语句之间产生的二进制日志文件（D:\MySQL\bin-log.000009），对数据库 stusys 上数据更新的一个记录，可以使用 show binlog events in 语句进行查看，如图 10.16 所示。不仅记录了直接操作的数据表，还有触发器的操作结果。

图 10.16 数据库 stusys 上更新数据的二进制日志文件记录的事件信息

在 MySQL 命令行客户端，drop database 数据库 stusys，模拟数据库的损坏；输入 source 语句，还原完全备份的.sql，再次查询学号为"202210203203"的同学的成绩存在，而课程号"'102203'"不存在，其操作如下：

mysql> drop database stusys;
Query OK, 9 rows affected (0.06 sec)

mysql> source D:/bak/stusys_bak_23_8_8.sql;

```
Query OK, 0 rows affected (0.00 sec)
…
Query OK, 0 rows affected (0.00 sec)

mysql> use stusys;
Database changed
mysql> select S.sno, S.sname, SC.cno, SC.grade from student_table as S, score_table as SC
    -> where S.sno=SC.sno and S.sno='202210203203';
+---------------------+----------+----------+----------+
| sno                 | sname    | cno      | grade    |
+---------------------+----------+----------+----------+
| 202210203203        | 蔡美玲   | 101302   |    90    |
+---------------------+----------+----------+----------+
1 row in set (0.00 sec)

mysql> select * from course_table where cno='102203';
Empty set (0.00 sec)
```

source 操作恢复了完全备份的 stusys 数据库，但是删除的学生记录仍然存在，插入的课程记录不存在。此时使用 mysqlbinlog 工具进行增量备份的二进制日志文件的还原，再使用 mysql 工具去查询课程号为'102203'的记录，在 Windows 操作系统的 cmd.exe 字符界面进行如下操作：

```
C:\>mysqlbinlog --no-defaults D:/MySQL/bin-log.000009 | mysql -u root -p
Enter password: ********

C:\>mysql -u root -p -e "select * from stusys.course_table where cno='102203';"
Enter password: ********
+----------+------------------+----------+
| cno      | cname            | credit   |
+----------+------------------+----------+
| 102203   | 电路技术基础     |    4     |
+----------+------------------+----------+
```

从上面的操作记录发现，课程插入的新记录已经在数据表中了，这也说明增量备份已经恢复。

5. 暂停和恢复二进制日志功能

在配置文件 my.ini 中设置了 log-bin 选项以后，MySQL 服务器将会一直开启二进制日志功能。删除该选项后就可以停止二进制日志功能。如果需要再次启动这个功能，则又需要重新添加 log-bin 选项。

如果用户不希望自己执行的某些 SQL 语句记录在二进制日志中，那么需要在执行这些 SQL 语句之前暂停二进制日志功能；执行完这些语句后再恢复二进制日志功能。这就需要 MySQL 提供一个开关语句实现暂停和恢复二进制日志功能，即 set 语句。

set 语句的语法格式如下：

set sql_log_bin={0 | 1};

在 MySQL 中，用户可以使用 set sql_log_bin 语句来暂停二进制日志功能。如果该参数的值为 0，则表示暂停记录二进制日志；如果为 1，则表示恢复记录二进制日志。

10.4.3 错误日志

错误日志记载着 MySQL 数据库系统的诊断和出错信息。错误日志文件中包含了当 mysqld.exe 启动和停止及服务器运行过程中发生任何严重错误的相关信息。

1. 启用和设置错误日志

在 MySQL 数据库中，错误日志功能是默认开启的，错误日志无法被禁止。默认情况下，错误日志存储在 MySQL 数据库的数据文件夹下。可以通过修改 MySQL 服务器的配置文件 my.ini 里的 log-error 选项来更改错误日志存放的目录位置和文件名，其语法格式如下：

log-error =[path/[filename]]

说明：

（1）log-error：启动错误日志的选项，必选项。

（2）path：日志文件所在的目录路径；如果默认，则使用 MySQL 服务器数据库默认数据目录。

（3）filename：日志文件名；如果默认，错误日志文件通常的名称为 hostname.err。

如果更新了 log-error 选项内容，则需要重启 MySQL 服务器才能生效。

2. 查看错误日志

错误日志中以文本文件的形式记录着开启和关闭 MySQL 服务器的时间，以及服务器运行过程中出现的异常等信息。如果 MySQL 服务器出现故障，可以直接到错误日志文件中查找原因。

【例 10.43】通过 show variables 语句查询当前 MySQL 服务器的错误日志的存储路径和文件名，再使用记事本查看 MySQL 错误日志。

在 MySQL 命令行客户端输入 show variables like 语句查询错误日志的配置，其操作如下：

```
mysql> show variables like "log_error";
+---------------+------------------------+
| Variable_name | Value                  |
+---------------+------------------------+
| log_error     | .\DESKTOP-7M4K1LR.err  |
+---------------+------------------------+
1 row in set, 1 warning (0.00 sec)
```

在 MySQL 服务器数据库默认数据目录 C:\ProgramData\MySQL\MySQL Server 8.0\Data 找到错误日志文件 DESKTOP-7M4K1LR.err，可以用 notepad.exe 打开，查看错误信息，常见的错误信息有[ERROR]、[Warning]、[System]等三类。

3. 备份错误日志

随着 MySQL 数据库的运行，错误日志文件越来越大，维护起来不方便，也占用了数据库的存储空间。错误日志文本文件可以复制备份，也可以直接删除。

对于 MySQL 5.5.7 以前的版本，flush logs 语句可以将错误日志文件重命名为 filename.err_old，并创建新的日志文件。但是从 MySQL 5.5.7 开始，flush logs 语句只是重新打开日志文件，并不做日志备份和创建的操作。如果日志文件不存在，那么 MySQL 服务器的启动并不会自动创建日志文件。flush logs 语句在重新加载日志的时候，如果日志不存在，则会自动创建。因此，在删除错误日志之后，如果需要重建日志文件，则需要在服务器中执行 mysqladmin.exe，其参数如下：

```
mysqladmin -u root -p flush–logs
```

如果在客户端登录 MySQL 数据库，可以执行 flush logs 语句：

```
mysql> flush logs;
```

10.4.4 通用查询日志

通用查询日志用来记录用户的所有操作，包括启动和关闭 MySQL 服务器、更新语句、查询语句等。

1. 启动和设置通用查询日志

默认情况下，通用查询日志功能是关闭的。通过 my.ini 配置文件的 general-log 选项可以开启通用查询日志功能。将 my.ini 配置文件中的 general-log 和 general_log_file 选项进行修改，然后保存即可，形式如下功能：

```
general-log={0|1}
general_log_file [=path\[filename]]
```

general-log 的值为 0 表示关闭通用查询日志功能；为 1 表示开启通用查询日志功能。general_log_file 选项为日志文件保存的目录和文件名。系统在安装时，设定存储在 MySQL 服务器的数据目录，名称为 hostname.log。可以通过设定其他存储路径和通用查询日志文件名重新设置 general-log 和 general_log_file 选项，重启 MySQL 服务器才能起到作用。在 MySQL 运行期间，以通过设置全局变量开启和关闭通用日志功能：

```
set @@global.general_log={0 |1};
```

全局变量的值为 1 表示开启通用查询日志功能；为 0 表示关闭通用查询日志功能。

2. 查询通用查询日志的状态

【例 10.44】通过 show variables 语句查询当前 MySQL 服务器的通用查询日志的存储路径和文件名，再使用 set @@global.general_log 开启通用查询日志功能。

在 MySQL 命令行客户端输入 show variables like 语句和设置全局变量来显示通用查询日志的配置及更改状态，其操作如下：

```
mysql> set @@global.general_log=1;
Query OK, 0 rows affected (0.00 sec)

mysql> show variables like 'general%';
+----------------------+--------------------------------+
| Variable_name        | Value                          |
+----------------------+--------------------------------+
| general_log          | ON                             |
| general_log_file     | DESKTOP-7M4K1LR.log            |
+----------------------+--------------------------------+
2 rows in set, 1 warning (0.00 sec)
```

开启了通用查询日志功能后，在数据库 stusys 的 student_table 和 course_table 表中进行相关操作。然后在 MySQL 服务器数据库默认数据目录 C:\ProgramData\MySQL\MySQL Server 8.0\Data 下找到通用查询日志文件 DESKTOP-7M4K1LR.log，用 notepad.exe 打开，如图 10.17 所示。

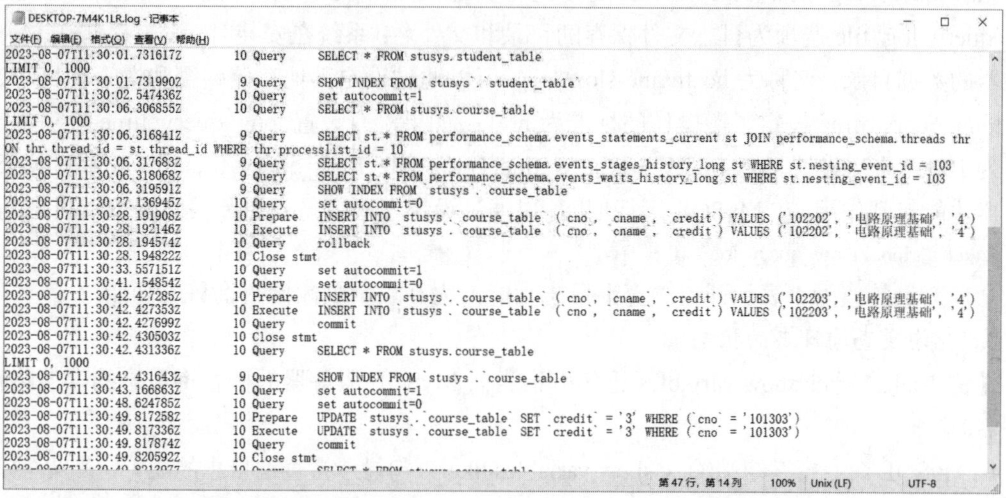

```
DESKTOP-7M4K1LR.log - 记事本
文件(F) 编辑(E) 格式(O) 查看(V) 帮助(H)
2023-08-07T11:30:01.731617Z	   10 Query	SELECT * FROM stusys.student_table
LIMIT 0, 1000
2023-08-07T11:30:01.731990Z	    9 Query	SHOW INDEX FROM `stusys`.`student_table`
2023-08-07T11:30:02.547436Z	   10 Query	set autocommit=1
2023-08-07T11:30:06.306855Z	   10 Query	SELECT * FROM stusys.course_table
LIMIT 0, 1000
2023-08-07T11:30:06.316841Z	    9 Query	SELECT st.* FROM performance_schema.events_statements_current st JOIN performance_schema.threads thr
ON thr.thread_id = st.thread_id WHERE thr.processlist_id = 10
2023-08-07T11:30:06.317683Z	    9 Query	SELECT st.* FROM performance_schema.events_stages_history_long st WHERE st.nesting_event_id = 103
2023-08-07T11:30:06.318068Z	    9 Query	SELECT st.* FROM performance_schema.events_waits_history_long st WHERE st.nesting_event_id = 103
2023-08-07T11:30:06.319591Z	    9 Query	SHOW INDEX FROM `stusys`.`course_table`
2023-08-07T11:30:27.136945Z	   10 Query	set autocommit=0
2023-08-07T11:30:28.191908Z	   10 Prepare	INSERT INTO `stusys`.`course_table` (`cno`, `cname`, `credit`) VALUES ('102202', '电路原理基础', '4')
2023-08-07T11:30:28.192146Z	   10 Execute	INSERT INTO `stusys`.`course_table` (`cno`, `cname`, `credit`) VALUES ('102202', '电路原理基础', '4')
2023-08-07T11:30:28.194574Z	   10 Query	rollback
2023-08-07T11:30:28.194822Z	   10 Close stmt
2023-08-07T11:30:33.557151Z	   10 Query	set autocommit=1
2023-08-07T11:30:41.154854Z	   10 Query	set autocommit=0
2023-08-07T11:30:42.427285Z	   10 Prepare	INSERT INTO `stusys`.`course_table` (`cno`, `cname`, `credit`) VALUES ('102203', '电路原理基础', '4')
2023-08-07T11:30:42.427353Z	   10 Execute	INSERT INTO `stusys`.`course_table` (`cno`, `cname`, `credit`) VALUES ('102203', '电路原理基础', '4')
2023-08-07T11:30:42.427699Z	   10 Query	commit
2023-08-07T11:30:42.430503Z	   10 Close stmt
2023-08-07T11:30:42.431336Z	   10 Query	SELECT * FROM stusys.course_table
LIMIT 0, 1000
2023-08-07T11:30:42.431643Z	    9 Query	SHOW INDEX FROM `stusys`.`course_table`
2023-08-07T11:30:43.166863Z	   10 Query	set autocommit=1
2023-08-07T11:30:48.624785Z	   10 Query	set autocommit=0
2023-08-07T11:30:49.817258Z	   10 Prepare	UPDATE `stusys`.`course_table` SET `credit` = '3' WHERE (`cno` = '101303')
2023-08-07T11:30:49.817336Z	   10 Execute	UPDATE `stusys`.`course_table` SET `credit` = '3' WHERE (`cno` = '101303')
2023-08-07T11:30:49.817874Z	   10 Query	commit
2023-08-07T11:30:49.820592Z	   10 Close stmt
第 47 行，第 14 列	100%	Unix (LF)	UTF-8
```

图 10.17　通用查询日志文件 DESKTOP-7M4K1LR.log 的部分内容

3. 备份通用查询日志文件

通用查询日志是以文本文件的形式存储在文件系统中的。通用查询日志记录用户的所有操作，因此在用户查询、更新操作频繁的情况下，通用查询日志的数量会增加得很快。数据库管理员可以定期删除比较早的通用查询日志，以节省磁盘空间。

可以直接复制文件备份通用查询日志，或者删除通用查询日志文件。删除或更改文件名，都视通用查询日志文件不存在。如果 my.ini 配置文件中设定“general-log=1”，则 MySQL 服务器重新启动的时候，会自动创建通用查询日志文件。如果 MySQL 服务器运行期间删除了通用查询日志文件，可以使用 flush logs 语句重新加载日志，如果日志不存在，则会自动创建。因此，在删除通用查询日志之后，如果需要重建日志文件，则需要在服务器中执行 mysqladmin.exe，其参数如下：

```
mysqladmin -u root -p flush–logs
```

如果在客户端登录 MySQL 数据库，则可以执行 flush logs 语句：

```
mysql> flush logs;
```

10.4.5 慢查询日志

慢查询日志用来记录执行时间超过指定时间的查询语句。通过慢查询日志，可以分析执行效率低的原因，以便进行优化。

1. 启动和设置慢查询日志

默认情况下，慢查询日志功能是关闭的。通过 my.ini 配置文件的 slow_query_log 选项可以开启慢查询日志。将 my.ini 配置文件中的 slow_query_log 和 slow_query_log_file 选项进行修改，然后保存即可，形式如下：

```
slow_query_log={0|1}
```

slow_query_log_file [=path\[filename]]
long_query_time=n

slow_query_log 的值为 0 表示关闭慢查询日志功能；为 1 表示开启慢查询日志功能。slow_query_log_file 选项为日志文件保存的目录和文件名；系统在安装时，设定存储在 MySQL 服务器的数据目录，名称为 hostname-slow.log。可以通过设定其他存储路径和慢查询日志文件名。long_query_time 设定了慢操作的标准为 n 秒；如果没有设置 long_query_time 选项，默认时间为 10 秒。重新设置 slow-query-log、slow_query_log_file、long_query_time 选项，重启 MySQL 服务器才能起到作用。在 MySQL 运行期间，以通过设置全局变量开启和关闭慢查询日志功能：

set @@ global.slow_query_log ={0 |1 };

全局变量的值为 1 表示开启慢查询日志功能；为 0 表示关闭慢查询日志功能。

2. 查询慢查询日志的状态

【例 10.45】通过 show variables 语句查询当前 MySQL 服务器的慢查询日志的存储路径和文件名。

在 MySQL 命令行客户端输入 show variables like 语句显示慢查询日志的配置，其操作如下：

```
mysql> show variables like 'slow%';
+---------------------------+------------------------------------+
| Variable_name             | Value                              |
+---------------------------+------------------------------------+
| slow_launch_time          | 2                                  |
| slow_query_log            | ON                                 |
| slow_query_log_file       | DESKTOP-7M4K1LR-slow.log           |
+---------------------------+------------------------------------+
3 rows in set, 1 warning (0.00 sec)
mysql> show variables like 'long_query%';
+---------------------------+------------------+
| Variable_name             | Value            |
+---------------------------+------------------+
| long_query_time           | 10.000000        |
+---------------------------+------------------+
1 row in set, 1 warning (0.00 sec)
```

开启了慢查询日志功能后，超过了 10 秒的操作都会记录到慢记录日志文件里，在 MySQL 服务器的默认数据目录 C:\ProgramData\MySQL\MySQL Server 8.0\Data 下找到慢查询日志文件 DESKTOP-7M4K1LR-slow.log，用 notepad.exe 打开，如图 10.18 所示。

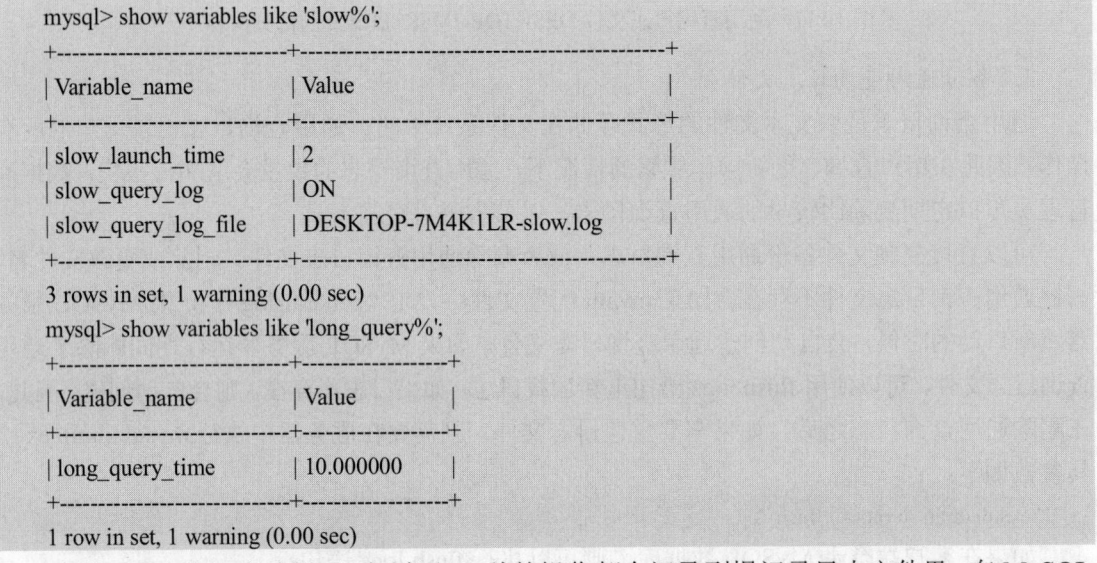

图 10.18 慢查询日志文件 DESKTOP-7M4K1LR-slow.log 的部分内容

分析 DESKTOP-7M4K1LR-slow.log 文件内容，发现没有操作。因为 MySQL 服务器都是实验服务器，而且数据量少，操作少，没有超过 10 秒的操作。

3. 备份慢查询日志文件

慢查询日志是以文本文件的形式存储在文件系统中的。通过慢查询日志文件记录所有超时操作，日积月累，慢查询日志文件的数量也会变得很多。数据库管理员可以定期备份、删除比较早的慢查询日志文件。

可以直接复制文件备份慢查询日志，或者删除慢查询日志文件。删除或更改文件名，则都视慢查询日志文件不存在。如果 my.ini 配置文件中设定"slow-query-log=1"，则 MySQL 服务器重新启动的时候，会自动创建慢查询日志文件。如果 MySQL 运行期间删除了慢查询日志文件，可以使用 flush logs 语句重新加载慢查询日志，如果慢查询日志文件不存在，则会自动创建。因此，在删除慢查询日志之后，如果需要重建慢查询日志文件，则需要在服务器中执行 mysqladmin.exe，其参数如下：

```
mysqladmin -u root -p flush-logs
```

如果在客户端登录 MySQL 数据库，可以执行 flush logs 语句：

```
mysql> flush logs;
```

慢查询日志对改进系统性能特别重要，数据库管理员在分析系统性能时，可以打开慢查询日志功能，通过分析文本，查找操作慢的原因，从而改进、重构和重建数据库系统，提升系统性能。

项 目 小 结

数据库管理系统是一个多用户系统，每个用户根据自己的角色定位和业务活动要求，赋予相应的权限实施数据库的操作，不仅能够保障数据库的安全，还可以简化用户的操作，避免了不必要的误操作，这就是 MySQL 的用户管理和角色管理。角色管理仅仅用于用户登记，等用户登录系统后再对其角色权限赋值，这样管理起来更加灵活。

数据库的误操作可能会破坏数据的完整性，计算机系统的软/硬件故障、自然灾害、网络入侵、蠕虫病毒等都会造成数据的丢失和破坏，为此数据库的备份非常必要，也非常关键。要根据业务需求制定备份策略，由管理人员实施不同类型的备份，既保障了系统安全，又不影响系统业务的正常运行，同时不消耗太多的资源。无论如何备份都会出现数据的丢失，都会由于设计考虑不周或业务的变化，造成系统性能的降低，这就需要日志系统来做进一步的分析和处理。日志根据重要性分为二进制日志、错误日志、通用查询日志和慢查询日志，此外还有中继日志，要根据当前应用环境开启日志、分析日志数据。

项目实训：维护 MySQL 数据库的安全性

1. 对用户进行分类，形成不同的角色，划分权限域，赋予不同的用户角色，创建教师角色、学生角色、教学秘书角色和管理员角色。尽量避免角色权限的重叠，避免权限的放大。

2．创建用户 teacher02、teacher02、student01、student02，修改用户密码。针对不同的数据库、视图、存储过程、存储函数为不同用户授权和回收权限。

3．练习用 mysqldump 工具备份数据库、特定数据表，分析备份数据的内容构成。使用 source 语句进行恢复。

4．启动二进制日志，使用 flush logs 语句产生新的备份，练习增量备份。

课外拓展：备份和还原图书管理系统

1．创建一个新用户 test，密码为 111111。授予用户 test 在 library 数据库中创建、修改、删除表的权限及创建视图的权限。

2．创建一个新用户 admin@localhost，密码为 111111。授予用户 admin@localhost 和 root@localhost 一样的权限。

3．取消用户 test 在数据库 library 的所有数据表中的 alter 和 drop 权限

4．将 library 数据库中 tb_book 数据表的表结构和数据都备份到 D:\bak 文件夹下。

5．清空 tb_book 数据表中的数据，并使用 source 语句还原备份的数据。

6．以文本文件格式将 library 数据库 tb_book 数据表中的数据导出到 books.txt 文件中。

7．创建一个新表 tb_book_new，其中，数据表 tb_book_new 的表结构和 tb_book 表相同。将 books.txt 文件中导出的数据备份文件导入数据表 tb_book_new。

思 考 题

1．新建的用户有哪些权限？为什么？
2．角色是如何提高用户管理效率的？
3．备份有哪些种类？各自的应用场景有哪些？
4．日志文件对于维护 MySQL 的安全性有哪些作用？

参 考 文 献

[1] 萨师煊，王珊．数据库系统概论[M]．5 版．北京：高等教育出版社，2014．
[2] 钱冬云．MySQL 数据库应用项目教程[M]．北京：清华大学出版社，2019．
[3] 王秀英，张俊玲．数据库原理与应用[M]．北京：清华大学出版社，2017．
[4] 陈志泊．数据库原理及应用（MySQL 版）[M]．北京：人民邮电出版社，2022．
[5] 赵明渊．数据库原理与应用（基于 MySQL）[M]．北京：清华大学出版社，2023．
[6] 石玉强，闫大顺．数据库原理及应用[M]．北京：中国农业大学出版社，2017．
[7] 高凯．数据库原理与应用[M]．2 版．北京：电子工业出版社，2016．
[8] 赵晓侠，潘晟旻，寇卫利．MySQL 数据库设计与应用[M]．北京：人民邮电出版社，2022．
[9] 姜桂洪．MySQL 8.0 数据库应用与开发：微课视频版[M]．北京：清华大学出版社，2023．
[10] 戴维·M.克伦克，戴维·J.奥尔．数据库原理（英文版）[M]．6 版．北京：中国人民大学出版社，2017．
[11] 教育部考试中心．全国计算机等级考试二级教程：MySQL 数据库设计[M]．北京：高等教育出版社，2022．
[12] 托马斯·M.康诺利，卡洛琳·E.贝格．数据库系统：设计、实现与原理（基础篇）[M]．宁洪，贾丽丽，张元昭，译．北京：机械工业出版社，2016．
[13] 苗雪兰，刘瑞新，邓宇乔，等．数据库系统原理及应用教程[M]．北京：机械工业出版社，2014．
[14] 申德荣，于戈．分布式数据库系统原理与应用[M]．北京：机械工业出版社，2011．
[15] 王艳丽，郑先锋，刘亮．数据库原理及应用[M]．北京：机械工业出版社，2013．
[16] 何玉洁，梁琦．数据库原理与应用[M]．2 版．北京：机械工业出版社，2011．
[17] 陆黎明，王玉善，陈军华．数据库原理与实践[M]．北京：清华大学出版社，2016．
[18] 姜代红，蒋秀莲．数据库原理及应用[M]．2 版．北京：清华大学出版社，2017．
[19] 李辉，等．数据库系统原理及 MySQL 应用教程[M]．2 版．北京：机械工业出版社，2020．
[20] 胡孔法．数据库原理及应用[M]．2 版．北京：机械工业出版社，2015．
[21] 姜桂红．MySQL 数据库应用与开发[M]．北京：清华大学出版社，2018．
[22] 卡西克·阿皮加特拉．MySQL 8 Cookbook（中文版）[M]．周彦伟，孟治华，王学芳，译．北京：电子工业出版社，2018．
[23] 李辉．数据库系统原理及 MySQL 应用教程[M]．北京：机械工业出版社，2017．
[24] 徐洁磐，操凤萍．数据库技术原理与应用教程[M]．2 版．北京：机械工业出版社，2017．
[25] 肖海蓉，任民宏．数据库原理与应用[M]．北京：清华大学出版社，2016．

[26] 杨建容．MySQL DBA 工作笔记——数据库管理、架构优化与运维开发[M]．北京：中国铁道出版社，2019．

[27] 饶俊，赵富强．ASP.NET Web 数据库开发实践教程[M]．北京：清华大学出版社，2013．

[28] 李刚．Java 数据库技术详解[M]．北京：化学工业出版社，2010．

[29] 陈俟伶，张红实．SSH 框架项目教程[M]．北京：中国水利水电出版社，2014．